U0058307

終極版

麵包科學

NEW BAKING GUIDE

竹谷 光司　著

大境文化

寫在出版之前

　　此次，藉由パンニュース社（PANNEWS）所出版之『麵包科學—最新麵包製作基礎知識』一書，確實是為提升業界技術水準，由衷地令人感到值得慶賀之事。對於無法進入「日本麵包技術研究所」的麵包製作從業人員、想要在入學前先通盤研究麵包製作理論者等等，本書可謂是適合的好書了。

　　執筆者竹谷光司同學出生於北海道室蘭，昭和45年北海道大學水產學院畢業後，進入山崎麵包製作（株）公司，在昭和46年時經由Heinrich Freundlieb先生的介紹離開公司，進入西德漢堡的大型麵包工坊Peach Brot GmbH公司，至昭和49年為止的三年間，都在德國學習並累積經驗。最後，學習結束於德摩特（Detmold），國立穀物馬鈴薯研究社的裸麥麵包。

　　回國後，進入日清製粉（株），翌年昭和50年畢業於日本麵包技術研究。竹谷光司同學具有強烈向學的精神，是非常努力的人，對於技術層面的熱情與毫不間斷、精益求精的精神，期待並相信他一定能夠成集大成地有一番作為。

　　進入山崎麵包製作（株）公司之後，立即感受到學習麵包製作技術重要性的竹谷同學，在畢業於麵包技術研究所後，依パンニュース社的請託，將『麵包科學—最新麵包製作基礎知識』整合，以利後進同業們向學，誠為深具意義且值得慶賀之事，在此表達本人滿心的讚許與敬佩之意。

　　昭和56年2月

（社）日本麵包技術研究所所長

藤山諭吉

（已故）

前 言

　　出版本書最初的契機，始於昭和50年，我以第81期學生的身分，在日本麵包技術研究所時所寫的畢業感言。

　　這篇感言的內容，依稀記得「我是畢業編號4633號。這些人數，究竟佔麵包業界服務人數的多少百分比呢？無法進入麵包技術研究所的人們，究竟是閱讀哪些資料，由誰來教導他們麵包的理論與技術呢？當我開始進入業界之初，即使想要研讀麵包相關書本，卻不知要在哪裡？有什麼書？或是要在哪裡購買？雖然不需要與德國的Röling（職業教育）制度相提並論，但職業教育是進入社會第一年最重要的時期，因此做為教育的書籍，也必須更加齊備才是…」。

　　這樣的內容，偶然被パンニュース社（PANNEWS）的西川社長得知，並說「若抱持著這樣的心情，那麼何不自己著作成書呢？」，因此從昭和52年開始，每月一次地在「PANNEWS」上，之後是在雜誌「B&C」上投稿刊載，連載至昭和54年5月才結束。正因有著如此開始的契機，與其說是我的文章作品，不如說是將至今所學，以正確方式傳達給報紙和雜誌的讀者為前提，以藤山諭吉老師的『麵包製作理論』為主軸，並大量地引用了各位老師、前輩的著作和論文。

　　此次，將文章結集成書之際，除了將過去報章雜誌投稿的文章加以反省，並重新整合統一成易於閱讀的文體，但主要的內容可以說是我個人的筆記，因此要將其編集成冊也讓我感到惶恐。但從另一個角度而言，更希望能以個人的力量，將諸位前輩所授的龐大理論和知識，傳遞給更多的人。其中，或許也有許多我個人不足之處、擅自理解或說明不足的部分，期望今後能藉由各位的不吝指導與鞭策，讓本書能更正確也更容易閱讀。

文末，對於至今給予我眾多指導，以日本麵包技術研究所的藤山諭吉所長為首的各位老師，介紹了我許多有趣論文和資訊的阿久津正藏、松本博、田中康夫、中江恒等各位老師；在原材料篇當中給予大量協助的田中秀二（オリエンタル酵母工業）、原弘志（日新フラクトース）、黑田南海雄（キューピータマゴ）、神保健三（月島食品工業）之諸位，還有至今不斷地將獲得的技術和理論教授給我，日清製粉二次加工技術者的諸位，在此由衷地致上最深的感謝之意。

　最後，對於給我此次機會パンニュース社的西川多紀子社長，也致上最高的謝意。

　　昭和56年2月

　　　　　　　　　　　　　　　　　　　竹谷光司

再修訂版出版之前

　　最近日本麵包業界最大的話題，就是平成19年、20年持續地穀物價格異常高漲，之後引發了世界的金融恐慌、石油等資源價格的暴跌、汽車業界、機電業界等所有的產業都被捲入銷售不佳的狀況。最後雖然穀物價格開始持續安定下來，但考慮穀物價格攀升的根本原因，以長期來看與其說是穀物價格上揚的問題，不如說課題是落在確保糧食的重要性。日本的糧食自給率，在平成18年是39%、平成19年終於上升到40%。平成20年12月，根據農林水產省做出了以十年為期，將糧食自給率提升至50%（calorie base）的計劃。再反觀各先進國家的糧食自給率，姑且不論農業國的澳洲237%、加拿大145%，其他像是美國128%、法國122%、德國84%、英國70%（平成15年）。再試著檢視日本的糧食增產計劃的細項，最可期待的增產是日本國產小麥，而且是麵包用小麥。平成19年的91萬噸，經過十年預計可增產達倍數的180萬噸。至於日本國產小麥的價格，因宣稱外國進口小麥的價格調漲，因此日本國產小麥的生產獎勵金也隨之調高，故以現今來看，並不能單純稱之為日本國產小麥的產量增加。但以日本麵包製作技術者而言，利用日本國產小麥製作研發出美味、且適合國人食用的麵包，才是最重要的使命。以平成18年度為例，麵包用的155萬噸小麥當中，日本國產小麥僅有1萬噸，不足1%。當然雖然很期待日本育種專家們，能夠努力地開發出足與加拿大1CW匹敵的麵包用小麥，但考量到日本的氣候以及糧食政策，快速地開發確有其困難。其真正的含意在於，因為麵包被稱之為第二主食，因此以日本的主力小麥品種，究竟能製作並提供給消費者多麼美味的麵包，就是我們麵包製作技術者的課題。當然，並不只是我們，而是必須由小麥育種專家、小麥生產者、製粉企業等，各個面向的搭配組合才能解決的困難課題。

至目前為止，使用全球最好的加拿大產、美國產小麥，以烘焙完成最美味的麵包為目標而努力，但更希望能將其中一半或三分之一的熱情，加諸在使用日本產小麥製作的麵包開發上。因此，更加熟知製作優良麵包的理論，較過去更為重要。接下來開始要使用世界最高等級的麵包製作技術，研究開發出屬於日本人的麵包。由這個角度來看，我衷心地期盼重新研讀本書「麵包科學—最新麵包製作基礎知識」，可以開啓新視野並看到另一個不同的境界。

　　平成17年的麵包生產量，換算成麵粉是123萬噸，其中大型企業有74.5%、中小企業25.5%。為使麵包產業能夠經常引發消費者的關注、提供具有魅力的新產品、並培養出優秀的人材，中小型具備烘焙能力的麵包店，必須更有力、更具精神地存在。日後的麵包製作，必須是製作消費者所期待的日本國產小麥麵包、活用具個性化、差異性、以及能表現出技術能力的自製天然酵母，開發兼顧健康的全麥麵粉成品，意識到現今社會的高齡化與少子化，所研發出的商品開發，同時加入店舖營運和資訊提供等要件。

　　最後，由初版發行至今28年間，對於支持本書的讀者們、パンニュース社的相關人員，以及正在病體療養中的西川多紀子會長，在此致上最深的感謝之意。

平成21年9月

　　　　　　　　　　　　　　　　　　　　　　竹谷光司

目　錄

麵包製作方法

麵包製作原料篇

　　如果將麵包製作比喻成打造一間房子，那麼原材料篇就是打造地基了。無論是多麼小的房子地基都屬必要，而大房子更必須要有相當承載的地基。只要基礎做得夠穩定，即使是每天充滿變化狀況，也都能製作出品質穩定的成品，如此一來，就算是新的材料、機具或是利用些許提示地開發新產品，也並非難事。看似繞了遠路的這個方法，其實正是習得麵包製作技術最好的捷徑。

I 麵粉

一、麵粉與麵包製作

（1）為什麼用麵粉製作呢

在麵包製作上使用麵粉，大家都視其為理所當然。但其他的穀物粉類，米粉、大豆粉、玉米粉就不能用作烘焙嗎？環視周遭，用麵粉以外的穀物製作出類似麵包的成品，就是蘇俄、德國經常食用的裸麥麵包、墨西哥的皮塔餅（spita）等等，像這樣即便稱為麵包，但配方中完全沒有麵粉的種類，是相當稀少的。

那麼，究竟是利用麵粉中，所含有的哪些成分和特性製作成麵包的呢？麵粉所含有的重要成分，是蛋白質成分的麥穀蛋白（glutenin）和醇溶蛋白（gliadin）；糖質成分的葡萄糖以及其他酵素等，對於烘烤色澤、香氣、營養價值等，都有相當重要的影響。

麵粉麵團所擁有的加工硬化（strain hardening）和結構鬆弛（structural relaxation），就是在製作麵包時所不能遺漏的特性。實際上麵包製作製程時，這些成分、特性究竟是如何被加以利用呢？其實就是在攪拌製程中，麥穀蛋白和醇溶蛋白因水分的介入，而形成的麵筋（gluten）。空氣的混入與麵粉中原有的空氣殘留在麵團中，就成為麵包酵母所產生二氧化碳的核心。

在發酵製程中，糖是麵包酵母的營養來源，其他的不足，則是由製粉中，藉由酵素損傷澱粉將其分解為麥芽精來補充。糖分被分解所產生的二氧化碳，會使麵團的容積變大，酒精則會使麵團更為滑順，使製程更易於進行。

完成製程，是要巧妙地利用麵團特性中的加工硬化與結構鬆弛。在烘焙過程裡，使麵筋中的水分排出，膨潤、糊化健全的澱粉，此時麵團就會變身成麵包，作為支撐的主軸也會由麵筋轉變成糊化澱粉。

如此麵包製作的全部製程，都與麵粉的成分相關，其他像是麵包生命的香氣及風味，則是以麵粉成分及其分解物質為主體。這些則是糖分解而產生的酒精、酸與酒精結合後產生的酯（ester）化合物、糖分結合產生的焦糖、蛋白質分解所產生的胺基酸與糖結合的梅納反應（胺羰反應 amino-carbonyl reaction）等等。

再加上，焦糖化與梅納反應，會使得麵包表面呈金黃褐色變化，引發視覺上的食欲。這些都是麵粉在麵團或麵包上的部分作用，也是利用麵粉製作麵包的理由。

（2）何謂優質麵粉⋯

製作新商品時，首先第一要務是清楚地決定其特徵，第二就是選用優質麵粉。某個麵包製作講座上，曾經有人提問道「良好的麵包用麵粉，究竟是什麼樣的麵粉呢？」。當時我心中期待聽到的是：

① 品質安定

② 可耐二次加工

③ 較能吸水

④ 含有較多優質蛋白質

如此類似考試時的正確解答般的回答，但聽到最初的答案卻是：

「可以製作出美味麵包的麵粉。」

老實說，我嚇到了。瞬間覺得無言以對，但確實這也是正確答案。或許更應該說這樣的答案出現在第一個也非常理所當然。

但是，無論選擇了多麼優質的麵粉，若是不能將麵粉本身所擁有的特性加以發揮出來，就沒有任何意義。再者，即使是優質粉類，也不可能將優質粉類使用在所有的麵包製作上。選用適合該商品特徵的麵粉，能各得其所地使用才最重要。

例如，製作吐司麵包時，麵筋較多的粉類可以綿密地包覆住氣體，製作出氣泡細小且膨脹柔軟的麵包。製作法國麵包時，麵筋較吐司麵包少，較能形成硬脆且獨特的表層外皮（crust）、適合做出氣泡略為粗大具光澤的內側（crum）。

反之，要製作出像海綿蛋糕般口感的，就必須在烤箱內短時間使其膨脹，儘可能使用較不易形成麵筋的粉類，容積越膨鬆越大，食用時的柔軟度及口感也會越好。

（3）形成麵筋組織的重點

在麵包製作上，也會因其配方及製程，使生成的麵筋質量有所不同。例如攪拌。當然，攪拌製程，無論是太過或不及都會減弱麵筋的結合狀態。或是會因麵粉中所含蛋白質量，而使最適度的攪拌時間隨之改變。

當然含有越多麥穀蛋白和醇溶蛋白的高蛋白麵粉，攪拌的時間也必須越長。其他，像是鹽等會緊實麵筋組織而拉長攪拌時間；砂糖和油脂等會阻礙麵筋的結合生成…，因此攪拌方法、攪拌時間以及添加時機，都必須多加注意。

二、 關於小麥

（1）小麥的"祖先"

關於小麥的原產地眾說紛紜，但一般而言，大家認為單粒小麥（一粒小麥）是源自小亞細亞（Asia Minor）至黑海沿岸，二粒小麥則是埃塞俄比亞（Ethiopia）、埃及、地中海東岸以及高加索（Caucasus）、伊朗高原一帶，普通小麥則分布在北印度、阿富汗（Afghanistan）至高加索一帶，發現時期可追溯至距今約1萬5千年前。

最初小麥的原形，僅有單粒系列的野生（小）斯卑爾脫小麥（Triticum spelta），但之後，發現了二粒系列的野生二粒小麥（T.dicoccum），除了單粒、二粒系列之外，還加了普通系列，有力地證實三種相異原形之三元說理論。而普通系列小麥，推論最初是由二粒系列小麥與節節麥（Aegilops tauschii）雜交而產生，而使其雜交成功的是木原均博士。

（2）小麥的形狀與構造

小麥大多是略為膨脹飽滿的卵形。當然也有因品種而呈略長形狀，或是近似球狀的，即使是相同品種也會有麥粒呈消瘦或略為肥大的顆粒。

但所有的小麥都有個共通之處，就是麥粒由上而下有著略深的溝槽（腹溝 crease），而溝槽的對向則是膨脹飽滿處的胚芽，將含有胚芽部分朝下時，其反向的頂端則生有冠毛（參照圖I–1）。

那麼與腹溝呈直角方向地切開麥粒觀察時，最外側是約佔小麥全體13%的穀皮，這是為了保護生長中或是收成後的麥粒。製成粉類後，被稱為麩皮（麥糠）的就是這個部分。

典型的普通小麥。除此之外，還有無芒（穗先）等各種形狀的種類。

而其內側，略帶青色的是糊粉層(aleurone layer)。
一直以來都視為麩皮來處理，但這個部分
富含灰分、蛋白質、礦物質，具有豐富的
營養價值，為了能多加運用此部分地加以
研究，研究成果有多數已發表，也開始進
行販售。而更內側的部分就是佔了小麥
85％的胚乳。

當然，雖然這就是製成麵粉，被利用
在麵包或糕點製作的部分，但以植物體而
言，其作用卻是胚芽發育時，提供其所需
營養的儲藏庫。

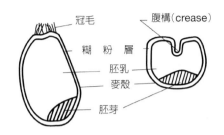

＜圖I-1＞小麥的構造

冠毛
腹構(crease)
糊粉層
胚乳
麥殼
胚芽

胚芽約佔2％的少量，但對植物而言卻是最重要的部分，生根、發芽，再次結實成小麥
都源自於此。但若是製作麵包等麵粉中含此部分時，反而會有許多負面效果，因此長久以
來一直都被視為麩皮地處理掉。

最近，因其所富含的營養成分，特別是維生素E而受到矚目，運用在健康食品以及油脂
原料上。另外，也被運用在搭配變化麵包款式之一的胚芽麵包上。

(3) 小麥的產地與種類

現今，日本國產小麥(內麥)的收成量，約略超過90萬噸左右。日本的氣候有梅雨季，
雖然不能說是最適合小麥栽植的天候，但在1940年(昭和15年)，曾經有過197萬200噸
的高收成量，世界大戰後有段時間也曾經幾乎回復到如此的高收成量。

但是，現在所需的85％以上的麵粉都是依賴輸入進口。而其中美國約60％、來自加拿
大約22％、18％來自澳洲。進口小麥的種類依其產地別來看，如下──

＜美國產小麥＞

佔輸入進口量最多。作為麵包用粉類原料的北黑春麥(Dark Northern Spring,DNS)
或是硬紅冬麥(Hard Red Winter,HRW)，其中蛋白質含量11.5％，通稱為半硬粒小麥
(SH)，在日本並未作為主要原料。

其他，受到重視被進口作為糕點用原料的是西部白麥(Western White,WW)。

這種西部白麥是輸出專用品牌，在美國港邊的軟質白小麥(Soft White wheat)中混入
20％以上的密穗白麥(White club)製作而成。

＜加拿大產小麥＞

一提到小麥，腦海中立即浮現的就是曼尼托巴小麥（Manitoba）。這個名詞，相信是許多人在開始進行麵包製作前就聽過了。是以加拿大小麥產地曼尼托巴省為名，現在則更名為加拿大西部紅色春麥（Canada Western Red Spring,CW）。

依其中的容積重、雜草混入、不良麥粒等，可將其分為NO.1、NO.2、NO.3（1CW、2CW、3CW），再依蛋白質含量將1CW和2CW區分成三個等級。其中輸入至日本的主要是1CW中蛋白質含量在12.5％以上的產品，作為麵包製作用粉。

＜澳洲產小麥＞

同樣地，過去使用中等平均品質（Fair Average Quality,FAQ）名稱，隨著規格的修訂後，也更名為澳洲標準白麥（Australian Standard White,ASW）。其中西澳大利亞（Western Australia）所產的小麥適用於製麵，相較於日本國產小麥不會有顏色沈澱是最大的特徵。其他還有：蛋白質含量較多的澳洲特硬麥（Australian Prime Hard）、澳洲硬麥（Australian Hard wheat），蛋白質含量較少的軟粒小麥（Soft Australian wheat）等。

＜日本國產小麥＞

2012年（平成24年）生產的普通小麥收成量為90萬200噸。收成量最多的是Kita honami（きたほなみ）的57萬6000噸，其次是白銀（シロガネコムギ）的5萬噸。以製作麵包而為人所熟知的日本國產小麥當中，春戀（春よ恋）是第5位－3萬5000噸、南之香（ミナミノカオリ）是1萬1000噸，受到期待的Yumechikara（ゆめちから）則是9000噸。最近不只是設有廚房的麵包屋，連大型麵包店也興起了以日本國產小麥製作麵包的風潮，以高技術性及用心的製程，製作並販售品質優良的麵包。但是，非常可惜的是部分小麥或進口小麥，無法達到期待的品質。非常希望諸位能夠充分理解日本國產小麥的特徵及優點，並加以運用在麵包製作上。

（4）小麥的產量

在1966年（昭和41年）時，全球的小麥產量超過了3億噸，至1976年（昭和51年）時，更是突破了4億噸。之後，1984年（昭和59年），超過了5億噸，1998年（平成10年）收成量更高達6億噸。小麥在穀類作物中，其栽植面積及收成產量皆佔第一。以2008年為例，穀物（粗粒穀物、小麥、米）全體產量為21億8000萬噸，小麥佔了6億5830萬噸，米則佔了4億4430萬噸。

接著以國別來看小麥的收穫量,在2012年領先的是歐盟EU的1億3200噸,其次是中國的1億2060萬噸,德國的9488萬噸,美國的6175萬噸,蘇俄的3772萬噸,加拿大的2720萬噸,巴基斯坦的2330萬噸,以及澳洲的2200萬噸。

(5) 小麥的輸出量

全球的小麥輸出量長期以來都在6000萬噸左右,1978年以後增加至7000萬噸左右,現在則已增加為1億900噸左右(2008年)。以小麥的收穫量來看,約佔二成左右。在全體穀物的輸出量3億2000萬噸之中,小麥幾乎就佔了三分之一,在一般貿易量較少的穀物中,可以說是異常的大量了。作為小麥輸出大國的美國,當然是獨佔鰲頭,在2008年輸出量為3420萬噸,其次是加拿大的1640萬噸,歐盟EU27國的1130萬噸,僅這些國家,就佔了全球小麥總出口量的56.7%。

三、關於麵粉

(1) 製作麵粉的歷史

慕尼黑的西北西方約120公里處,有個稱為烏爾姆(Ulm)的小城市。這裡有麵包博物館,當然有古老的麵包製作工具、還擺放了窯、攪拌機、分割器、古老的製粉機模型等等。某個房間的牆面被區分成數個窗戶,當中可以看到從原始時代至中世時期的麵包烘焙狀況,還用不同的麵包、麵包工坊及人偶等模型表現出地域的差別。隔壁房間的展示櫃內,有著看似將小麥碾磨成粉的工具。由其中一端看過去,僅在平坦的石塊上放置石頭,所以可能是單純地利用石頭的敲擊,將其磨成粉狀吧。接著是表面有凹陷的石塊上方,配合中間凹陷處的大小,放入了尺寸相符的石頭,可以視其為運用類似磨臼及杵的要領,進行磨粉的動作。

接著登場的就是石臼,由此開始製粉的方法有了很大的改變。也就是由敲擊搗碎的方法,進步成碾磨搗碎。這種以石臼進行製粉的方法,一直被沿用至十九世紀後期開始用 chilled roll 建構出滾輪式製粉工廠為止,持續了400年以上的時間。

用高筋麵粉與低筋麵粉製作的麵包與蛋糕

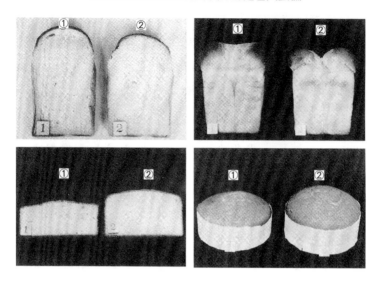

特 徵 \ 麵 粉	1 高筋麵粉	2 低筋麵粉
麵包 吸 水	多	少
麵包 體 積	大	小
麵包 表 皮 質 地	光滑延展性佳	表面明顯乾燥
麵包 烘 烤 色 澤	深濃且具光澤	淡且光澤不佳
麵包 氣 泡 孔 洞	氣泡膜薄，呈縱向	氣泡膜厚，呈圓狀
麵包 口 感	柔軟且潤澤	硬且乾
蛋糕 吸 水	多	少
蛋糕 體 積	小	大
蛋糕 表 皮 質 地	粗糙不平	光滑平順
蛋糕 烘 烤 色 澤	模糊且光澤不佳	深濃且具光澤
蛋糕 氣 泡 孔 洞	氣泡膜厚	氣泡膜薄
蛋糕 口 感	硬	柔軟且潤澤

另一方面，網篩的歷史也相當古老，據說在埃及第三王朝時期，就已經開始使用了。那時，當然是將敲碎的小麥進行最後的過篩，雖然僅是將粉類和麩皮分開而已，但進入十七世紀後，製粉過程中也開始使用網篩，這就是現在階段式製粉方法的開端。

進入十八世紀後，出現了使用蒸氣機具的製粉工廠以及使用升降機具和空調的工廠，在1854年時，美國構思出胚乳粗粒精選機（Purifier）（從網篩下方吹入空氣，使麩皮飄起，進而篩出胚乳的機具）。

使用胚乳粗粒精選機製成的粉類，被稱為特級麵粉（Patent flour），品質良好，風評口碑也很棒。這個名字源自於機器取得專利的特製規格，至今仍以此為名。

＜表-1＞依麵粉用途之分類

種類	麩量	麩質	主要原料之小麥	用　途	蛋白質含量	粒度
高筋	相當多	強韌	1CW、DNS、HRW(SH)	麵包	11.5～13.5	粗
準高筋	多	強	HRW(SH)	麵包、中華麵	10.5～12.0	粗
中筋	中	稍軟	ASW、日本國產小麥	麵、糕點	8.0～10.5	細
低筋	少	弱	WW	糕點、炸物	6.5～8.5	相當細

＜表-2＞依小麥等級之分類

等級	灰分％	顏色狀態	酵素活性	纖維質％
一級	0.4±	優良	低	0.2～0.3
二級	0.5±	普通	普通	0.4～0.6
三級	0.9±	略差	大	0.7～1.5
末級	1.2±	不良	相當大	1.0～3.0

（2）食用麵粉的理由

實際上，親眼看過小麥麥粒的人究竟有多少呢？出乎意料沒有見過小麥的人非常多。小麥為何要製成麵粉後食用呢？稻米可以直接以米粒狀態食用，也可以製成上新粉（米粉）運用於日式糕點上。玉米也是顆粒或粉末皆可食用，但只有小麥幾乎不以粒狀食用。

理由之一，首先是消化率。以顆粒食用時是90％，但以粉狀食用時可高達98％。以顆粒食用時，彈力過強口感不好也是事實。

其次是小麥中所含的麥穀蛋白和醇溶蛋白，在製成粉狀與水揉和後，會形成麵筋組織，但完整的顆粒狀時，就無法有效地利用小麥中特殊的蛋白質成分了。

第三，小麥是胚乳部分柔軟，表皮部分強韌，因此與其將表皮敲碎除去，不如將胚乳部分製成粉類使其分離會更方便簡單。再者，被稱為腹溝的溝槽位於中央處，即使除去了外皮，但凹槽部分還是會殘留。因此，攪碎胚乳部分，可以讓表皮部分、腹溝部分與胚乳部分更容易分離出來。

（3）麵粉的分類

在此，將介紹兩種麵粉的分類方法。一種是依蛋白質的質與量來進行分類的方法，區分成高筋麵粉、準高筋麵粉、中筋麵粉、低筋麵粉四種，各別應用於不同用途。分別用各種高筋麵粉和低筋麵粉測試烘烤麵包和蛋糕，其結果如前頁照片與表格所示。

另一種以等級（grade）進行分類的方法，主要是依灰分（粉類色澤的白色程度）含量，簡單地將其分為一級、二級、三級與末級（請參照表 I-1、表 I-2）。

（4）從小麥到麵粉

從小麥進貨至製粉工廠，再製成麵粉出貨前，可以如下地略加說明（請參照考照片）。

① 原料進場、儲藏

在臨海工廠，直接從船上利用真空幫浦吸取小麥。往內陸廠時，會利用貨車或卡車來運送小麥，在穀倉內。與政府間的買賣完成後，會立即取樣進行品質檢查。

② 精選及調質

進入製粉公司穀倉內的小麥，除了小麥之外還有各種混雜物。取出這些異物並潔淨小麥的過程，就稱為精選製程。接著送至進行調質（conditioning）製程，使小麥含少量水分，在桶槽內靜置固定時間。藉此軟化胚乳，強韌穀皮。

③ 原料配方

小麥是農產品，會依品種、產地與生產年分而造成品質的改變。為了活用這些品質上的特徵，並且製作出固定品質的麵粉，因此將幾種品牌或批次進行配方調整製作。

④ 碾碎

在此製程中，小麥開始被製成粉類。

① 原料進場—從美國、加拿大、澳洲進口的小麥抵達港口卸貨著陸，儲藏於穀倉內。

② 儲藏—卸下的小麥，被儲存在原料穀倉內。

③ 碎碾製程—精選、調質後的小麥，用滾輪機具碾壓粉碎。

④ 過篩區分製程—在滾輪機上粉碎的小麥經過幾個網篩後，區分成麩皮和粉類。

⑤ 純化製程—將混入粉類中的細小麩皮，再次以胚乳粗粒精選機除去。

⑥ 品質檢驗—對完成的麵粉進行水分、蛋白質、灰分等分析。

⑦ 二次加工試驗—機器分析中所無法得知的粉類適性，則實際進行麵包烘焙以進行檢驗。

從小麥到麵粉
—小麥由製作‧至出貨為止—

首先最初的製程就是破碎製程，在此與其說是製作成粉，不如說是企圖分出粗粒麥粉（semolina）的製程。

接著是粉碎製程，製作出大量的麵粉。這些粉類經由細網篩過篩，能被篩出的是完成的粉類，粗度過於粗大的則再次移入滾輪機（roll）內，或再次透過胚乳粗粒精選機除去麩皮部分後，再放入滾輪機內。藉由如此重覆製程，可以做出數十種性質各不相同的粉類。

⑤ 完成

在各Shifter（過篩機具）完成的40～50種性質和不相同的最終完成粉類（stock），藉由適度地加其搭配混合，可以製作出1～3種麵粉（成品）。接著為確認成品之異物除去與否地再次過篩。

⑥ 品質檢驗

〈表 I-3〉麵粉的成分

水分	13～15
蛋白質	6～15
糖質	65～79
纖維質	0.2～1
脂質	0.6～2
灰分	0.3～2

成品會連同品牌（MARK）放入成品桶槽內，接受一般分析、Brabende Test、二次加工試驗等嚴格的品質檢驗，檢驗全部合格後，才能開始以商品進行包裝或是利用麵粉散裝車等出貨。

（5）小麥的成分

〈糖質〉

麵粉中佔最高比例的是澱粉，含量高達70～75%（請參照表 I-3）。糖質，其中還含有其他佔了2～3%的戊聚糖（pentosans），以及約佔1.2%的糖類和糊精。

> ◇ **麵筋**
>
> 麥穀蛋白給予麵筋硬度，醇溶蛋白具有柔軟、沾黏之特性，具有結合劑的作用。雖然與醇溶蛋白相同的蛋白質也存在於裸麥中，但因沒有麥穀蛋白，所以裸麥粉即使加水攪拌後，也無法形成麵筋。
>
> ◇ **粗蛋白質和濕麵筋含量**
>
> 麵筋生成量的標準，製粉公司會將粗蛋白質或濕麵筋含量之一標示在手冊上。而此二者的簡單換算方式如下所示。
>
> 濕麵筋含量＝粗蛋白質含量 × 0.9 × 3
>
> 但濕麵筋含量會因人為操作而產生相當大的差異，所以最近大多商品會以粗蛋白質來進行標示。

叮嚀小筆記

這些糖質與損傷之澱粉成分，會成為麵團發酵時麵包酵母的營養來源，經分解後變成酒精或二氧化碳，增加麵團容積，使麵筋組織變得平整光滑。健全的澱粉也會因加熱至85℃而完全糊化，成為烘焙麵包的骨架，具有重要的作用。

＜表Ｉ-4＞小麥蛋白質的種類（春小麥）

	含量 （無水物）	水	薄鹽溶液	薄酸 薄鹼	
白蛋白 （Albumin）	0.4（%）	可溶	可溶	可溶	以鹽水萃取
球蛋白 （globulin）	0.6	不溶	可溶	可溶	
麥穀蛋白 （glutenin）	4.7	不溶	不溶	可溶	不溶於70%的酒精
醇溶蛋白 （gliadin）	4.0	不溶	不溶	可溶	可溶於70%的酒精
蛋白酶 （protease）	0.2	可溶	蛋白質分解出的胜肽類切片混合物		

＜蛋白質＞

除了有形成麵筋最大特徵，麵筋組織的麥穀蛋白、醇溶蛋白之外，還有白蛋白、球蛋白和蛋白酵素（請參照表Ｉ-4）。蛋白質含量當然會因小麥的品種而有不同，也會因生產年度、地區、氣候等栽植條件而異。並且，每一麥粒中，也會因其部位而有不同的蛋白質含量，由中心部分朝外側表皮，含量隨之增多。

瞭解麵粉製作成麵包適性與否的方法之一，就是查驗麵筋組織。20公克的粉類約加入60%的水分，在較小容器內使用棒子揉和麵團。充分揉和好的麵團浸泡在水中約10分鐘，之後搓揉沖洗，洗掉麵筋組織以外的物質。瀝乾水分後量測重量，以查驗其性質狀態。量多且越滑順者越適合製作麵包（麵筋試驗）。

＜水分＞

麵粉中所含的水分，分為小麥本身所擁有和製粉時調質製程時所添加的兩種。在調質製程中添加的水分，雖然目的是為了使製作的麵粉中含有一定之水分，但最大的理由還是在軟化胚乳，強化表皮，改良製粉的特性。因此，冬季麥粒較硬時要多添水分，夏季則減少水分。麵粉會因為季節而變化水分含量，高筋麵粉、低筋麵粉、杜蘭小麥粉（Durum）的水分量也因此一原因而有所不同。

<脂質>

小麥中含2～4%的脂質，幾乎都存在於胚芽或麩皮部分，因此麵粉中僅存在約1～2%。長久以來，一直被認為是造成粉類變質的原因，但最近被重新認定是影響麵粉二次加工性的重要因素，並持續研究中。脂質中一半是磷脂質（phospholipid）、糖脂質（glycolipid）等極性脂質，其餘另一半是中性脂肪（triglyceride）、二酸甘油脂（diglyceride）、單酸甘油脂（monoglyceride）等非極性脂質。

<灰分>

與脂質相同，大多存在於胚芽及麩皮部分。胚乳部分，特別是中央部分的灰分量僅0.3%左右，相較於表皮部分的5.5～8.0%，約只佔二十～二十五分之一。灰分量是製作粉類獲取率、麵粉等級區分，以及麵包製作特性之指標。

<酵素>

依生物體所產生的高分子有機觸媒，就是酵素，麵粉中所含有的澱粉酶（amylase）（澱粉分解酵素）和蛋白酶（protease）（蛋白分解酵素）最廣為人知。

澱粉酶當中存在著可以將澱粉分解成糊精的 α 澱粉酶，和將糊精分解成麥芽精的 β 澱粉酶。健全的麵粉當中，α 澱粉酶的活性稍弱，因此會以有機添加物或麥芽來補充其不足。在健全麵粉中，蛋白酶的活性也不是太強。

但若是遇到過水災，或是以發芽小麥製作粉類時，在這種類似混入胚芽的麵粉當中，蛋白酶和澱粉酶都會呈現過多的狀態，造成麵團的沾黏或導致成品產生缺陷。

一般的酵素量，灰分含量越多則越增加，越是等級較低的粉類酵素活性越強。

麵粉當中，還含有其他酵素，像是脂肪分解酵素的脂肪酶（lipase）、分解有機磷化合物的磷酸酶（phosphatase）、形成自然呈色的酪胺酸酶（tyrosinase）、氧化胡蘿蔔素和脂肪的脂氧化酶（lipoxidase）等等。

（6）用顯微鏡所看到的麵粉

① 粒度

高筋麵粉與低筋麵粉，粒度的差異即使用手抓取都能分辨得出來。這是因為高筋麵粉原料的粒質較硬。過度勉強地碾磨得更細時，會因損及原料而使澱粉量變多，容易因粉碎熱而引發蛋白質變性，因此一般不會如此進行。

另一方面，低筋麵粉的原料小麥，是粉狀質地並且柔軟，因此輕易能碾磨成細密的粒度。具體而言，一般麵粉的粒度廣泛地分布在1～150微米（micron）（1微米（μ）＝1000分之1毫米）之間，17μ以下的細小粒度約10%，17～35μ的粒度約佔40%以上，35μ以上的較大粒度，約存在40%以上。

② 小麥澱粉

小麥澱粉主要是由7.5μ以下的小顆粒和30μ前後較大顆粒所構成。以數據來做比較時，雖然小顆粒澱粉約佔76%，大顆粒澱粉僅佔不到7%，但以重量比來看，大部分是大顆粒澱粉。但是麵粉的粒度絕不是5μ～30μ。其理由在於麵粉當中，小麥澱粉並不是完全單粒化之故。

麵粉的特徵，眾所皆知的是其具有能形成麵筋組織的蛋白質，但小麥澱粉在麵包製作上，也具非常重要的作用。小麥澱粉在麵團中的重要作用可視為以下各點。

①與麵筋組織結合，支撐麵筋組織。

②經由酵素分解，成為麵包酵母之營養來源。

③適度地阻礙麵筋之結合，使麵團更加光滑平順。

④在加熱糊化時，奪取麵筋組織中的水分，阻絕麵筋組織延伸、定型。

＜表I-5＞小麥成分構成比例與吸水率

	構成比例	吸水率(%)
健 全 澱 粉	65～71	0.44
受 損 澱 粉	4～5	2.00
蛋 白 質	6～15	1.10
戊 聚 糖	2～3	5.00～9.00

③ 吸水

麵粉的吸水性會依其品牌、等級而有不同。影響吸水程度之要因，首先就是蛋白質。灰分量相同時，蛋白質含量越高，品質越好吸水也越多。在製粉過程中，因機械而受損之澱粉相較於健全澱粉，其吸水力高達5倍。其他構成比率雖然小，但戊聚糖的吸水力是其自體重量的5～9倍，戊聚糖所持有的水分，在烤箱內麵團延展時，具有非常重要的作用。

④ 顏色狀態

依粉類的種類不同，顏色狀態也有所不同。除了等級越高越會呈現清晰鮮明的顏色之外，也會因小麥本身的顏色而產生色差。

（7）麵粉的營養價值

食品成分表中麵粉的欄位，可以看到100公克的麵粉約可得到366大卡的熱量。這些卡路里的來源，首先是麵粉中約佔75%的糖質，其次是蛋白質。蛋白質（8.3～12.0公克）雖然是其他必須胺基酸之供給來源，但麵粉的胺基酸組成，與其他植物性蛋白質同樣地是蛋白質營養價值指標（protein score）較低，數值與大豆相同為56。（限制胺基酸為離胺酸lysine）。

脂肪約只佔0.9～1.3公克的少量，所以不太是問題，是良好且具高營養價值的食品。碳水化合物中的纖維（0.2～0.3公克）在體內不會被消化，以前並不受到大家注意，但最近因具有預防成人病，能防止便秘、防止肥胖以及整腸作用等，重新受到矚目。在美國則是非常受歡迎的代表性纖維食品。

　　無機質包含了鈣、納、磷、鐵等，維生素中的維生素B1、B2、菸鹼酸（nicotinic acid）含量較多，而其中幾乎沒有維生素A、C、D。

　　曾經一時之間，米飯和麵包到底哪一種營養價值比較高的討論蔚為話題。我個人也非常有興趣地一直關注著，以蛋白質含量來看，是小麥含量較高，但以質量而言，是米飯較佳。各有相互不同之說法，結果仍無法加以判定地結束這場論證。

　　當時留下的印象是，相較於動物性食品，一般性的植物食品成分較為單純，就以胺基酸構成為例，幾乎沒有存在像雞蛋或牛奶般均衡的成分。米飯也好，麵包也好，都必須與被稱之為副食品的動物性食物一同攝取，方能稱之為餐食。

　　簡單而言，麵包中夾入雞蛋、火腿、漢堡肉或肉類等，與牛奶一同食用，才是營養均衡的飲食。

◇ 良好的粉類能製作出美味麵包

　　如本文中所敘述，各種麵包都有能符合其特徵的麵粉，絕不能一概而論地說最貴、最白的粉類就能烘烤出最美味的麵包。但使用良好粉類的店家，也不僅使用品質良好的麵粉而已，應該是非常注重所有的材料。在金錢上、製作方法上以及製程上都非常仔細用心。並非使用良好的粉類就能製作出美味的麵包，而是非常用心在整個麵包的製程，才能烘焙出美味。反之，對於粉類不用心的店家，大多也不太在意製程以及衛生管理。

叮嚀小筆記

（8）儲藏時先放入者先用

麵粉有著先放入者先使用之原則，由製粉公司進貨的粉類，希望能儘早使用完畢。

以麵粉的質地、風味及其熟成的角度來看，這是非常重要的部分。粉類的水分越少、灰分成分越少的高級粉類，越能長時間儲存。脂肪較多，酵素活性較多的二級或三級粉類，就更必要要非常注意儲存了。

關於麵粉的儲存方法，雖然在各製粉公司的商品手冊中都有記載，在此仍略提一二。

① 務必先使用先儲存之粉類。

② 儲存在溫度20℃、濕度65%以下溫差較少之處。

③ 避免與肥皂、消毒藥水等味道刺激物質一起放置。

④ 地板上務必要用竹木棧板架高，避免靠牆地放置在通風良好處。

⑤ 堆放時間過長就是造成結塊的原因。

⑥ 特別必須注意鼠害、防蟲，用心清掃倉庫。

（9）麵粉的食用期限

在食品產業中心的首頁上，有關於食品食用期限之重點摘要頁面。依其內容「家用麵粉」依現行JAS法、食品衛生法、東京都以及其他自治體條例規定，有必須標示食用期限之義務。

◇ 所謂的內麥、外麥、地粉是什麼？

最近，以內麥和家庭自製酵母為原料，用石窯烘焙麵包蔚為風潮。在此提到的內麥指的就是日本國內產的小麥。過去以來，內麥都用於製作麵類用粉，但最近開發出了適合製作麵包的春麥「春戀(春よ恋)」、「Haruhinode(はるひので)」，秋麥「北海257號」等品種。其他九州地區，則栽種了適合種植在溫暖地區，麵包用硬質品種「南之香(ミナミノカオリ)」。現在雖然生產量仍少，但今後的產量可期。

另一方面，輸入進口的小麥稱為外麥，麵包用粉類主要是自加拿大、美國進口，以及最近法國麵包用粉類則由法國輸入。所謂的地粉是指日本該縣內所收穫的小麥，由該縣之製粉公司碾磨製作而成。當然若是加工製作的位置並非在同一縣內，也很難說是「使用地粉」吧。

叮嚀小筆記

根據製粉協會所進行的保存試驗，在室內（室溫7～24℃、濕度32～81%）以家庭用小袋保存一年六個月，每隔三個月為確認品質之劣化及變化，所進行的分析試驗（水分、pH值、水溶性酸度、色調、霉菌數）及二次加工試驗（海綿蛋糕、吐司麵包、奶油卷）。其結果為①在分析試驗中，保存期間品質劣化的表現項目上，沒有顯著的變化，此期間將其作為麵粉使用並沒有任何問題產生。②在二次加工試驗中，依麵粉的種類與加工品項不同，加工適性及加工成品的品質上出現變化，與最初時期略有不同。由上述來看，結論是食用期限以「品質（二次加工之適性、成品的風味、口感）開始出現變化的時間點」來考量，用於常溫保存時，低筋麵粉和中筋麵粉是在製造後的一年之內，高筋麵粉則是在製造後的六個月內。

另一方面，業務用麵粉，因使用在多種用途、目的及加工方法，因此無法完全以此食用期限來應對。

反之，以麵包用麵粉的加工適性來考量，雖然認為放置一週熟成（ageing）是最佳狀態，但都僅以加工適性層面來看。風味方面，除了小麥以外的穀物，剛收成時最為美味，像是新米的美味、剛碾磨製作蕎麥麵的美味（四剛：剛收成、剛碾磨、剛製作完成、剛煮出）、也有能將剛碾磨好並製作成口感滑順，香味十足烏龍麵的專業技術者。

◇ 美味麵包的製作方法

曾經有次聚會，以「美味麵包的製作方法」為主題地進行了討論。而討論的重點如下。

① 探查出自己能夠接受的材料

② 盡可能增加其吸水性

③ 盡力縮短攪拌

④ 在整型製程時盡量不接觸麵團

⑤ 烘焙時盡可能以高溫烘烤

當然會依麵包種類，也有不在此結論內的麵包，但基本的考量是相同的。也請試著思考出自己美味麵包製作的基本吧。

叮嚀小筆記

II 麵包酵母

(1) 麵包酵母的效果

東京的青山，著名的麵包店群聚於此，被稱為"麵包屋的麥加"。

進入其中一家麵包店內，首先映入眼簾的是擺放在右側棚架最上方的吐司、英式麵包、葡萄乾麵包等大型麵包類，下方的架上則是油酥奶油類甜麵包（Pastry）、奶油卷、甜甜圈、糕點類等小型麵包。

當然這或許是不需要說明的部分，但以上提及麵包店內的商品，幾乎可以說全部都是以酵母發酵，使其膨脹製作而成的商品。即使同樣是使其膨脹，但西式糕餅店內擺放的糕餅，是利用水蒸氣；磅蛋糕利用的是泡打粉等合成的膨脹劑所產生的二氧化碳，而海綿蛋糕則是利用雞蛋所飽含的氣體來使其膨脹。

當然也有像快速麵包（quick bread）這種，說是麵包但卻不使用麵包酵母的種類，但其餘的麵包都絕無例外。

若是來店的顧客提出「麵包，是什麼呢？」的疑問時，該如何回覆才好呢？接下來的人生職志，若是要與麵包共度的話，這個問題請務必要能回答得出來。

「所謂的麵包，是麵粉或是其他穀物粉類中，添加了酵母、鹽、水等，製作出麵團，經過發酵後烘焙而成。」

亦即必須是在麵粉或裸麥粉等粉類當中，添加麵包酵母、製作成麵團後，使其發酵烘焙而成。

那麼，使用了麵包酵母會有什麼樣的效果呢…？有點故意地，我試著問了其中一間麵包店，不愧是開在青山頂級地段的店家，立刻流利順暢地給了以下的回答。

「過去以來麵包製作的秘訣，說是1粉、2種、3技術，即使用量很少，但酵母仍是最重要的原料之一。也就是麵包酵母中的酵素，可以分解麵團中的糖分，形成二氧化碳，麵筋組織包覆著二氧化碳，藉由烘焙使得麵團得固定成膨脹狀態，就變成了麵包。

藉由膨脹，①提高商品價值、②使其受熱均勻良好，有助消化、③再怎麼說食物最重要的命脈就是風味及香氣，藉由麵包酵母產生的酒精和酯等其他揮發性物質，能更加提升這個部分。」

確實就如同這個回答，令我感佩不已。異地而處，自己是否真能回答出這答案的半分呢？

（2）期待中"麵包酵母的樣貌"

曾經有一段時間非常流行「期待的人類樣貌」、「期待的父親樣貌」等等，那麼「期待的麵包酵母之樣貌」又是如何呢？在此試著依想像的順序記錄下來。

① 具有優異的保存性。

② 具耐糖性、耐凍性。

③ 麵包酵母本身沒有異味或異臭，當然也不被其他微生物污染，在發酵過程中也不能產生損及麵包品質之物質。

④ 發酵力強，並且能持續。

⑤ 易溶於水，能在麵團中均勻分散。

⑥ 對麵粉中阻礙發酵物質有強烈抵抗力。

⑦ 具強大的麥芽精（maltose）發酵力。

現在市售的所有麵包酵母，即使沒有完全符合這些期待的商品，也有極大的提升。耐糖性變高，同時也開發出用於無糖麵團，也能具有強烈發酵力的麵包酵母。若是還能開發出耐凍性，超級麵包酵母的話，就更能大大地改變現在的麵包製作方法，麵包企業中的製程條件也會因此而大幅度地改善。

（3）使用方法・這裡要注意！

在德國麵包工廠參觀時，由烤箱中不斷出爐的成品裡，居然從長度超過1公尺的圓長條狀黑麵包中，取出一個500公克完整的麵包酵母塊（新鮮），負責烘焙的人也覺得不可思議。

或許會覺這樣的狀況不可置信，但歐洲的麵包酵母比日本的含有更多水分，即使握在手上覺得具濕潤感但卻不會崩散。再加上，麵包酵母並沒有溶於水中再使用的習慣，另一個原因，應該是工廠的製程以超低速進行攪拌。

在東京江戶川區的某間麵包店內，教導生平首次揉和麵團製程時，有以下四點。

㋑ 麵包酵母，必須溶化後再放入攪拌機。

㋺ 為維持其穩定，溶化麵包酵母的水分不能使用溫度過高或過低的水分。

㋩ 水分用量是麵包酵母的5倍以上。

㋥ 添加水分後，至少必須等5分鐘以後才進行攪拌。

之後，又向麵包酵母公司請益其他注意重點，新增以下三個重點。

㋭ 在麵包酵母的溶解液當中，絕對不可以同時加入砂糖、鹽以及酵母食品添加劑。

㋬ 即使是冷凍的麵包酵母，溫度在-10℃左右也同樣可以直接溶入水分中。

㋣ 麵包酵母溶解液，必須在30分鐘之內使用。若要持續保存時，冷藏較佳。

<圖 II-1 >依製程及配方來增減麵包酵母使用量

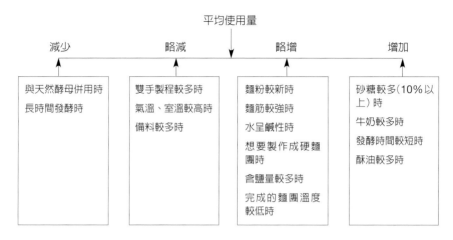

| 減少 | 略減 | 平均使用量 略增 | 增加 |

<table>
<tr><td>減少</td><td>略減</td><td>略增</td><td>增加</td></tr>
<tr><td>與天然酵母併用時
長時間發酵時</td><td>雙手製程較多時
氣溫、室溫較高時
備料較多時</td><td>麵粉較新時
麵筋較強時
水呈鹼性時
想要製作成硬麵團時
含鹽量較多時
完成的麵團溫度較低時</td><td>砂糖較多（10%以上）時
牛奶較多時
發酵時間較短時
酥油較多時</td></tr>
</table>

（4）麵包酵母用量的增減

在觀察麵包配方一覽表時，首先著眼之處，以職業角度來看，無法避免會先注意粉類的種類，但幾乎所有的人都會先看到麵包酵母的用量吧。

吐司麵包的2%、糕點麵包的3～4%、德式史多倫麵包（Stollen）是10%等，依麵包種類不同，所使用的麵包酵母用量也會隨之不同，發酵時間也會大幅改變。

當然，砂糖、鹽、脫脂奶粉等副材料的使用率也會因而變化。逐步越來越瞭解麵包，自行研發麵包配方，決定麵包酵母用量，依照預定時間進行發酵，最後烘焙出美味麵包時，沒有比這樣的經驗更開心了。

依照一般製程及配方來增減麵包酵母量，如圖II-1所示。

（5）佔70%的水分

新鮮麵包酵母，現在會因製作商不同，菌種、培養原料及培養方法也會略有不同。因此，市售的成分、特性等也會略有差異，但平均的成分標示如表II-1。國外成品水分量較多為70～73%，但日本國產麵包酵母對於在意的耐糖性、保存性等較能提出詢問。

（6）麵包酵母是植物

麵包酵母是植物，在分類學上與黴菌同屬子囊菌（ascomycota）類或不完全菌類。但形態上是單細胞微生物。相較於細菌和黴菌，形狀相當大，以300倍的顯微鏡也可以看得非常清楚。

雖然形狀會依種類而有所不同，但基本形狀可以分成蛋形、橢圓形、球形、檸檬形、臘腸形、線狀等。大小來看，短徑是3～7微米、長徑4～10微米，一般來說培養酵母較大，而野性酵母較小。據說新鮮麵包酵母1公克中，含有約100～200億個細胞。

其構造如圖Ⅱ-2所示。在此進行簡單地說明。

＜核＞　作為細胞的中心，通常一個細胞只存在一個。一般而言是球形，具增殖作用。

＜原形質＞　也被稱為細胞質，呈現流動性的膠質狀態。所謂死亡，是指原形質產生變化，無法再恢復原來的形狀。

＜粒細胞＞　微粒體是球形，合成酵素等蛋白質。粒線體（mitochondrion）也是球狀，或是線形，供給細胞能量。一般在植物細胞中以葉綠素存在，麵包酵母中則不存在。

＜液泡＞　將細胞中的老廢物質再利用的組織，也具有儲藏胺基酸等作用。隨著成長會越來越大，最後會成為細胞的絕大部分。乾燥酵母中是看不到的。

＜原形質膜＞　也被稱為細胞質膜，只會選擇吸收麵包酵母所需之必要成分。

＜細胞膜＞　植物細胞特有，由原形質所分泌的纖維素（cellulose）是其主要成分。新生細胞膜較薄，而且會逐漸變厚。目地在於保護細胞。

◇ 巴斯德（Pasteur）明白解析出發酵原因

在距今4000年前的古埃及、巴比倫時代，尚未烘烤出麵包。當時的麵包似乎有自然發酵製作和無發酵兩種。長久以來，會將麵團的一部分保留下來，作為麵包種再製成發酵麵團，但在1680年，當時默默無名的荷蘭商人雷文霍克（Antonie van Leeuwenhoek）製作出顯微鏡，也發現了前所未知的微生物，使得酵母的構造得以明確地被瞭解。

自此之後，仍有一段很長的時間，認為發酵與酵母無關，所謂的發酵只是單純的化學作用。接著一直到1857年，法國化學家，細菌學者路易·巴斯德（Louis Pasteur），才證實了酵母確實是發酵之原因。

叮嚀小筆記

（7）利用出芽來增殖

麵包酵母，利用出芽來增殖。這與細菌的分裂不同，由母細胞的一端，產生突起的子細胞、逐漸變大，最後脫離母細胞，這就是所謂增殖的形態。

植物，是以二氧化碳和水為原料合成糖分，但麵包酵母雖然是植物，但卻是不含葉綠素的，因此必須由外部吸收才能攝取到營養成分。碳源雖然來自各處，但實際上大多會使用廢糖蜜。氮源則多會使用磷酸二銨（Diammonium phosphate）。

麵包酵母將這些無機物同化、吸收，合成蛋白質。會影響麵包酵母增殖速度的條件：培養溫度、營養供給以及氧氣供給等三項，培養溫度在 28 ～ 32℃最佳，由品質和增殖率來看，高溫的上限溫度在38℃。

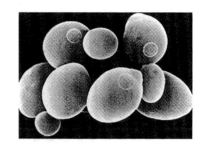

（上）：麵包酵母的電子顯微鏡照片（1萬6000倍）
（下）：同顯微鏡之照片（600倍）

＜表Ⅱ-1＞新鮮麵包酵母的成分

水　　　分（％）	65 ～ 68
乾 燥 物 質（％）	32 ～ 35
（乾燥物質中）	
蛋 白 質（％）	40 ～ 50
碳水化合物（％）	30 ～ 35
核　　　酸（％）	5 ～ 10
灰　　　分（％）	3 ～ 5
脂　　　質（％）	1 ～ 2

摘自日本麵包技術研究所「麵包製作原料」

＜圖Ⅱ-2＞酵母細胞的構造

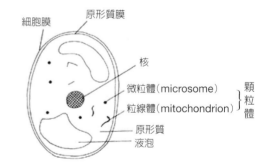

為避免誤解地再次重申，麵包酵母的增殖，在28～32℃、pH值4.0～5.0是最適當的範圍，但麵包麵團的發酵，溫度範圍是24～35℃（請參照圖Ⅱ-3）、pH值5.0～5.8之間，範圍略有不同。這是麵團製程性、雜菌污染以及為了麵包風味之故。針對麵包麵團發酵中麵包酵母增殖，有過相當多的研究結果發表，但根據SIMPSON之報告結果，添加0.25%的麵包酵母，可以增加132%；添加0.5%時則為112%；1%為61%；2%為23%，添加至3%時則不見其增殖。綜合其他報告來看，可以想定麵包酵母使用2%時，約可增殖30%。

＜圖Ⅱ-3＞溫度變化時的麵包酵母活動

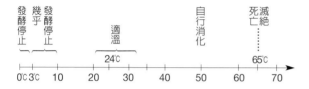

（8）麵包酵母中的三大酵素

麵包酵母是41屬278種分類當中的酵母之一，是Saccharomyces酵母屬cerevisiae釀酒酵母種。根據Lothar分類，清酒酵母、啤酒酵母以及葡萄酒酵母，都含在這個種別當中。

麵包酵母是利用存在於麵粉中的糖類，以及配方中作為副材料的糖類發酵，依其所產生的二氧化碳、酒精以及有機酸等，給予麵包延展性及彈力，也就是進行所謂的熟成。

> **◇ 新機能麵包酵母的盛行**
>
> 麵包工坊的冷藏庫中究竟有多少種類的麵包酵母呢？我想，幾乎只有一種，最多加上乾燥酵母二種。但現今已經是可選擇麵包酵母的時代了。當然過去以來的新鮮麵包酵母性能也已大幅提升，其他像是冷凍用麵包酵母、低溫感受性麵包酵母（20℃以上時與普通麵包酵母具相同發酵能力、15℃以下時發酵速度降至1/2以下、8℃以下時停止發酵。）、超耐糖性麵包酵母（糖分50%為止都能進行發酵）、提升風味之麵包酵母等…，有很多依使用方法區分，能確實提高麵包品質的新機能麵包酵母。雖然最基本就是使用新鮮的麵包酵母，但只要用量達到某個程度時，細膩的區分使用，就是能從眾多店家中脫穎而出的第一步。

叮嚀小筆記

麵包酵母不同，其糖類消耗量也會因狀況條件而有所差異，但麵包酵母1g在1小時，消耗0.33g葡萄糖（glucose），而依此計算二氧化碳的產生約是249ml，實際測得數據為215ml。麵包酵母當中，雖然存在著大量的酵母，但只在正常狀態下的細胞內有作用，除了少數例外，在細胞外是不會產生作用的（請參照圖II-4）。

因此，蛋白質或澱粉，若未經過蛋白酶或澱粉酶將其分解成胺基酸或麥芽糖，就不能接收到麵包酵母的酵素作用。

接著，列舉出麵包酵母中主要的酵素成分。

＜轉化酶invertase＞最適當溫度50～60℃、最適當pH值4.2，將蔗糖分解成葡萄糖和果糖。部分在細胞外也仍進行作用。

＜麥芽糖酶maltase＞最適當溫度30℃、最適當pH值6.6～7.3，將麥芽糖分解成二分子葡萄糖。

＜發酵酶zymase＞最適當溫度30～35℃、最適當pH值5.0。發酵酶是多數酵素結集而成的酵素群，可將葡萄糖和果糖分解成二氧化碳和酒精。

另外，麵包酵素當中存在著蛋白酶和α澱粉酶等50種類以上的酵素。

＜圖II-4＞麵團中主要的酵素作用

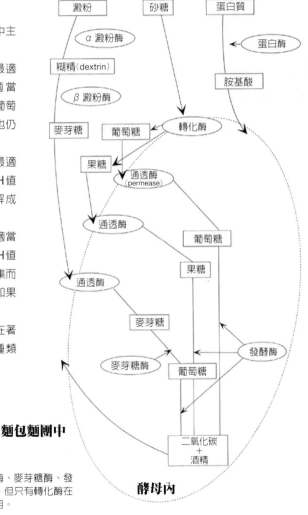

麵包麵團中

⬭ 是酵素

※ 麵包酵母中的酵素，轉化酶、麥芽糖酶、發酵酶是基本的菌體內酵素，但只有轉化酶在菌體外仍有部分會產生作用。

（9）麵包酵母的國籍

麵包當中，有像法國麵包、德國麵包般完全不添加砂糖，也有像糕點麵包般添加了 25～35% 高比率砂糖的配方，現在我們所使用的麵包酵母，不是兼用於兩者的酵母，而是選擇耐糖性強，或是適用於無糖麵團具強烈發酵力的其中一種。

調查世界各地麵包酵母的使用傾向，發現關於菌體成分幾乎沒有差別，但相較於美國、歐洲，日本菌

利用連續真空脫水機進行酵母的脫水製程

株的海藻糖（trehalose）（二個葡萄糖經由還原基結合而成）較多，水分和蛋白質略少。

即使是由菌體成分來看，日本的菌株仍可視為是較特殊的種類，轉化酶的活性較弱，出芽率也較低。由上述狀況而言，日本的菌株適合用於耐久性和糕點麵包的種類，具有優異的耐糖性。

◇ 麵包酵母也是植物

在本文當中也提到，「對於花草而言，最佳的肥料正是人類的關心」。這是我最喜歡的句子。除草、澆水、施肥，只要隨時關注著，就絕不會錯過最佳時機。麵包麵團也可以說是相同原理。

1966 年（昭和 41 年）克里夫・巴克斯特（Cleve Backster）將測謊機繫在觀葉植物虎斑木（Dracaena）上，觀察澆水時和以打火機靠近時虎斑木的反應，接著又陸續作了各種實驗，證明植物能夠感測人類的情感並作出預備反應。雖然對於這樣的證明仍存有令人半信半疑的部分，但也有一說是當麵團聽著音樂（特別是莫札特）時，能更迅速完成發酵。即使不是真的跟麵團對話，至少愛護溫柔地進行操作，也是製作良好的第一步。

叮嚀小筆記

美國的麵包酵母，非常適合用於吐司麵包，但耐糖性極差，不適合用於糕點麵包。歐洲的麵包酵母正是介於兩者之間的中間型。轉化酶活性強與耐糖性低，是指因轉化酶使糖分急速地被分解成葡萄糖和果糖，提高麵團滲透壓因而抑制了發酵作用。

<耐糖性麵包酵母的特徵>
① 大部分依賴菌株固有的耐滲透壓性。
② 日本麵包酵母的轉化酶活性較低，約是美國的三分之一、歐洲的三分之二左右。
③ 菌體的海藻糖含量較高。
④ 水分含量較少。
⑤ 不容易出芽。
⑥ 菌體較小。

<無糖性麵包酵母的特徵>
① 菌體較大。
② 氮含量較高。
③ 容易出芽。
④ 麥芽糖酶活性、轉化酶活性較高。
⑤ 風味佳。
⑥ 儲藏性、耐糖性、耐凍性低。
⑦ 菌體的海藻糖含量低。

◇ 「YEAST」與「酵母」的不同

所謂YEAST，說穿了其實是酵母的英文，一般而言YEAST是用在麵包店的製程中，而酵母則是被用在學術用語上。但是，近年來使用發酵種（麵包種）烘焙麵包時，經常出現「使用天然酵母」的宣傳字句。另一方面，對消費者而言，之前麵包業界使用的YEAST，就像是非天然品，安全性較低或是化學合成品般，容易產生誤解的傾向。平成19年3月，接受（社團法人）日本麵包工業會之請託，由（社團法人）技術研究所設立「專業研討會」，將此做出協議。就結論而言，因為以現今的科學力量或倫理上無法以單一生物製成，因此合成酵母是不可能

叮嚀小筆記

的。相反詞的「天然酵母」也同樣會造成消費者誤解，故以麵包業界而言，自律字詞的使用會是比較好的方法。（社團法人）日本麵包工業會、全日本麵包協同組合聯合會，接受了這樣的回覆，以不使用「天然酵母」之詞為方針。同時，發表了將至今曖昧使用的「YEAST」一詞，改以「麵包酵母」稱呼更適切。

◇ 麵包酵母與麵包的香氣

即使簡單地用麵包酵母來概括，依菌株的不同，製作完成的麵包風味、口味以及香氣都會有微妙的不同。最近啤酒花種、酒種、酸種都被同樣重視地檢視，並且熱心地研究，依麵包酵母來標示出麵包風味特徵等。

（10）麵包酵母的製造方法

介紹麵包酵母的製造方法，可以分成四大工序。各別是"酵母種的培養"、"培養液的調整"、"正式培養"，接著是"處理"的各個工序。首先，酵母種的培養，被保存在試管的菌株，利用燒瓶培養、桶培養或是在逐漸變大的培養槽內，使其增殖，即是完成正式培養的預備製程。

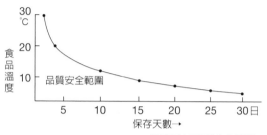

< 圖 II–5 > 麵包酵母保存溫度與天數

（摘自田中秀二先生的演講）

同時進行的製程，是培養液的調整。廢糖蜜利用遠心分離機去除氣體、殺菌。再量測、溶化其他的副材料，這些預備動作完成時，將其移至正式培養槽。因應酵母種的增殖，廢糖蜜及其他副材料在溫度28～32℃、pH值4～5的環境條件下，從自動流入裝置與豐富的無菌空氣一起送入，在12～16小時內，酵母會增量成7～8倍。

利用遠心分離機的作動，再以冷水進行幾次洗淨、放入冷卻機、藉由脫水機使水分含量成為65～69%後，藉著整型包裝機製作成產品。成品溫度在完全降至5℃之前，暫時保存在冷藏庫中二～三天，之後出貨。

✧ 即溶乾燥酵母

最近開始出現了很多不需要攪拌溶解的即溶乾燥酵母。這樣的成品發酵力較過去的乾燥酵母強，使用量也只要過去乾燥酵母的70～80%，就非常足夠了。

使用上注意的重點，①15℃以下的水，不能添加在麵團中，在攪拌過程中加入。②添加後，5分鐘內必須攪拌，若添加後的攪拌時間太短，則直至最後都會殘留乾燥即溶酵母的顆粒。③有時即溶乾燥酵母內會添加維生素C做為保護劑，此時就不需再添加維生素C了（請確認標示）。

叮嚀小筆記

（11）可以利用試烘焙檢查品質

檢查麵包酵母品質的方法有很多，介紹其中最具代表性的方法。

① 水分定量法……固體法與液體法。

② 二氧化碳生成量之測定法……改良梅斯爾法（Meissl）的重量測定法，與改良沃爾夫法（Wolff）的容量測定法。

③ 麵團膨脹力之測定法……普通麵團的膨脹張力試驗與高糖麵團的膨脹張力試驗。

雖然其他還有持久力測定試驗、zymotachigraph試驗、統計結構（fermograph）試驗、麵團試驗等，但以結論而言，麵包製作試驗中，無視於麵包的容積及品質，就無法成為麵包酵母的試驗。

（12）關於乾燥即溶酵母

新鮮麵包酵母乾燥後，水分含量抑制在 7～8% 的成品，就稱為乾燥酵母。也可以說是以保存為目的所製成。所謂新鮮麵包酵母，除了與酵母種不同外，雖然乾燥製程中消滅死亡的酵母很多（4～15%），但卻擁有乾燥酵母獨特的特徵。消滅死亡的酵母，在麵團中會溶出酵母內的還原性穀胱甘肽（glutathione）、胺基酸、酵素等，對麵團有著新鮮麵包酵母所無法獲得的作用。

對於使用乾燥酵母的麵團及麵包的影響，列舉如下。

① 縮短攪拌時間。

② 使麵團光滑平順，製作過程良好。

③ 使麵包呈色，增加風味。

④ 減少表皮外層的軟化。

乾燥酵母由水分來換算時，約是新鮮麵包酵母的三分之一用量即已足夠，但考量到乾燥製程中的活性降低或是死亡的細胞，因此一般的用量為二分之一。使用方法，是以乾燥酵母5倍以上的溫水（41～43℃），預備發酵10～20分鐘，最後加以攪拌。或使用相對於溶液約1.5～3%糖水，可以提早溶解並增強發酵力。

完成預備發酵，務必在溶解後20分鐘內使用。

新鮮麵包酵母雖然也有類似的傾向，但特別是乾燥酵母，會依品牌不同，有前段發酵力較強或是後段發酵力較強的各種商品，請依製作麵包的方法來區隔使用的品牌。當然風味也會因而改變。

（13）" fresh" 是第一要務

　　麵包酵母是生物，必須注意要常保新鮮。以冷藏保存為原則，環境為0～3℃、高溫在10℃以下。視情況而言冷凍雖然有較好的儲藏性，但在日常使用上冷藏保存即可。

　　麵包酵母一旦放置在室溫之下，因其含水分近70%，會因呼吸作用發熱，進而失去發酵力。這個現象會隨著溫度上升而加速。此外，也容易成為雜菌喜好之環境，因此保持清潔也非常必要。

◇ 試著挑戰看看麵包大賽！

　　最近閱讀業界報導時，介紹著各式各樣麵包大賽的結果。由各個不同業界、團體、企業主舉辦的比賽。目的各有不同，像是介紹新產品、開發出製作麵包原料的新用途、提高商品辨識度、提升麵包製作者的經驗及技術等等。難得有了這樣的機會，請務必試著挑戰看看。

　　在此將挑戰時應有的禮節規範記述如下。

① 照片是非常重要的評價項目。雖然不需要委託專業攝影師，但是必須準備外觀和內部都能令人一目瞭然的照片。

叮嚀小筆記

② 麵包配方的標示不能以公克為單位，必須以烘焙比例來標示。

③ 與其將麵包製程冗長地記述，不如以條列式更好。

④ 即使麵包配方是以烘焙比例標示，但內餡部分幾乎都是以公克標示。建議兩種併用。

⑤ 開發概念也是重要的評價項目。請務必提綱挈領地整合簡潔表達。

⑥ 雖然依比賽目的有所不同，但商品命名、銷售價格、成品大小以及形狀都必須列入考量範圍內。

　　只要一次，就能切身感受到比賽入選時的辛苦以及感動。請您務必試著挑戰吧！

III 酵母食品添加劑

(1) 忘記添加酵母食品添加劑…

　　── 這一週，幾乎是連自己都感到驚異地烘烤出優質的麵包，但為什麼就只有今天的麵包烘烤色澤略紅，烤箱內的延展狀況不足呢？

　　表層外皮(crust)部分，像月球表面般凹凸不平。邊角部分也異常尖硬突出。不知道是否是配方錯誤或是製程疏失，非常擔心地看了切開後的柔軟內側(crust)，色澤暗沈、略黃、氣泡孔洞圓且有厚膜。並且按壓時也不如往常般柔軟──。

　　您是否也曾烘烤過這樣子的麵包呢？這個時候，就要靜下心，試著重新審視最初的製程步驟了 ......。

　　── 話說，由攪拌機揉和完成的麵團不但沾黏，在壓平排氣時的回復也較遲緩，是個沈重且沒有彈力的麵團。即使進行了壓平排氣製程，仍然柔軟沒有彈力，最後發酵取出後，表面稀軟，麵團看起來很沒有精神的感覺──。

　　如果這樣，很明顯的，就是忘了添加酵母食品添加劑。像是奶油卷或是甜麵包卷般的RICH類麵包(高糖油配方)，酵母食品添加劑雖然非絕對必要，但若是吐司麵包類，問題就很嚴重了。

　　當然，也有配方中不含酵母食品添加劑的麵包製作方法，所以即便不使用酵母食品添加劑，也一樣能夠製作，只要必須要有相對應的配方和製程。此外，烘烤完成的成品，肯定會與每天製作的麵包略有差異。

(2) 幫助麵包製作的萬能選手

　　排放在麵包店的吐司麵包、糕點麵包，大部分都使用了酵母食品添加劑。使用上各有其目的，

　　㋑無論是雙手操作或使用機器，都能製作出適合該製程的麵團。

　　㋺對麵包酵母而言，能補充不太存在於麵團中的氮。

　　㋩能將使用的水分調整成適合麵包製作的硬度。

　　㋥調整麵團pH值。

　　㋭因應麵包製作之工程及製程，有助於麵筋組織的連結。

＜表 Ⅲ-1＞ 酵母食品添加劑中各種材料的使用目的及效果

（主要摘自田中秀二先生的演講）

	材　料	使　用　目　的	主　要　效　果
銨　鹽 ammonium	氯化銨 NH_4Cl	酵母的營養來源	促進發酵(→增大麵包容積)
	硫酸銨 $(NH_4)_2SO_4$		藉由分解所產生的酸，降低 pH 值以刺激發酵。
	磷酸銨 $(NH4)_2HPO_4$		
鈣　鹽 Calcium Salts	碳酸鈣 $CaCO_3$	水的硬度、調節 pH 值	安定發酵
	硫酸鈣 $CaSO_4$		安定發酵 強化麵筋→增大麵包容積
	酸性磷酸鈣 Ca $(H_2PO4)_2$		促進發酵
氧　化　劑	溴酸鉀 $KBrO_3$	蛋白酶的不活性化、氧化	強化麵筋→增大麵包容積
	(硫代硫酸銨) $(NH_4)_2S_2O_3$		
	抗壞血酸(L–Ascorbic Acid) 維生素C		
還　原　劑	穀胱甘肽	活化蛋白酶	增加麵筋延展性(縮短攪拌、發酵時間) 防止老化
	半胱胺酸(cysteine)	還原	
酵　素　劑	澱粉酶	分解澱粉	促進發酵、改善風味及色澤、防止老化 提升麵包內側柔軟度、改善麵粉狀態、增加發酵性糖類、改善口感
	蛋白酶	分解蛋白質	增加麵筋延展性、改善風味及色澤
	聚木糖酶(xylanase) 半纖維酶 (hemicellulase)	分解澱粉之外的多糖體、小麥阿拉伯聚木醣(arabinoxylan)與麵筋組織之相互作用	麵團安定性、增加體積、增加麵團黏度、改善麵筋的網狀結構
	脂肪酶	分解脂肪	改善內部狀態、提升麵團安定性、增加體積、保持鮮度、提升機械耐性
	葡萄糖氧化酶 (glucose oxidase)	氧化葡萄糖、結合生成S-S、阿拉伯聚木醣的分子內結合	強化麵筋組織、消減麵團沾黏、增加體積、增加水分吸收
界面活性劑	脂肪酸甘油酯 (glycerin-fatty acid ester)	提升機械耐性、抑制老化	優化麵團物理性、防止老化
	(單酸甘油酯 monoglyceride、二脂酸甘油酯 diglyceride)		
	硬脂酸鈣(calcium stearate)		
分　散　劑	氯化鈉 NaCl	增量、調整發酵	量秤的簡易化、安定發酵、防止混合接觸後的變化傷害
	澱粉	增量、緩衝分散	量秤的簡易化、藉由吸濕以防止化學變化
	麵粉		

＜表 III-2＞各種 α 澱粉酶的耐熱性比較

溫度(℃)	無麵粉			麵粉50g/470cc		
	酵素殘量(%)			酵素殘量(%)		
	黴菌	麥芽	細菌	黴菌	麥芽	細菌
30	100	100	100	100	100	100
60	100	100	100	97	100	100
65	100	100	100	83	100	100
70	52	100	100	52	92	100
75	3	58	100	11	69	100
80	1	25	92	3	29	100
85	－	1	58	－	2	100
90	－	－	22	－	－	80
95	－	－	8	－	－	26
最適pH值	5.5～5.9	4.9～5.4	5.3～6.8			
安定pH值	5.5～8.5	4.7～9.1	4.8～8.5			

（by Miller）

＜表 III-3＞酵素與其最適 pH 值及溫度

	酵　素	基　　質	最適pH值	最適溫度
麵粉及麥芽中	α 澱粉酶	小麥澱粉	4.5～5.5	45～55℃
	β 澱粉酶	糊精	4.5～5.0	55℃
	蛋白酶	小麥麵筋	3.0～4.5	40～50℃
	蛋白酶	牛奶酪蛋白	5.0～6.0	
麵包酵母中	發酵酶	葡萄糖	5.0～5.2	30～33℃
	麥芽糖酶	麥芽糖	6.6～7.3	30℃
	蛋白酶	白蛋白、球蛋白	5.0～6.0	38℃
	轉化酶	蔗糖	4.0～5.0	50～60℃

* 在麵團發酵時 pH 值5.2～5.4時，當溫度在55～60℃時蛋白酶幾乎是不活性化的。但蛋白酶
  （bacteria protease）即使在52℃的高溫下也仍具有相當的活性。

市售有相當多種類的酵母食品添加劑。選擇使用酵母食品添加劑時，很重要的是必須充分檢視考量各種成品的工程條件、麵包工坊的機器設備、水質、使用原料等，再決定使用的種類(請參照表III-1)。

① 調整麵團的物理性質

小麥是農作物，會因收成年分、產地、品種以及製粉方法等，使得其製粉性產生微妙的變化。其他，製粉工廠的溫度、濕度變化、副材料之品質、製程方法等，各種因素加總起來，對麵團所產生的微妙物理性、化學性的變化，就是使用氧化劑或酵素劑來調整的目的了。

<氧化劑>

現在日本國內使用的是抗壞血酸、溴酸鉀。過去也使用硫代硫酸銨，但現在已經不使用了。最近也開始使用葡萄糖氧化酶等酵素類。

抗壞血酸本是還原劑，經由小麥或麵團中存在的物質，被去氫抗壞血酸(dehydroascorbic acid)氧化，變成氧化劑對麵團產生作用。抗壞血酸對於短時間發酵法的麵團，能夠充分發揮其效果，但用於長時間發酵法的麵團時，會過度緊實麵團使其成為不耐加工的麵團，容易在後續製程中引發問題。

◇ 麥芽精(麥芽糖漿)是什麼？

一言以蔽之，就是將發芽的大麥等磨成粉末(粉末麥芽)，再加入適量溫水至粉末麥芽中，放在桶中使其熟成，利用大麥中所含的澱粉使其轉化成蜜糖狀之物質。以成分而言，是富含麥芽糖和澱粉酶等酵素成分。效果包括①有助麵包酵母之活性、②增加麵團的延展性、提高機械耐性、③提升麵包風味及烘烤色澤、④使麵團在烤箱內充分延展，延遲老化。因膏狀不易使用，因此很多技術人員都對此敬而遠之，但精通麥芽精使用者，則可以藉此提升麵包的風味，特別是味道上能更上層樓。是希望大家務必一試的麵包製作原料之一。若是膏狀的麥芽精不易使用時，可以在使用前先將其溶化於等量水中，當作水分來使用。保存性不佳，請嚴守冷藏保存並於一週內使用完畢。

叮嚀小筆記

抗壞血酸和溴酸鉀的相異處很多，但最受到矚目的是相對於溴酸鉀的遲效性（緩慢出現效果），抗壞血酸則是速效性的（迅速地展現效果）。再者，溴酸鉀會因其添加用量而使得氧化力變強，相對於此抗壞血酸添加至某個程度後，氧化力並不會與添加量成等比增加。抗壞血酸當作氧化劑的改良作用，在於①反應麵團中的胜肽（peptide）或蛋白質的SH基、②SH基氧化利用交差成S-S結合，同時氧化封鎖了遊離的SH基，控制住SH-SS交換反應 ③影響蛋白質分子間的非共有結合、粒子間結合及凝集結合。

＜酵素劑＞

一般在酵母食品添加劑中添加的是澱粉酶，即使添加了蛋白酶也只是微量。至目前為止即使含有這些酵素，也多半會使用麥芽類成分，但最近黴菌類成分也變多了（請參照表III－2）。其各別耐熱溫度和最適pH值各不相同，使用酵素劑時必須要充分地確認（請參照表III-3）。

＜圖III-4＞氧化劑、酵素劑的量與麵團、成品的特徵

			過 少 時				過 多 時
氧化劑	麵團		會沾黏、有鬆弛傾向	麵團			容易斷切不容易滾圓、會產生乾燥
	成品	外觀	烤箱內延展不良，容積小。烘烤色澤略紅欠缺光澤。		成品	外觀	產生烘烤緊縮之狀況，容積變小，容易乾燥。烘烤色澤略白，欠缺光澤。
		內部	氣泡孔洞圓，且氣泡膜厚。色澤暗沉觸感較硬。			內部	氣泡膜薄，但氣泡孔洞不均而產生空洞，其中還可看不均勻的紋路。
酵素劑	麵團		欠缺光滑平整不易製程。	麵團			減少吸水，攪拌時間也變短。雖然麵團快速發酵，但容易沾黏。
	成品	外觀	烤箱內延展少，容積小。外層表皮厚，烘烤色澤略白，欠缺光澤。		成品	外觀	容積小，烘烤色澤略紅。
		內部	氣泡孔洞沒有延展開，氣泡膜厚。欠缺麵包特有之風味。			內部	氣泡膜厚，氣泡孔洞呈圓形，色澤偏黃且暗沉。

若使用澱粉酶的時代是利用酵素的第一世代，那麼最近就算是進入第二世代了，盛行利用半纖維酶、解脂酶（lipase）、葡萄糖氧化酶等。半纖維酶對於體積的改良有很大的效果，解脂酶對於脂質的分解具乳化劑般的作用，而葡萄糖氧化酶具有抗氧化劑般的作用。

＜還原劑＞

最近麵包製作方法中，藉由穀胱甘肽、半胱胺酸來改良麵團，其效果大幅提升了麵包的品質。這由於①製粉技術的提升、②麵包酵母發酵力的增加、③其他，製作麵包的原物材料精製度的提升、④攪拌機構造的改良、高速化等製作麵包機器的發達，而提升了麵團物性。這些全都是促進麵包麵團發酵，相較於麵團硬化作用，麵團軟化不及，整體成為緊繃堅硬的麵團（效果太過、過度發酵）。調節此一現象的就是還原劑。

② 補充氮

麵包酵母中並未存在葉綠素，但從細胞組織而言仍堂堂正正地屬於植物。若是植物就如同花草般是需要肥料的。麵包麵團，對麵包酵母而言就是良好的營養環境，但其中略嫌不足的，是氮、碳的來源。添加銨鹽，再加入若干砂糖就是這個原故。

③ 調節水的硬度

據說最適合製作麵包的水分硬度是100左右。在日本，大部分的水硬度都在54以下，因此這個不足就藉由鈣鹽來加以補充。若材料用水是軟水時，會減少吸水量，造成麵團的鬆弛和沾黏。麵包酵母的活性增加，氣體產生量也隨之增加，但麵團的氣體保持性卻很差。再者，雖然可以延緩麵包的老化，但也容易製作出氣泡膜過厚的產品。

此外，材料用水是適度的硬水時，麵團緊實製性佳，氣體的保持力良好，烤箱內的延展也會很好。可以製作出麵包氣泡、觸感、內部優質的成品。但即使是硬水，若是硬度過高，也一樣會使麵團過度緊縮，發酵時間過長。麵包內部顏色較白且有易於老化之傾向。

並且，如眾所皆知的 α 澱粉酶的活性會被鈣離子抑制，以相同麵粉使用硬水和軟水，再用連續黏度分析儀（amylograph）進行分析後，可以得知使用硬水的黏度最高。

④ 麵團最適pH值

再考慮到麵包酵母的作用、防止雜菌的繁殖、麵包風味等等，可推論麵團最適pH值為5.0～5.8，鹼性較強的麵團對發酵有明顯的阻礙。因此可利用碳酸鈣、酸性磷酸鈣來調整pH值。

（3）最適量錯誤時

麵包開始烘焙時，首先必須記住的是，什麼樣的成品才能算是優質麵包呢？看見麵包，就能立刻判別出是否發酵不足、過度發酵或是發酵的時間恰如其分，就是能獨當一面的麵包師了。

製作麵包的專業人員，雖然還必須具有該如何改良麵包的技術，但作為麵包企業經營者，更需要擁有能判別麵包的本事。酵母食品添加劑的類型或是決定最適用量，都是非常困難的事。

氧化劑、酵素劑的用量與成品特徵表列如表Ⅲ-4。

（4）選擇方法與使用方法

選擇酵母食品添加劑，或是使用時，必須注意以下四個重點。
① 必須確認氧化劑的種類與用量。
② 事先瞭解酵素劑是何種類別（黴菌、麥芽或是細菌），用量成效如何。
③ 雖然添加量很少，但影響卻是非常大，所以請務必正確量測。
④ 務必與粉類均勻混拌。

（5）誕生於美國的酵母食品添加劑

在美國各地擁有麵包工廠的大型企業中，配方、工程應該都是相同的成品，但卻會因各麵包工坊不同而烘烤出略有差異的麵包，針對這個疑問進行了各式各樣的調查之後，發現原因是因為水的不同所造成。

也就是水分中礦物質含量之差異，相較於使用軟水的麵包工坊，使用硬水的麵包工坊更能製作出優質產品。由此開始，以鈣鹽為主體地添加了銨、氧化劑、酵素劑，作為製作麵包改良劑來使用。1920年（大正9年）左右，開始在美國使用，日本是在1935年（昭和10年），「Arkady」開始進口。而在日本製造則是在1940年（昭和15年）左右。

（6）無機酵母食品添加劑與有機酵母食品添加劑

所謂的酵母食品添加劑，正如其名是作為酵母的食物之意。但至少在日本，酵母食品添加劑除了作為酵母食物之外，還兼具了麵團改良劑 Dough Conditioner、麵包改良劑 Dough improver 的作用，在美國則是稱為 Bread improver。

由這些作用來加以分類，則可以將其區分如下：

㊀ 促進發酵者(銨鹽、酵素劑)

㊁ 氧化、改良麵團者(氧化劑、酵素劑)

㊂ 提升香氣風味者(酵素劑)

㊃ 調整水質者(鈣鹽)

㊄ 防止老化者(乳化劑、還原劑、酵素劑)

由構成方面來分類時，可以分類如下：

㊀ 由無機物構成者……抗壞血酸(維生素C)等氧化劑、氯化銨等無機氮素劑、硫酸鈣等含在配方中，不含酵素劑。(無機酵母食品添加劑)

㊁ 由有機物構成者……主要含有澱粉酶、蛋白酶等酵素劑和酵素安定劑。(有機酵母食品添加劑)

㊂ 由無機物、有機物共同構成者……無機酵母食品添加劑中含酵素劑，是最一般的配方。特別是使用了大量氧化劑、酵素劑的酵母食品添加劑，又被稱為速成型酵母食品添加劑(混合型酵母食品添加劑)。

㊃ 由酵素構成者……也因為不需要標示出添加物，因此使用者也在增加中。澱粉酶、半纖維酶是主體，再添加上解脂酶、葡萄糖氧化酶所組成的。

最近，消費者對天然、無添加的要求逐漸提升，不使用酵母食品添加劑的麵包店、產品也增加了。但單純以現在的配方來看，不僅只是少掉了酵母食品添加劑而已，還必須考量到麵團的氧化力以及麵包的老化等，因此不僅是在配方上，更重要的是連在製程上都必須下一番工夫。加上近來令人耳目一新的是麵包用酵素劑的發達，從第一代至現在第二代，進入體積改良、氧化的時代。不久的將來，針對風味改良、機械耐性的第三代酵素登場，也應指日可期。

(7) 保存於陰涼之處

保存場所，最好是溫度不會改變，儘可能是陰涼，並且不能有太陽直接照射、濕度較低之處。正常保存時，在密封罐中約一年左右都能保持其效果不受影響，但儘可能在製造後六個月內使用最不會有問題。

吸收了濕氣結塊的、或是顏色改變的，可能其內容物之間會產生相互作用，所以最好避免使用。

「溴酸鉀的自主規範」

現在，日本國內以溴酸鉀(臭酸鹽bromate)作為麵粉改良劑，僅只認可使用於麵包上。其使用基準是溴酸(bromic acid)在30PPM以內，且最後不能殘留在商品當中。以加工助劑使用時可以免標示。

但是1977年（昭和52年），經由日本厚生省協助的癌症研究當中，篩檢技術開發研究過程，確認其有部分變異性的存在。長久以來，臭酸鹽的安全性有部分一直被質疑，麵包業界也為解開真相積極進行研究。至目前為止，可以確認即使因麵包成品、製作方法，有溴酸鉀用量但也並沒有ppb單位之殘留，是在嚴謹的製造管理、成品管理下所生產的成品。

◇ 所謂圓筒型（Drum 鼓形）滾圓機是什麼？

比較新型的滾圓機，大多是運用在較大型的麵包工坊內。現在日本有ベニエ社（LE BEIGNET）和オシキリ社（OSHIKIRI MACHINERY LTD）製作的最為人所熟知，這款機器的特徵如以下條列。

① 麵團重量的應對範圍較廣泛（麵團過小而滾圓距離過長時，可能容易損傷麵團表面）。

② 因其滾動周數固定，較能減少麵團的損傷。

③ 每個羽毛狀攪拌片（trough）較短，可以自由調整其包覆捲動狀態。（麵團較多時，可以分成20等分來進行）

④ 攪拌片與圓筒間的幅度可自由調整改變。

⑤ 也有清潔時需要較長時間的機種。

⑥ 清潔時，若是碰觸到攪拌片就必須花時間再次調整。

⑦ 滾圓機排出麵團的角度若是較大，麵團就越容易停滯。

⑧ 因圓筒呈垂直狀，因此撒放手粉時需要下點工夫。

叮嚀小筆記

◇ 所謂湯種製法是什麼？

一小部分的麵粉（20～50%）以熱水（80℃以上）揉和，使其部分糊化，利用其餘未糊化的麵粉酵素活性，藉由較長的熟成時間（酵素作用的時間），使澱粉酶酵素將糊化（α化）澱粉產生的糖化現象生成麥芽糖，引發出自然甘甜同時，也讓麵包口感更潤澤Q彈的製作方法。根據日本麵包技術研究所提出：「用於湯種的粉質對品質造成的影響」報告可知，為更強調湯種特徵地使用於麵類用粉，特別是低直鏈澱粉（amylose）小麥較佳。（一般麵類用粉現在是以低直鏈澱粉小麥為主）湯種比率越少，麵包體積越大。選擇用於湯種的麵粉，湯種的加水率相對於麵粉用量上限可高達100%，也是能引發出湯種特徵的最極限，使用未處理過的高蛋白麥粉，就能夠在某個程度上確認麵包的體積。是一款能迎合日本人喜好口感的製作方法，請大家務必一試。

IV 糖類

（1）砂糖會如何改變麵包呢？

「試著敘述吐司麵包與紅豆麵包的不同」。這樣的問題若是出現在麵包企業的應徵面試上，會如何回答呢？這應該是幼稚園的小朋友、高中生，面試應試者、甚至是做了幾年麵包的人，無論是誰都能做出回答的問題。

反之，也可以輕易地想像出所有的人都會有不同的答案。或許幼稚園小朋友會回答「吐司麵包是四角形，中間沒有其他東西的麵包；紅豆麵包是圓形，中間包著紅豆餡的麵包。」而應試者或許會回答「吐司麵包是主食，不會令人厭倦的淡淡風味，也具有均衡的營養成分，但紅豆麵包是依個人喜好製作出來的（點心），所以與其著重在營養成分，不如說是在追求其美味」吧。

開始製作了幾年麵包的人，應該會回答「無論是吐司麵包或紅豆麵包，用於製作時的原料，除了必須材料之外，還有砂糖、雞蛋、油脂和脫脂奶粉等，並沒有太大的差別，但配方用量上紅豆麵包會比較多一些。特別是砂糖的用量較多，這也是紅豆麵包之所以成為紅豆麵包的原因」。

確實，砂糖在麵團中的配方用量是最大的特徵。吐司類砂糖用量在 5 ～ 7% 時，砂糖作用量較具效果，也是麵包酵母的營養來源。藉由發酵，分解成二氧化碳和酒精，二氧化碳使麵團膨脹，而酒精則用於軟化麵筋組織。同時，酒精所擁有的香味，與酸結合成酯化合物，更能提高香氣。

砂糖會因高溫而單獨地焦糖化，或是與蛋白質產生梅納反應，使麵包呈現漂亮的表層外皮色澤，也提升麵包的香氣及風味。當然其作用還包括增添甜味、提高營養價值、延緩老化。

但像紅豆麵包般砂糖配方量高達 22 ～ 30% 時，另有不同的解讀。當然有增加甜味、延緩老化、使口感酥脆等特徵，但缺點也很多。也就是因滲透壓的上升，阻礙了麵包酵母的活動、妨礙了麵筋組織的結合，或是說橫向的延展力變強，但向上推浮的力量變弱。

試著思考比較看看，紅豆麵包的麵包酵母用量是吐司的約 1.5 ～ 2 倍，鹽則約是三分之一（砂糖和鹽都會提高滲透壓，抑制麵包酵母的活動）。話雖如此，若是不能拉長發酵時間或是大幅增加氧化劑，就無法期待製作出優質成品了。

在此也列舉其他添加砂糖時，麵團或麵包的不同。

　　<吸水>

　　使用5%砂糖，約會減少1%的吸水。高果糖玉米糖漿（high fructose corn syrup）其中25%是水分，因此假設取代4%砂糖時，其使用量就必須是5%。因其中的1%是水分，所以雖然會減少1%的吸水，但實際以計算數據上可以視為吸水沒有減少。

　　<攪拌>

　　只要看看塑譜儀（brabender）試驗中的麵團攪拌儀測定（farinograph），即可知多糖麵團需要長時間攪拌才能結合，這就是因為與親水性大的砂糖共存時，麵筋組織的的吸水速度也因而減緩。攪拌時間越長時，只有麵團的延展力會變強，所以使延展力與彈力得以取得平衡才是最重要的。

　　加糖中種法的正式揉和，吸水已經很少了，還加入大量砂糖，要待砂糖完全溶解為止，至少要以低速攪拌4～5分鐘左右為宜。

　　<配方量>

　　砂糖越多，產生的二氧化碳也越多，但即使如此也是有限度的。一般使用量會在0～35%的範圍內，酒種紅豆麵包當中也會有配方高達40%的糖。對麵包酵母來說最適量的配方是4～15%，根據研究者報告雖然各有不同說法，但這當然也會依實驗用麵包酵母的耐糖性而有所不同。特別是最近有各式各樣耐糖性麵包酵母被開發出來，並開始在市面上銷售，所以與其聽我們這些技術人員議論麵包酵母最適砂糖添加量，不如更加瞭解並檢討砂糖添加量，及對應的麵包酵母類型才更重要。

　　<麵包的味道>

　　對麵包味道影響最大，無論怎麼說都是鹽，當然砂糖的甜味也很重要。有像奶油卷、甜麵包卷般，為了增加甜味而使用，另外也有少數是為了更大的作用－在於提味。

　　<麵包的老化>

　　砂糖在麵團當中，會因轉化酶而急速地分解成果糖和葡萄糖。果糖的保水性強，可以延緩麵包的老化。

　　其他，含量糖越多的麵團，會越快呈現烘烤色澤，因此烘烤時間短，殘留的水分也較多。

（2）追溯砂糖的歷史

　　天然的甘甜材料，最容易且唾手可得的就是蜂蜜。相信從原始時代的人們，就開始利用蜂蜜做為增添甜味的材料了。

　　砂糖幾乎存在於所有的植物中，但能提煉出砂糖最具代表性的原料，就是甘蔗（saccharum）和甜菜（beet）了。還有其他最近盛行，新開發出的甜菊（stevia rebaudiana）、索馬甜（thaumatin）等高甜味材料，或是以山梨糖醇（sorbitol）、麥芽糖醇（maltitol）為代表的糖醇、還有混合糖（coupling sugar）等。

　　＜甘蔗＞

　　甘蔗原產於印度或是西南太平洋諸島，是禾本科的宿根植物。據說約在西元前3000年印度就開始製作砂糖了，但有文獻記載的時間則是從西元前五世紀開始。之後亞歷山大大帝遠征印度時，將其傳至西方。從1492年哥倫布發現西印度島之後，古巴、中美洲的糖業盛行，得到美國的協力進而發展成今日的盛產地。

　　另一方面，向東則傳入了中南半島，至六～七世紀時中國也開始製作。印尼的糖業，初期只是小規模製作，但到了葡萄牙、西班牙殖民時代起（十六～十七世紀），將西

（上）甘蔗（saccharum）—含糖分的莖部高達3～6公尺。

（下）甜菜（beet）—含糖分處為根部，呈紡錘狀。

印度諸島的品種移植過來，開始了令人驚異的發展，至二十世紀時，已與古巴並列世界二大產地了。

＜甜菜＞

甜菜原產於裏海（The Caspian Sea）、高加索地方，是藜科的兩年生草本植物。在歐洲自古以來，被當作家畜飼料來使用，經由品種及處理方法的改良，初期可以取得4%的糖分，至今已增加至20%以上。主要產於德國、蘇俄、美國等，但在日本也從1884年（明治14年），在北海道開始生產甜菜糖。

日本砂糖的歷史，據說是在754年（太平勝宝6年）時由唐僧・鑑真所傳至日本。但當時的砂糖全都作為藥用，開始添加至食品、糕餅或作為調味料，是在進入室町時代之後。1543年（天文12年），從暹羅（泰國）向中國航行的葡萄牙船隻漂流至種子島後，與西歐交流日深，長崎蛋糕、金平糖等使用砂糖的糕點才開始被視為珍品地盛行起來。

進入十七世紀之後，日本也開始栽植甘蔗，生產以讚岐、阿波為代表的和糖（產於本州、四國、九州），以及島津藩（產於奄美大島、琉球）為代表的黑糖。

（3）砂糖的種類

砂糖有非常多種類，也有很多分類法。由製造方法來分類時，可以區分成未分離出蔗糖結晶和糖蜜的含蜜糖，和已分離出糖蜜的分蜜糖。由生產量來看，分蜜糖幾乎佔了近90%。其他由原料植物來看，也可以分成蔗糖、甜菜糖、楓糖、椰糖等。

以精製後的砂糖而言，蔗糖或甜菜糖其實幾乎都是相同的成品。

＜含蜜糖＞

沖繩附近生產黑糖、台灣及菲律賓的紅糖、北美的楓糖、印度和泰國生產具獨特風味的椰糖，都是屬於這類。

＜分蜜糖＞

可將其分類成耕地白糖、原料糖、精製糖。所謂的耕地白糖，幾乎所有的甜菜糖都屬於此類，是從洗淨、煎糖、分離、乾燥、冷卻／包裝，各個製程都在原料栽培地進行，精製至糖度98度以上的糖。原料糖，像甘蔗般消費地和生產地較遠，或是因屬熱帶圈，精製糖較不易儲藏等原因，以精製至中間過程半成品狀態輸出的糖屬於此類。精製糖是將輸入的原料糖，配合消費地之喜好再精製而成。日本的砂糖幾乎都是精製糖。

我們日常生活中接觸到的白砂糖、紅砂糖、細砂糖等 Hard Sugar（結晶較粗的糖）和上白糖、中白糖、三溫糖等 Soft Sugar（結晶較細的糖，又稱為 refined sugar）。

其他，分蜜糖和含蜜糖中間的，是和三盆糖。這是日本獨有的成品，在江戶時代諸候們對砂糖的開發製作不遺餘力，特別是四國地區所生產的結晶細緻、味道豐富的砂糖。即使是現在也仍有生產，雖然產量不多，但卻是高級品。

所謂的加工糖，是像方糖、糖粉、顆粒糖、冰糖、咖啡糖般，以耕地白糖或精製糖為原料，配合其用途製作而成。

接著針對麵包製作技術人員都非常熟悉，或是作為知識的必要糖類，加以說明。

<液態糖>

在日本，糖類全體雖有相當穩定的產量，但其中銷售比率攀升最多的就是液態糖。

<表 IV-1> 製作麵包、糕點用糖類的甜度（15℃ 15% 溶液）

果糖	165
轉化糖	120
砂糖	100
葡萄糖	75
水飴	45
麥芽糖	35
乳糖	15

其製作方法上，有在精製過程中萃取出的糖液、蔗糖再次溶解而成（蔗糖液）、原料糖直接製作，或是以分解澱粉的葡萄糖來製作、或是異構化（isomerization）後，將葡萄糖和果糖約各半比例製作出來的（高果糖玉米糖漿）等。

高果糖玉米糖漿的主要優點，在於可以利用管線輸送或分裝管理等，省力、減少耗損、具經濟性等，但反之，因為含較多的水分，因此運送成本較高，儲存時間較短，容易被微生物污染等缺點。

<果糖>

大多存於水果、蔬菜、或是蜂蜜當中。雖然遇熱會有褐變之缺點，但具保濕性、甜味強烈、甜度不變卻能抑制卡路里等優點，因此運用範圍增加當中。

<轉化糖>

蔗糖中使稀酸或是轉化酶作用地加水分解，形成葡萄糖和果糖（fructose）的等量混合物。甜味強且具高滲透性是其特徵。

<澱粉糖>

澱粉溶液中使酸或酵素作用地加水分解，就能產生與澱粉性質不同的澱粉糖。澱粉糖會因糖化方法、澱粉水解程度（DE）的不同，而改變甜度及特性。依高純度順序排列時，依序為：無水結晶葡萄糖、含水結晶葡萄糖、精製葡萄糖、普通葡萄糖、液狀葡萄糖、糖漿、粉狀糖，甜度依序降低。

＜圖 IV-1 ＞無糖麵團、加糖麵團的發酵狀態

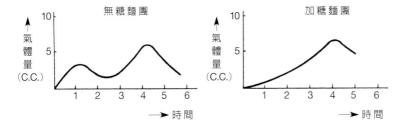

＜表 IV-2 ＞砂糖與葡萄糖的溶解度

溫度 （℃）	砂 糖		葡 萄 糖	
	濃度（%）	100g的水分 溶解的糖量（g）	濃度（%）	100g的水分 溶解的糖量（g）
0	64	179	35	54
20	67	204	47	89
40	70	238	62	163
50	72	260	71	245
55	73	270	73	270
60	74	287	75	300
80	78	362	82	456
100	83	487	88	733

菅野智栄：「澱粉糖的種類與性狀」（『食之科學』No.30）

（4）砂糖的特性

＜甜度＞

糖類的甜度強弱，若以砂糖為100作為官能測試結果的標示值。一般來說結果會如表 IV-1所示。

＜影響甜度之原因＞

甜度，會因溶液的溫度、濃度以及其他因素而改變，故以一例來說明表示。

① 溫度＝甜度會因溫度不同而改變，高溫時果糖是三分之一、葡萄糖是三分之二的甜度。

② 濃度＝8%的葡萄糖溶液與4～5%的砂糖溶液甜度相同，但40～50%的葡萄糖溶液與40～50%的砂糖溶液也幾乎是相同的甜度。

③ 與其他甜味劑的相乘效果＝葡萄糖的10～30%加上砂糖的70～90%的甜度，與砂糖100%的甜度幾乎相同，不如說還更高一點呢。

＜麵包的呈色＞

烘焙麵團時會呈現出金黃色的烘烤色澤，這個呈色狀態，不僅只是取決於烘烤溫度和時間，還會因殘留在麵團內的糖量而改變。至烘焙完成為止，麵團中殘留的糖類因聚合而生成焦糖，葡萄糖與胺基酸作用引發梅納反應，生成類黑精（melanoidin）（胺基酸、糖複合體）。

其他，也有些時候看似甜食，但實則呈鹹性，糖類分解後才呈現出色澤。

使用葡萄糖果糖液態糖（高果糖玉米糖漿）烘烤海綿蛋糕20～30分鐘，下方就會出現褐變現象。這是因為高果糖玉米糖漿中的果糖，是糖類中對熱度最敏感，也最容易呈色之故。

蔗糖較葡萄糖更不容易烤焦，但添加在麵包麵團時，蔗糖較能夠在表層外皮處呈現出烘烤色澤。這是因為麵團中的蔗糖，迅速地被分解成果糖和葡萄糖，而由果糖呈現出烘烤色澤之故。

添加了脫脂奶粉或乳清粉（whey powder）的麵包，表層外皮的顏色呈色良好。這是因為麵團中不存在分解乳糖的乳糖酶（lactase），所以乳糖可以直接存留在麵團之中。

＜發酵性＞

葡萄糖、果糖等單糖類，在麵團中可以直接發酵，但砂糖必須藉由轉化酶、麥芽糖必須藉由麥芽糖酶，來各別進行分解，否則就無法參與發酵作用。濃度2～8%的葡萄糖較果糖更快發酵，葡萄糖和果糖一起存在時，其差異性更大。

葡萄糖與砂糖之間，幾乎沒有發酵的時間差。這是因為從開始攪拌時，轉化酶的作用也隨之產生，麵團中的砂糖就可以迅速地變成葡萄糖和果糖之故。

使用麥芽糖時，到開始進入發酵為止的誘導期很長，約需要2小時後才會開始發酵。與葡萄糖同時存在時，時間會略微縮短。用稱為zymotachigraph的酵母氣體產生測定裝置，來檢視無糖麵團和加糖麵團，其結果如圖IV-1。由此圖可知，無糖麵團是麵粉中的糖分發酵後，至麥芽糖開始發酵為止，中間有一段空檔。加糖麵團藉由配方中的糖分，填滿了這段空檔。

＜溶解性與結晶性＞

糖類幾乎都能溶於水，但其程度則各不相同。最好的例子就是砂糖和葡萄糖，以55°C為分野，低於此溫度時砂糖溶解較佳，高於此溫度時，葡萄糖的溶解較好。這是在55°C下，無論是砂糖或葡萄糖其濃度皆為73%，在100公克的水中溶解量為270公克（請參照表IV-2）。所謂結晶性是與溶解性完全相反的性質，這也會受到溫度的影響。

＜結冰溫度與滲透壓＞

比較定量的高果糖玉米糖漿和砂糖，可知高果糖玉米糖漿的防腐效果較強。這是高果糖玉米糖漿的主要成分，葡萄糖和果糖分子量較蔗糖小，在定量中擁有2倍的分子量，使得滲透壓變高。其他，含定量溶質的溶液，溶質的分子量越小，結冰溫度越低。

＜吸濕性＞

相較於轉化糖、蜂蜜、糖漿等液狀糖類，葡萄糖、上白糖、細砂糖等結晶狀物質的吸濕性就相對不足。吸濕性強的物質，可以使成品的水分不易散出，所以長崎蛋糕等，可利用此長期保存之特性，做為當時的貢品。

不可思議的是，同樣的上白糖，以粉末狀添加和事先溶解後添加，所烘烤出的麵包潤澤度不同，溶解後使用的更有潤澤口感。據說鹽也一樣，事先溶解使用較粉末使用者，在耐攪拌性上更強、氣泡均勻、麵包製作性更良好。

◇ 所謂麵包的多加水製作法是什麼？

一直以來，英式馬芬、洛代夫麵包（pain de Lodève）的麵團，會較平常的吸水量更多10～20%來備料。最近參加了法國人的講習課程，經常出現Bassinage這個用字，就是多加水分揉和至麵團中。Bassinage是法文的「Bassine」（添加）的名詞。通常法國麵包的吸水約為70%，再加上10%就是特殊型麵包的配方了。洛代夫（pain de Lodève）麵包的水量則是再更多加20%。加水的時間點，法國麵包通常是在攪拌完成確認之後。若是再進行水分添加，柔軟內側則能呈現出Q彈口感。再者，在法國麵包麵團中添加了10%左右的亞麻籽、芝麻或葵花籽等的麵團，必須事先加入數%的添加水分，可以防止種籽類造成麵團硬化（因為種籽是乾燥的，會奪走麵團中的水分）。

叮嚀小筆記

英式馬芬的吸水如常，但麵團完成後，再添加10%的水分，更能烘焙出獨特的內部狀態及口感。

V 鹽

在食品製作上，鹽的食用方法正是最重要的關鍵之一。特別是在麵包的製作上，能添加風味、抑制麵團物理性和主要原料麵粉中的阻礙發酵物質、調節酵素作用、防止雜菌繁殖等，是不可或缺的存在。

（1）鹽是麵包的關鍵

不添加鹽製作麵團，會做出攪拌時間短且異常沾黏的麵團。若是置之不理地進入發酵製程，雖然氣體的產生較其他一般麵團好，但麵團的連結脆弱，氣體的保持能力很差。

整形製程中，麵團會更明顯地鬆弛且沾黏。雖然可以較快完成發酵，但烤箱內的延展性差，烘烤出的成品呈色不良，當然嚐起來沒鹹味，更嚐不出麵包特有的風味。

因此，關於鹽在麵包麵團及成品中的主要作用，首先是抑制麵團中存在酵素的作用、增加殘留糖分、同時藉由蛋白酶的作用，使得易於鬆弛的麵團能保持彈力、以及確保氣體的保持力等等。再者，鹽可以防止雜菌等繁殖，長時間發酵時，也可以防止發酵異常，並且能消除異味。

此外，麵粉當中存在著阻礙麵包酵母作用之微量物質（purothionin），鹽也具有抑制發酵阻礙物質的作用（請照表 V－1）。並且使氣體保持能力變好，同時也會讓麵包內部的氣泡孔洞變細，柔軟內側的顏色變白。由麵團攪拌儀測定（farinograph）可知麵團整合較慢、彈力增加、麵團安定度提高，由麵團拉伸儀測定（extensograph）可知鹽用量在2%的範圍內，可以增加麵團的抗張力和延展性。根據這些事實足以證明鹽可以緊實麵筋組織、增加氣體保持力並且抑制酵素。

（2）鹽的用量

鹽用量各有不同，用於吐司麵包時為2%、糕點麵包時是0.8%、加入紅豆麵包的紅豆內餡中則是0.3%。依製作品項不同，鹽的用量隨之改變，因此即使是相同的食品，日本關西和東北地方的鹽用量也會有所差異。其他，也會因夏季和冬季的季節差異、或是與原物料的風味平衡、麵包容積比例等等而有所變化（請參照表 V－2）。

離子交換樹脂膜製鹽法—利用電力透析海水，取得高濃
度鹽水。之後熬煮取出鹽的結晶。

**＜表 V-1 ＞鹽對於麵粉中發酵
阻礙物質的抑制
作用**

鹽(g)	氣體量(cc)
0	69
0.025	107
0.05	155
0.1	199
0.2	201

水	20g
麵　粉	5g
麵包酵母	0.6g
砂　糖	2g
溫　度	30℃

（摘自中江恒『麵包化學筆記』）

特別是使用的水是軟水時，用量稍多一點較佳，
像宿種法般需要長時間發酵時，即使麵包酵母用量增
多，還是必須使用少量的鹽，才能穩定麵團，並改善
成品的風味、香氣和色澤。此外，像比容積較小的成
品或是 LEAN 類（低糖油配方）的成品，較容易強烈感
受到鹹味，因此必須多方考量後再決定鹽的用量。

（3）對於麵包製作性質的影響

根據鹽的添加，麵團攪拌儀測定的吸水率也會因而
改變，鹽1%會降低吸水1.5%，2%降低2.3%、
3%降低3.7%。數據與我們的手感相反，對於製作
者感覺到的強勁彈力，應是為了以麵團攪拌儀測定攪
拌機，所測定麵團的黏彈性之故。同時也可知攪拌越
久，顯示麵團彈性的區間幅度越寬，顯示出彈力變
強。順道一提的是麵類的吸水率，單純地是以添加

**＜表 V-2 ＞一般麵包酵母、砂
糖、鹽的使用量**

麵包酵母	砂糖	鹽
2	6	2
2.5	15	1.5
3	20	1.1
4	25	0.8
5	35	0.6

※ 以麵粉100為基準，烘焙比例計算
　（outer percentage）

1%的鹽，吸水則減少1%來計算。此外，由麵團拉伸儀測定可以得知，抗張力與延展性同時增加，是擁有製作麵包原料中最理想作用的物質。

自古以來，酵母食品添加劑當中也有鹽，是非常適合作為麵包改良劑的材料。根據報告可知，若在中種法的中種內添加了0.5%鹽，則能減少氧化劑的需要用量，還能烘烤出容積膨大的高品質麵包。

（4）製鹽方法的推移及轉變

古事記及日本書紀當中，都存留著以強烈日照曝曬海水，使水分蒸發後將濃海水沾裹在木棒上，再經過日照製作出鹽類結晶的記錄。之後，製鹽方法的改良及發達，將海水灑在海藻上，以更增加蒸發表面積的方法，就是發展至後來的枝條架式鹽田製鹽法。砂取代了海藻，也從鹽濱發展成為鹽田。

鹽田法當中還有揚濱式（人汲取出海水＝鎌倉、室町時代），和入濱式（利用漲退潮汐＝江戶時代）。昭和27年，開始使用枝條架流下式鹽田製鹽法，取代了過去長期使用的鹽田法。這個方法，首先，海水必須流入有一定傾斜程度之處，待鹽分濃度變高後，讓鹽水流經以竹或木製成的架台，再提高濃度後，加熱濃縮的製鹽方法。

昭和47年開始，日本國內的製鹽方法全面替代地改用「離子交換樹脂膜製鹽法」。利用這個方法，可以不受天候影響，也無需廣闊的土地空間，還可以大幅減少勞動人力。

（5）適合麵包製作的鹽

鹽又稱為氯化鈉，以海水中的鹽分而言約含3.4%。其他的天然物質則是岩鹽。日本國內每年約消費840萬噸，其中約有17%是利用在飲食方面。食用鹽幾乎都是日本國內生產的。工業用的氫氧化納、碳酸納、鹽酸、氯…等原料，澳洲、墨西哥、中國等的海鹽、海水鹽都是進口的。

單純的氯化鈉，是不具潮解性（固體曝露在空氣中時，會吸收大氣中的水蒸氣，自行生成溶液的現象），但一般被稱為鹽的物質，因含有鎂、鈣等物質，因此具潮解性。

用於麵包製作的鹽，一般含99.5%的氯化納，也含有微量的硫酸鈣、氯化鎂、氯化鈣、硫酸鈉等。鈣，可用來調整水的硬度，鎂則能緊實麵筋組織。

根據理化辭典記述，「比重2.17、融點800℃、沸點1440℃。達融點時具有顯著的揮發力。因溫度而造成的溶解度差異較小，所以飽和溶液冷卻後也難以製作出結晶。」自古以來是儲藏食品時非常重要之存在。

在日本菸草產業(株)中，氯化鈉含量達40%以上的固態物是為鹽，全部可分類為十二種類。此外，還有由國外輸入的「原鹽」天日鹽、將其粉碎後的「粉碎鹽」、一次洗滌後粉碎的「醃漬鹽」。再進一步溶解「原鹽」，加工完成的有「餐桌鹽」、「新烹調鹽new cooking salt」、「廚房用鹽kitchen salt」、「特級精製鹽」、「精製鹽」等六種。加上將日本近海的海水以離子交換樹脂膜製鹽法(海水濃縮)製作出鹹水後，再熬煮製作而成的「鹽」、「並鹽(粗鹽)」、「新家庭鹽」三種。

（6）10g是適度的攝取量

報導指出鹽攝取過剩，會引發高血壓及腦中風之後，對鹽攝取量產生抗拒反應的日本人(特別是中高齡者)也很多。相較於每日愛斯基摩人的4g、泰國人的9g、美國人的10g、英國人的17g，日本相形之下用量很大，特別是東北地區每日的鹽攝取量高達26g。1997年美國參議院的營養特別委員會，提出為減少成人病，改善膳食目標，建議每日鹽攝取量應為5g。同樣地在德國也定訂出每日攝取量在5～8g。

但是，在日本因考量顧及飲食習慣與飲食形態的差異，將每日的適當攝取量重新定訂為每日10g以下。以實驗例來看，其結果是嚴格限制鹽的攝取時，排出體外的全部排泄量也不超過0.4g；反之，即使鹽攝取量較多時，只要是在腎機能的作用範圍內，也幾乎都會被排出體外。以正常成人而言，每日攝取的鹽從0.5～35g換算，都在可調節的範圍內。

＜表Ｖ-3＞海洋深層水與表層海水的基本資料

項　　　　　　目	單位	海洋深層水(320m)	表層海水(0m)
水　　　　　　溫	℃	8.1～9.8	16.1～24.9
ｐ　Ｈ　　　　值		7.8～7.9	8.1～8.3
鹽　　　　　　分	%	34.3～34.4	33.7～34.8
溶　存　酸　素　量	PPM	4.1～4.8	6.4～9.5
NO_3-N(硝酸鹽氮)	μM	12.1～26.0	0.0～5.4
PO_4-P(硝酸鹽磷)	μM	1.1～2.0	0.0～0.5
SiO_2-Si(矽酸鹽矽)	μM	33.9～56.8	1.6～10.1
葉　綠　素a(chlorophyll)	mg/m^3	痕跡	4.2～50.6
生　　　菌　　　數	CUF/ml	10^2	10^3～10^4

摘自高知縣簡介手冊「室戶海洋深層水」

（7）海洋深層水

以前曾經拜訪過高知縣室戶市的「室戶海洋深層水Aquafarm」，加上曾經以油壺的海水烘焙過麵包，因此對於海洋深層水產生強烈興趣，在此略作介紹。雖然關於深層水的定義各有說法，在此指的是海面下200公尺深的海水。

海洋深層水是太陽光無法照射到的深層水，據說擁有以下特性，①低溫安定性（南極低層水0～2℃、北太平洋深層水2～4℃、北太平洋中層水5℃）②富營養性（有豐富的氮、磷、矽等無機營養鹽類）③熟成性（經年累月在30氣壓下熟成）④礦物特性（必須微量元素、鎂、鈣等約有60種礦物質，均衡地存在於其中）⑤清淨性（沒有陸地水所含的大腸桿菌、一般細菌和化學物質，物理性懸濁物或海洋性細菌也很少）⑥還有其他促進發酵、具保水性和柔和風味等效果。就安全性而言，已經證明其無毒，機能上含有能使脂質代謝良好之成分。表V-3中海洋深層水與表層海水的基本數據資料，是引用高知縣的簡介手冊而來。

富含營養成分的麵包麵團中，對於是否必須包括海水微量成分是有些爭議的，但由生命起源自大海，羊水的鹽分濃度與大海濃度相同等事由推論，將其視為作為主食的麵包之製作原料，也應是非常適宜，但或許這只是筆者個人的感受，在此附加說明。

Ⅵ 油脂

（1）何謂油脂的作用？

　　幾乎所有的麵包都添加油脂。吐司麵包是5%、奶油卷是15%、皮力歐許是60%，配方用量各不相同，但油脂的用量會大幅影響麵包的特性及風味。

　　那麼，應該也有不使用油脂的麵包吧。環視麵包店內的商品，「有了、有了！」。立於藤藍內的法國長棍麵包、法式巴塔麵包（Batard）等法國麵包，還有整齊排放在架上的裸麥麵包。

　　這些麵包不使用油脂，幾乎都僅使用麵包酵母和鹽烘焙而成。法國麵包是種可以咀嚼出粉類風味的麵包，表皮硬脆、氣泡孔洞不均、具有光澤。麵包壽命被認為只有烘焙完成後的4小時，但不如說這是法國人的自豪之處。德國麵包的內側部分，認為像是豬脂肪般是最理想的狀態，表皮外層越厚越是好麵包。酸種的味道與裸麥粉的獨特風味是其特徵。

　　相對於像法國麵包或德國麵包般不使用油脂的麵包，美式麵包則是油脂賦予產品特徵。試著想像歐洲爐火麵包（hearth bread）（直接烘烤麵包）和美式麵包（pão bread）（模型烘烤麵包）成品的不同，再列舉具油脂配方麵團的特徵。

① 內側、表皮外層較薄且柔軟。
② 氣泡孔洞均勻細緻且具光澤。
③ 可以防止麵包水分蒸發、延緩麵包老化。
④ 具有油脂獨特的味道、香氣，增添風味並改善口感。
⑤ 提高營養價值。
⑥ 使麵團延展性變好、強化氣體保持力、增加麵包的容積。
⑦ 提升機械耐性。
⑧ 使麵包更易於切分。

雖然還有其他，但藉著添加油脂，最大的效果應該是作為麵團潤滑劑地發揮其作用。

（2）以膏狀使用為原則

使用於凱薩麵包（Kaiser roll）的沙拉油（或是花生油），是在開始攪打時即加入。美式作法的油酥奶油類甜麵包（pastry），首先會先將油脂略微打發後再加入粉類。

但這兩種情況可說是例外。幾乎所有的麵團，都是將除了油脂之外的全部材料一起攪拌，至某個程度整合成團後才會加入油脂，使油脂能隨著麵團中延伸而出的麵筋組織薄薄地擴散開至全體。如此一來可以縮短攪拌時間，還能更加強化麵筋組織的結合。

其他添加油脂時需注意的重點，如下所列。

① 麵包酵母不與油脂混拌。麵包酵母表面包覆了油脂後，會損及活性。

② 以膏狀使用為原則。除了特殊場合之外，過硬的狀態或液體狀都不適當。

③ 使用量較多時，某個程度提早加入能讓油脂更迅速混合均勻。

④ 使用量較多時，麵團溫度、發酵室溫，特別是最後發酵的溫度都必須非常留意。最後發酵的溫度，約較使用油脂的融點低5℃為宜。

⑤ 蛋白質含量一般的麵粉，添加量約是3～6%為適量。再添加更多時，會造成麵團軟化並提升保存性，但同時會使得氣泡孔洞變厚變粗，體積也會減小。

（3）製作麵包用油脂的歷史

用於麵包的油脂，最具代表性的就是奶油、乳瑪琳和酥油，試著追遡其歷史，大約如下所述。

① 奶油

在西元前1500～2000年的印度古代經文中，就曾經出現過類似奶油的物品，推論應該是當時就已具製作能力了。在歐洲則是在西元前5世紀時，希臘著名史學家希羅多德（'Ηρόδοτος, Hēródotos）就曾在其文章中記述了奶油的製作方法。

但在當時，奶油並不作為食用，而是當成塗抹藥用、牙痛藥、或是塗抹於身體或頭髮上。奶油開始食用，據說是從葡萄牙人開始，而在料理烹調上大量加入使用奶油的是法國人，即使如此，至六世紀為止，仍僅有部分上流階級的人可食用。

傳至日本，是在西元三～六世紀，由中國以「乳」、「酪」、「酥」和「醍醐」傳入。有種依據是「酪」為奶油相近的物質，「醍醐」則是類以起司的物質。而至今經常使用的「～醍醐味」等用字，也是由此而來。

其後因日本禁食肉類或是因中國飲食文化的改變，自然地式微了。之後，到了十四～十五世紀，經由葡萄牙人及荷蘭人，起司被視為是「牛奶魚板」地介紹至日本，明治維新之後連同乳製品和肉製品，一起成為政府獎勵食品之一。

從明治33年開始，函館的特拉普派修道院開始了小規模的奶油製作，由前雪印乳業前身的北海道製酪販售，正式開始製造則是始於大正14年。

② 乳瑪琳

乳瑪琳是在1869年，誕生於法國。當時的歐洲，因奶油嚴重不足，造成價格飛漲至令人訝然的程度。特別是在法國嚴重短缺，法國國王拿破崙三世，招募製作可以取代奶油的便宜油脂。

招募下選中的，是穆里埃Mège-Mouriès（1817～1880）的乳瑪琳。乳瑪琳的語源來自於希臘語的margarite（珍珠），在製作過程中，脂肪粒子就像珍珠般閃耀著光澤，因此為名。日本國內，世界大戰前都稱之為人造奶油，成品也不甚優良，但在昭和29年成品有了顯著的改進，從類似奶油變成足以與奶油抗衡的高品質食品，名稱也全球統一地稱之為乳瑪琳（margarine）。

③ 酥油

在十九世紀末，美國的綿籽油產量大增，其利用法之一就是搭配硬質牛油配方，製作成產品，這就是酥油的開始。當時豬脂（lard）是最廣為使用的食用固體油脂，但保純性、綿密性、成品的品質良莠不齊是其缺點，故以此取代是為開端。

之後，二十世紀初硬化油脂的製作技術發達，從綿籽油、大豆油、甚至是海產動物油脂都能運用自如地製作出需求之硬度，也因為這樣的技術提升，酥油的品質也隨之大幅進化。

（4）製作麵包油脂的特徵

① 奶油

無論怎麼說，奶油所擁有的風味仍是油脂當中最頂級的。使用了奶油的成品，會散發出香濃的奶油香氣，同時也有豐潤的口感。

奶油的品質，取決於風味、硬度、組織和色澤等四個條件。風味是奶油特有的香氣、硬度是具有黏性和彈性、組織是均勻且滑順、色澤則是具有光澤的淡黃色。但冬季的奶油因飼料中 β 胡蘿蔔素不足，所以顏色較容易偏淡。

<圖VI-1>油脂類的JAS規格

乳瑪琳類的JAS規格

區　　　　　分	乳瑪琳	塗抹油脂(fat spread)
性　　　　　狀	具有鮮明色調、香氣且乳化狀態良好，沒有異味異臭。	1. 具有鮮明色調、香氣且乳化狀態良好，沒有異味異臭。 2. 添加風味原料，使其帶有原料之風味，幾乎不含夾雜物。
油　脂　含　有　率	80%以上。	未及80%，且合於標示含有量。
乳　脂　肪　含　有　率	未及40%。	未及40%，且油脂中未及50%。
油　脂　含　有　率　及　水　分　的　合　計　量	—	85%(添加砂糖類、蜂蜜或風味原料者為65%)以上。
水　　　　　分	未及17%。	—
異　　　　　物	無混入。	
內　　　容　　　量	合於標示量。	

酥油的JAS規格

區　　　　　分	標　　　準
性　　　　　狀	急速冷凍混拌而成，具有鮮明色澤、組織良好，沒有異味異臭。有其他添加時，具鮮明色調，沒有異味異臭。
水分(含揮發部分)	0.5%以下。
酸　　　　　價	0.2%以下。
氣　　體　　量	急速冷卻混拌而成者，在100g中含20ml以下。
食品添加物以外之原料	不使用食用油脂以外的物質。
異　　　　　物	無混入。
內　　　容　　　量	合於標示量。

精製豬脂的JAS規格

區　　　　　分	純製豬脂	調製豬脂
性　　　　　狀	急速冷卻混拌而成，具有鮮明色澤、香味及組織良好。有其他添加時，具鮮明色調，香味良好。	
水分(含揮發部分)	0.2%以下。	
酸　　　　　價	0.2%以下。	
碘　　　　　價	55以上70以下。	52以上72以下。
融　　　　　點	—	43℃以下。
Bömer Number	70以上。	—
食品添加物以外的原料	沒有使用豬脂以外之物質。	沒有使用食用油以外之物質。
異　　　　　物	無混入。	
內　　　容　　　量	合於標示量。	

※ Bömer Number：是在豬脂中混入牛脂肪的顯示指數。100%的豬脂時Bömer Number是73～77。混入牛脂肪或羊脂肪時Bömer Number的數字就會變小。

編註：JAS為日本農林規格(Japanese Agricultural Standards)的縮寫簡稱。

奶油的種類當中，歐洲大多食用發酵奶油，在日本國內一般則是食用非發酵奶油，而奶油各有含鹽及無鹽兩種。以營養成分而言，含有豐富的脂肪、蛋白質、維生素A，很容易消化。吸收率高達95％以上，大豆油也幾乎與之相同。

根據JAS（日本農林規格）的奶油定義，奶油是「**由牛奶分離出的乳霜脂肪，經攪拌製程使其結合成塊狀者**」。

由製作麵包的觀點來看，需要注意的是其中的水分。有鹽奶油（鹽分1.9％）含16.2％、無鹽奶油為15.8％、發酵奶油（鹽分1.3％）13.6％，水分越少油脂的延展性越好，擁有適合製作可頌、糕點麵包等捲入之適性。其他特級奶油是低水分、高脂肪的；片狀奶油（sheet butter）則因低水分，所以離水少也能改進其延展性。

② 乳瑪琳

乳瑪琳，根據JAS規格依其食用油脂的含有率，可以分成兩大類，正確地應稱之為乳瑪琳類。食用油脂含有率達80％以上的稱為乳瑪琳，未及80％的分類為塗抹油脂（fat spread）（圖VI-1 ＞）。

根據JAS的乳瑪琳定義，雖然一再修訂，但最新內容為—

乳瑪琳…食用油脂（以不含乳脂肪或乳脂肪不為主要原料者為限。以下亦同。）食用油脂中加入等量水分乳化後急速冷卻混拌，又或是未經急速冷卻攪拌而製作成具可塑性之流動狀物質，且油脂含有率（在食用油脂成品中所佔重量之比例。以下亦同。）在80％以上者稱之。

塗抹油脂…為以下所列之物質，油脂含有率未及80％者。

1　食用油脂中加入等量水分乳化後急速冷卻混拌，又或是未經急速冷卻攪拌而製作成具可塑性之流動狀物質。

2　食用油脂中加入等量水分乳化後，添加果實、果實加工品、巧克力、堅果類膏狀風味原料，經急速冷卻混拌，製作成具可塑性之流動狀物質。風味原料之原材料所佔之重量比例，會使油脂含有率降低。唯，添加巧克力時，僅可可成分未及2.5％且可可脂未及2％時方在此限。

（平成19年11月26日）

③ 酥油

是吐司麵包等一般最常被使用的油脂。與乳瑪琳的不同之處，在於其不含水分，並且相對於乳瑪琳直接塗抹於麵包食用，酥油則是攪拌至麵團中…等，是以加工使用為目的。因此，相較於風味或香氣，酥油的重點更在於其加工性（以麵包來說就是製作麵包之適性）。用字典來查詢酥油（shortening）時，出現的是「使糕點薄脆的材料」或是「變酥」的意思。這個意思，即使現在也是我們使用酥油之部分目的。

酥油的種類很多，分類也依各個角度來進行。像是依原料種類進行的分類，可分成植物性酥油、動物性酥油、動植物混合酥油；依製造方法則可以分成混合型酥油、全水添型酥油。其他依酥油形狀的分類、依性狀或用途的分類、依乳化劑有無的分類等等。

關於酥油的品質，可塑性程度及範圍、使成品能有脆弱、易碎的酥油特性，以及能使其包覆空氣的乳霜特性，都是被注意的重點。其他還有品質上的要素，像是安定性、乳化劑、分散性、吸水性等等。

＜表 VI-1 ＞甘油(glycerine)和脂肪酸的化學結構式

甘油 CH₂-OH……α | CH-OH……β | CH₂-OH……α'		脂肪酸(一般式) R-COOH	
月桂酸 Lauric acid	$CH_3(CH_2)_{10}COOH$	棕櫚酸 Palmitic acid	$CH_3(CH_2)_{14}COOH$
肉荳蔻酸 Myristic acid	$CH_3(CH_2)_{12}COOH$	硬脂酸 Stearic acid	$CH_3(CH_2)_{16}COOH$
油酸 Oleic acid	$CH_3(CH_2)_7CH = CH(CH_2)7COOH$		
亞麻油酸	$CH_3(CH_2)_4CH = CH\ CH_2CH = CH(CH_2)_7COOH$		
次亞麻油酸	$CH_3CH_2CH = CH\ CH_2CH = CH\ CH_2CH = CH(CH_2)7COOH$		

※ 以上化學結構式當中，雙重結合的亞甲基(methylene group)(CH_2)被稱為活性亞甲基，活性特別強，容易釋放出氫(H^+)。

＜表 VI-2 ＞油脂的分類

固態脂肪(Fat) (常溫下呈固狀)			液態油(Oil) (常溫下呈液狀)					
植物脂	動 物 脂 肪		植 物 油			動 物 油		
	體脂肪	乳脂	不乾性油	半乾性油	乾性油	陸地產	淡水產	海產
可可脂 椰子油	豬脂 (Lard) 牛油 (Fett)	牛乳脂肪	橄欖油 茶樹油 (IV100 以下)	綿籽油 菜籽油 (IV100～ 130)	桐油 亞麻仁油 (IV130 以上)	昆蟲油 青龜油 (turtle oil)	鯉魚、鯽 魚等油脂	魚油 鯨油 肝油

根據JAS的定義，「**以食用油脂（除食用植物油脂之日本農林規格（昭和44年3月31日農林省告示第523號）第2條規定之香味食用油之外。以下亦同。）為原料製造的固狀亦或是流動狀之物質，具可塑性、乳化性等加工性者（精製豬脂除外）稱之」。**

④ 豬脂

豬脂的濃郁最近又重新受到大家的檢視。即使無法與奶油、乳瑪琳等區隔化，但仍有企業非常認真地研究其利用方法。雖然豬脂的使用方式被認為是中華料理的風味關鍵，但使用方法相當微妙，也蘊藏了其他的可能性。

豬脂會被酥油取代的原因，如前所述缺乏安定性、無法久放、結晶較粗、乳油起泡性也是原因之一，會因成品或季節的不同而有硬度的差異。若能改善這些缺點，那麼日後豬脂的運用可以發展成何種狀態，也非常值得注意。

JAS當中，「精製豬脂」分為「純製豬脂」和「調整豬脂」。所謂「純製豬脂」是急速冷卻精製（脫酸、脫色及脫臭等）的豬脂，攪拌混合而成的固態脂肪，或是由精製豬脂製作成的固態脂肪。

所謂「調整豬脂」，則是以精製豬脂為原料，配方再加上部分其他精製油脂後，急速冷卻混拌製作而成的固態脂肪，或是以精製豬脂為原料，部分添加精製的其他油脂，製作而成的固態脂肪。

（5）油脂的主要成分與分類

所謂油脂，主要成分含有3個羥價（hydroxy group）的甘油，以及由脂肪酸與酯結合的甘油酸（glyceride）（請參照表VI－1）。甘油雖是單一，但與其結合的脂肪酸是為多數，且因其結合的位置不同，也會改變甘油的性質。

與甘油結合的脂肪酸具有兩大特徵。其一是直鎖鍊狀，另一個是碳分子大多為偶數。反應性較差的是飽和脂肪酸，碳素量越多、鎖鍊越長越硬，融點也越高。反之，不飽和脂肪酸反應性較豐富，一般來說是液體。

油脂的分類法當中，由於種類較多因而試了各式各樣的方法，但自古以來的方法則是原料別的分類法（表VI－2）。

其他依性狀的分類法、依構成脂肪酸的分類法…等等，也廣為熟悉。表格中，所謂乾性油是指在空氣中，容易氧化固化的油脂，多用於塗料或工業用。所謂的半乾性油脂，是介於乾性油和不乾油性中間的性質，食用油幾乎都包含在此類別中。不乾性油是不易固化油脂，多使用於化妝品原料等。

（6）物理性質與化學反應

油脂的物理性質或化學反應，認為與麵包製作沒有直接的關係，但實際上想要巧妙地使用油脂，這是務必要熟知的部分。

① 立體異構物（stereoisomers）

飽和脂肪酸是所有的碳元素聚合成串的結合軸，因此可以自由旋轉，但其中雙重聚合時，就無法轉動，成為立體的兩個相異構造。一個是呈「ㄈ」字型的 Cis 正型，另一個是鎖鍊往相反位置的 Trans 反型。這就是 Cis、Trans 的異構體，或是稱為幾何性異構體。

◇ 反式不飽和脂肪酸（trans-unsaturated fatty acids）
（以下稱為反式脂肪酸）成為話題，對身體有何影響？

　美國在 2006 年 1 月開始，加工食品有標示反式脂肪酸之義務。而且加拿大、法國也有同樣的規定。理由在於美國等歐美各國的死亡率第一位，就是心血管疾病，引發的主因是脂肪，特別是飽和脂肪酸和反式脂肪酸攝取過多。

　但在日本國內，脂肪及飽和脂肪酸的攝取量較少，攝取的亞麻油酸等多價不飽和脂肪酸較多，因此幾乎沒有影響。

叮嚀小筆記

◇ 到底反式不飽和脂肪酸是什麼？

　油脂是在甘油上結合了 3 個脂肪酸的三酸甘油脂（triglyceride），脂肪酸當中有飽和脂肪酸與不飽和脂肪酸。不飽和脂肪酸內，有與碳原子雙重結合之氫原子同向的 Cis 正型，以及反向的 Trans 反型。自然界中，大部分是 Cis 正型，但在牛等反芻動物的脂肪中也存在著 Trans 反型。

　反式脂肪酸的生成依其過程可想成三大點，其一是乳瑪琳或酥油等因添加部分氫原子，製造出半固態硬化油時，其次是脫臭製程，第三是因反芻動物而來。

　硬化油在製作麵包上，具有氧化安定性、延展性、乳油起泡性、提升口感等多項優點，雖然含較多飽和脂肪酸的棕櫚油、牛脂，或是含有較多油酸的橄欖油等也能取代，但要能滿足所有需求就十分困難了。

＜圖Ⅳ-2＞油脂在各溫度時之固體脂含有量

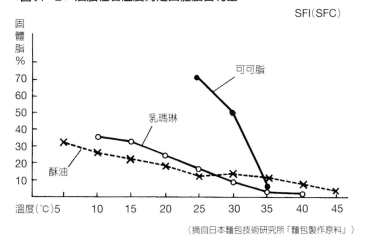

SFI（SFC）

（摘自日本麵包技術研究所『麵包製作原料』）

自然界幾乎都是 Cis 正型，Trans 反型幾乎不太常見。兩者之間融點等物理性質是不同的。

② 冒煙點・燃點

所謂冒煙點，就是油脂加熱後開始冒煙的溫度；油脂接近火時會起火的溫度就是燃點。一般由於精製、脫臭、氧化程度等關係，冒煙點是非常重要的數據，通常食用油是230℃以上。添加乳化劑的油脂，冒煙點會降低，因此一般不太喜用添加乳劑的油脂來進行油炸烹調。

③ 乳化

所謂乳化，是平常不會混入的兩種液體之一，以細小微粒子狀態均勻分散在另一液體中之狀態。乳化的形態有兩種，稱為水中油滴型（O/W），在水中溶入油；以及稱為油中水滴型（W/O），在油中溶入水。

一般的乳瑪琳、奶油是 W/O 型，但缺點是溶於口的口感不太好。鮮奶油、美乃滋、牛奶、W/O 型乳瑪琳的口感就非常好，但保存性是最大的問題。

④ 融解、凝固

固體變成液體，就稱為融解，這個溫度就稱為融點（MP ＝ melting point）。反之，液體變成固體，則稱為凝固，這個溫度就稱為凝固點。天然油脂因是較多的三酸甘油脂的混合體，不會像水般有固定的融點。油脂，有透明融點和上升融點。在毛細管以一定的條件加熱凝固的油脂，當油脂外側軟化，開始改變時的溫度，就稱為上升融點；油脂融化成透明時的溫度，就是透明融點。一般使用的大都是上升融點。

油脂在一定條件下冷卻，當油脂開始變混濁時的溫度，稱為濁點（clouding point），在冷卻後會因凝固熱而使油脂溫度一時之間上升或靜止。而最高溫度或是靜止溫度就是凝固點。

⑤ 黏度

一般食用油脂的黏度是以運動黏度來標示。因溫度、構成脂肪酸的分子量不同而有所差異，例如菜籽、芝麻、綿籽、大豆，黏度依序降低。一旦被熱聚合或氧化聚合時，黏度就會提高。

油炸用油脂會因熱度而使黏度變高，就是熱聚合。麵包放入油脂時，不易消失且像出現黃色細小氣泡的油脂，就是進行著熱聚合，情況過於嚴重時，不僅會影響到油炸的風味，也含有害人體之物質。

⑥ 可塑性

油脂當中可分成固體、半固體和液體三種狀況，其中半固體者具有可塑性。像是以手指按壓黏土時，會留下按壓痕跡般，可塑性就是如此的性質，像黏土般物質，就稱之為可塑性物質。

像酥油般，製程適溫範圍（可塑性範圍）廣泛者稱為橫向型，而像可可脂（巧克力）般製程適溫範圍較狹窄者，稱為縱向型。

可可脂、乳瑪琳、酥油在各溫度的固體脂肪指數（SFI）的變化，如圖 VI -2 所示，以製程性良好的固體脂肪指數 10 ～ 25％ 的油脂溫度範圍來看，可可脂約 1 ～ 2℃、乳瑪琳約 10℃、酥油約 22℃。可可脂是縱向型，而酥油是橫向型，由此就可以明瞭了。

油脂的化學變化，大致可分為兩種，加水分解、酒精生成、酯交換等與羧基有關的變化，以及添加氫、聚合、自動氧化等與碳氫化合物有關的變化。

⑦ 添加氫

所謂的添加氫，是在脂肪的脂肪酸基內，不飽和脂酸的雙重結合部分添加氫，使其成為飽和結合的變化反應。工業上稱添加氫是「硬化」，因此製作出的油脂稱為硬油。

這樣的反應，在於添加了鎳等觸媒後，邊加熱邊攪拌並加入氫氣後產生。反應過程中途結束時，部分不飽和結合也被飽和時，就會得到較柔軟的脂肪。這是部分添加氫或是輕度添加氫。

再更進行添加氫之後，融點升高，碘價減少就會變成飽和脂肪酸，成為反應性少且安定的油脂。添加氫的目的，是為了得到提升氧化安定性和適當硬度的油脂。

⑧ 加水分解

構成脂肪的甘油脂當中，最弱的就是有酯結合的部分。在該部分加水引起分解使其回復成原來的脂肪酸和甘油，就稱為加水分解。

引起加水分解的方法，有以鹼性藥品使其鹼化，經水分解、經酸分解、經加水分解酵素等方法，利用加水分解的就是脂肪酸及肥皂的製作。奶油的酸敗臭味也是主體加水分解，熱與光更促進其作用。

⑨ 氣味回復及酸敗

即使是剛完成製作的食用油脂，只要容器有開口，很快地就會產生令人厭惡的味道。這就稱為「氣味回復」。

這個變化是因為油脂中含不飽和脂肪酸雙重結合的部分，又與氧氣結合而造成的現象。也因此含較多雙重結合的油脂，大多會有輕微的氧化反應。相對於此，所有的油脂都會因為長時間的放置，而產生強烈刺激的氣味反應，稱為「酸敗」。

無論是「氣味回復」或是「酸敗」，都是空氣中的氧氣與油脂的反應（請參照表 VI-3）。

因空氣中的氧氣而產生變化的不只有「氣味」和「風味」，還會出現在「色澤」上。氧化的速度，會因雙重結合的數量而有很大的影響，若是以油酸的氧化速度為1來看，亞麻油酸則是10倍，次亞麻油酸則是20倍。其他，因外在因素而佔進氧化的還有溫度、光線、鐵、銅等金屬離子及脂氧化酶等酵素，氧化防止劑則多使用天然物質的生育醇（tocopherol）（維生素E）。

＜表 VI-3＞氣味回復和油脂變敗

（摘自原田一郎所著『油脂化學之知識』）

	氣味回復	油脂變化
油 脂 的 種 類	特定的油脂會強烈產生（大豆油、亞麻油、魚油等）	於一般動植物油脂都會產生
發 生 時 期	自動氧化的初期階段	發生在"氣味回復"之後
發 生 速 度	非常迅速	緩慢
必 要 氧 氣 量	極少量	比較大量
氣 味	類似於精製前之氣味	酸敗的刺激性氣味
過 氧 化 物 價	2以下也會發生	10～20以上就會發生
一般化學分析值	無變化	有變化
抗 氧 化 劑	無效	有效

（7）油脂的試驗測定值

表示出油脂的性狀、加工性、不飽和度、氧化程度等試驗測定值，如下述。

① 酸價（AV）

表示油脂中所含遊離脂肪酸的量。隨著氧化數值也會隨之增加，因此可以用於判斷食用油脂在該時間點的優劣。

表示要中和1g油脂中的遊離脂肪酸所需氫氧化鉀（potassium hydroxide）的毫克（mg）數。現在市售有簡易測定套組。

只要浸泡在油脂當中，即可測出數據的AV試驗紙也有銷售，建議可以使用看看。以油脂處理的糕點（油脂成分10%以上），超過AV3且不超過POV30，或是超過AV5且POV不超過50。

② 皂化價（SV）

表示製作油脂的脂肪酸分子量的大小。數值越大脂肪酸的數量越多，也意味著脂肪酸的分子越小。低級脂肪酸（低分子量脂肪酸）容易引起加水分解。

③ 不皂化物價

油脂中因鹼而無法被皂化的物質量，相對於全體以百分比（%）來表示。這是確認油脂精製度的良好數據。

④ 碘價（IV）

表示油脂中雙重結合的數量。這個數據越大越容易氧化。其他也可以利用這個數據將油脂分類成乾性油（IV130以上）、半乾性油（IV100～130）、不乾性油（IV100以下）。

＜表Ⅵ-4＞ 主要市售油脂之固態脂肪指數（SFI）

（在25℃時）

塗抹用乳瑪琳	10.0
奶油	13.0
乳瑪琳	15.0
酥油	20.0
豬脂	21.0

（摘自渡辺正男先生的演講）

◇ 油脂和水分蒸發的防止效果

自古以來德國在聖誕節享用的發酵糕點－史多倫麵包。這是在烘烤完成的糕點上刷塗上融化奶油，再撒上細砂糖、糖粉製作而成。像這類糕點麵包，因表面以油脂包覆，可以防止內部水分及芳香物質的散失，再者還能防止油脂的酸敗，所以會在油脂外再覆上砂糖的表層。是前人們依經驗所得生活智慧的最佳例證。

叮嚀小筆記

⑤ 羥價

代表油脂中遊離羥價的數量。油脂都是三酸甘油脂時，當然數值就是0，當單酸甘油脂、二酸甘油脂存在時，數值也會變大。

⑥ 過氧化物價（POV）

表示油脂中的過氧化物（peroxide）之數值。對於確認油脂初期氧化程度有很大的助益。

⑦ 稠度

表示可塑性之數值，以針入度（penetration）來表示。

⑧ 融點（MP）

油脂融解成液體的溫度。

⑨ 色調

用肉眼或洛維邦得色度計（Lovibond colorimeter）。隨著氧化色調也會因而改變。

⑩ 固體脂肪指數（SFI）

表示在某個溫度下，構成固態脂肪的固體脂肪（結晶、固化油脂）之比例。若能掌握稠度會更方便。參考標準是0為液態脂肪、10～35是柔軟的固態脂肪、40以上為硬質固態脂肪（請參考表 VI-4）。

（8）脂肪是最大的卡路里來源

食品中所含脂肪的生理發熱量約為9.0大卡/g。

相較於其他兩大營養素 — 蛋白質、碳水化合物，這約是二倍的數值。

被稱為必須脂肪酸的亞麻油酸、次亞麻油酸和花生四烯酸（arachidonic acid）（ARA），與其他脂肪酸不同，因為無法在體內合成，因此必須由每日膳食攝取。當這些必須脂肪酸不足時，可能會有成長障礙或引發皮膚炎等。

脂肪是藉著氧氣所產生的加水分解反應而被消化，水和脂肪酶是必須的，而為了能產生反應，脂肪充分被乳化也屬必要。脂肪的消化吸收，融點的影響很大，到了50℃時，數值就會有很大的改變。

例如硬化油。融點在37℃時，消化率為98%。當溫度緩緩上升，39℃時為96%、43℃時為96%、50℃時為92%、52℃時為79%，可以得知當超過50℃時，消化吸收率便急遽下降了。

脂肪當中存在著維生素A、D、E、F、K，或是維生素原-A（provitamin-A）的胡蘿蔔素等，有助於吸收。飽和脂肪酸會增加血中膽固醇，成為動脈硬化、高血壓的原因，也與肥胖有關，即使是相同的脂肪酸，擁有雙重結合的不飽和脂肪酸，則能有效地防止膽固醇在血管中沈積。

（9）重要的溫度管理

儲藏油脂時，最重要的關鍵就是溫度管理。乳瑪琳保存在5℃是最適溫、包捲用油脂為5～15℃，特別最重要的是不超過15℃。

酥油、豬脂雖然在保存溫度上沒有那麼多問題，但使用時也應該先放置至回復室溫。其他方面，儲藏溫度也不適合高低溫變化。特別是豬脂的結晶粗大，入口時的口感不佳。促使油脂氧化的光線，特別是紫外線也必須要避免。

◇ 日本國產麵包用小麥有多少種？

現今成為話題之一的日本國產小麥，究竟有多少種類，您知道嗎？讓我們立刻來調查看看吧。

北海道　「Haruhinode(はるひので)」(春播)
　　　　　「春戀(春よ恋)」(春播)
　　　　　「Harukirari （はるきらり)」(春播)
　　　　　「Kitanokaori （キタノカオリ)」(秋播)
　　　　　「Yumechikara （ゆめちから)」(秋播)
東北　「Haruibuki （ハルイブキ)」「Yukichikara(ゆきちから)」「Mochi姫(もち姫)」
關東　「Tamaizumi(タマイズミ)」「double 8號(ダブル 8号)」
　　　　「Yumeasahi （ユメアサヒ)」「Yumeshihou(ユメシホウ)」
　　　　「Hanamanten ハナマンテン」
東海、近畿、中國、四國、九州
　　　　「Nishinokaori （ニシノカオリ)」「南之香(ミナミノカオリ)」
　　　　「Urara mochi （うららもち)」
　　　　（※北海道以外的全部是秋播小麥）

叮嚀小筆記

最近，日本國內麵包用小麥有長足的發展。北海道經濟農業協同組合聯合會，池口正二郎博士育種「春戀(春よ恋)」，具有加拿大1CW標準的麵包製作特性。東北的「Yukichikara(ゆきちから)」是以盛岡農業高校為主的地產地銷，烘焙出美味的麵包。茨城縣筑波市倡導「筑波麵包街」，利用「Yumeshihou(ユメシホウ)」烘烤銷售麵包。經由育種專家開發出能製作美味麵包的小麥是必要的，但除此之外我們麵包技術人員也可以試著利用當地產小麥，看能做到何種程度的美味麵包，請大家試著挑戰看看吧。

VII 雞蛋

（1）雞蛋的風味活化麵包

在製粉公司的實驗室內，有各式各樣的實驗請託。幾年前的春天，曾經有人提出「請教我美味雞蛋麵包的製作方法」。因而與周遭的人討論這件事，話題變成了「所謂雞蛋麵包的特徵究竟為何呢？美味雞蛋麵包又是什麼樣的麵包呢？」

使用雞蛋，麵包的內側顏色就是美味的黃色，光澤良好。同時也能改善表層外皮的顏色、光澤，再者蛋黃中的卵磷脂也可以延緩麵包的老化。營養價值也隨之提高，但僅只如此還是不夠。

雞蛋是沒有特別氣味的單純味道。要以此特徵，運用在麵包上，做出引人食指大動的風味，究竟該如何做呢？無論如何先從烘烤麵包來看，試著將配方、製程該注意的部分列舉出來，有以下各項。

① 雞蛋中約有75%是水分，至少要加入10%才能夠清楚地感受到其效果。

② 添加30%以上時，麵團的接合力量變差，所以使用全蛋時最大量為30%，需添加更多時，則使用蛋黃。

③ 添加雞蛋，使發酵時間變長，則會因蛋白質等變性而產生異味。

④ 吸水會減少相當於雞蛋配方量的6～7成。

⑤ 攪拌時，若沒有將蛋黃和蛋白完全打散後進行，有可能會使蛋黃凝固，膠化而殘留於其中。

⑥ 會使烤箱內延展能力變好，體積變大，所以要非常注意分割重量，以及最後發酵的方法。

⑦ 容易烘焙出烘烤色澤。

⑧ 油脂配方量多時，配合比例地增加用量為宜。

⑨ 罌粟籽、芝麻、葵花籽等裝飾在麵包表面，作為黏著劑時蛋白效果較佳。

⑩ 雞蛋本身pH值高，久置的雞蛋更高。雞蛋配方較多時，麵團的pH值也會越高，而造成發酵遲緩。

（2）營養均衡的完全食品

雞蛋被認為是便宜且具高營養價值的完全食品。特別是蛋白質組成複雜，已確認含有十三種以上。含大量必須胺基酸，還富含麵粉中及日本人容易攝取不足的離胺酸

（lysine）。旅行時，旅館的早餐除了醃漬物、海苔、味噌湯之外，必定會有的就是雞蛋。雞蛋對日本人而言，是身邊最能取得的食物之一，而且自古以來對雞蛋就有各式各樣的說法。

例如，「紅蛋殼比白蛋殼營養」、「蛋黃顏色越黃越營養」、「生雞蛋不易消化，相較於全熟水煮蛋，半熟水煮蛋較好消化」、「雞蛋過度食用會造成膽固醇過高，引發動脈硬化」、「剛產下的雞蛋比較美味」、「受精蛋較未受精營養」等，無以計數的說法。其中大多是傳說或奇談。

像這樣關於雞蛋的說法，雖然有些略有偏頗，但也試著來看看其中某些說法。蛋殼是紅色還是白色，與營養價值完全沒有關係。真要勉強地說，白殼蛋大多是專為下蛋的雞（蛋雞）所生的蛋，紅殼蛋多是食用的雞（肉雞）所生的蛋。蛋黃的顏色與其說是營養價值，不如說是飼料中所含的色素所造成，食用黃色濃重的玉米後，雞蛋中蛋黃的顏色就會變深了。

水煮蛋相較於生雞蛋；半熟水煮蛋相較於全熟水煮蛋。半熟水煮蛋會比較好消化確是事實，特別是在消化時間的差異，但實際上並沒有一般所想像有那麼大的差別。

雞蛋中含較多膽固醇也是事實。但即使吃很多雞蛋，血液中的膽固醇也不會因此而增加。即使是膽固醇也分很多種，最近的研究指出，雞蛋的膽固醇與心臟病無關，屬於優質膽固醇。

偏頗的說法還有另一件。據說雞蛋的味道與蛋白中的二氧化碳含量有很大的關係，蛋白中二氧化碳減少，pH值上升時就會感覺更美味。剛下的蛋，無論如何擅長烹煮，都無法漂亮地剝下蛋殼。這是因為蛋白中的二氧化碳遇熱膨脹，蛋白和卵殼膜推擠了蛋殼所造成的現象。像這樣的蛋白部分，用電子顯微鏡觀察，可以看到其中含有無數細小的海綿狀氣泡。

另外，雞蛋的高營養價值，是來自於均衡的優質蛋白質和豐富的礦物質。最近經常出現中小學生在朝會時引發貧血的問題。造成貧血的最主要原因是營養的不均衡，雞蛋因含所有與造血有關之物質，所以是貧血者的特效藥。

（3）雞蛋的生產量與消費量

現今在養雞場內飼養的雞隻，每年都能生產250顆以上的雞蛋。但這是經過長時間品種改良以及經過生育條件研究改良而得，並非原本的狀態。雞原本生長於印度、馬來西亞等南方叢林中，每年約產10～12顆蛋的鳥類。

現在經人類之手，將其改良為生蛋的機器。

目前世界產量（2010年）是6351.5萬噸，次於中國的2382.7萬噸（佔世界生產37.4%）、美國的541.2萬噸（8.5%）、印度的341.4萬噸（5.3%），日本是251.5萬噸（3.9%）的高生產量。日本的雞蛋自給率維持著相當高數值，約95%。

「日本國民1人每年平均消費量，從平成7年339顆至平成10年的324顆、平成14年

的329顆，雖然有若干減少的傾向，但在主要生產國中仍維持著高消費量。」以各個國外例子來看，飲食生活提升的同時，消費也會趨緩，日後也不會有大幅增加消費的傾向。

（4）各品種的雞

經常聽到的雞隻名稱，包括：白色萊亨雞又稱力康雞（Leghorn）、名古屋交趾雞（Cochin）、Rhode horn（由白色萊亨雞與洛島紅品種（Rhode Island Red Chicken）的第一代雜交種）、Rockhorn（由白色萊亨雞與橫紋普利茅斯洛克雞（Plymouth Rock）的交配種）等等。白色萊亨雞的雞蛋重約58～63公克，產卵數量為240～260顆。Rhodehorn的雞蛋重約58～63公克，雖與白色萊亨雞相同，但產卵數量較多為250～280顆，內容也較優質。

昭和38年，由美國輸入混種優勢（hybrid）的雞以來，日本的產卵雞90％以上都是輸入進口的種雞。

（5）蛋白與蛋黃的比例

在西點糕餅店內，製作卡士達奶油餡時會使用小型雞蛋，製作天使蛋糕時會使用大型雞蛋。這是因為雞蛋越大蛋白比率越高，雞蛋越小蛋黃比率越高。當然相較於小型雞蛋，大型雞蛋的殼、蛋白以及蛋黃都會比較重。

亦即是雞蛋重量在60±3公克的大小，稱為M尺寸，以M尺寸做為判斷標準，想要使用蛋白時，就用大型蛋，想要使用蛋黃時，就使用小尺寸。

在此簡單地說明雞蛋的構造（請參照圖 VII-1、表 VII-2、表 VII-3）。

＜表 VII-1 ＞雞蛋的比例

全蛋重量(g)	蛋殼(%)	蛋白(%)	蛋黃(%)
40～65	13	54	33

＜表 VII-2 ＞除了蛋殼之外的雞蛋構成

食品名	熱量		水分	蛋白質	脂質	灰分	重量比
	kcal	KJ	g	g	g	g	蛋黃：蛋白＝31：69
雞全蛋	151	632	76.1	12.3	10.3	1.0	凝固溫度＝約68℃（蛋黃）、約73℃（蛋白）（因加熱速度而變化）
雞蛋黃	387	1,619	48.2	16.5	33.5	1.7	
雞蛋白	47	197	88.4	10.5	Tr	0.7	

可食用部分相當於100g時　　Tr：所含者未達0.1g。

摘自「五訂・日本食品標準成分表」

<表 VII-3 > 蛋白在各層的比例

外稀蛋白	濃厚蛋白	内稀蛋白	繫帶
23.2	57.3	16.8	2.7

<圖 VII-1 > 雞蛋的構造

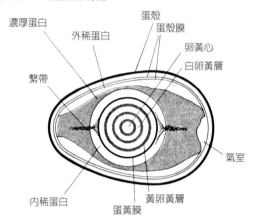

蛋殼約佔雞蛋重量的11%，能耐得住強大的外在壓力。具有多數氣孔，具呼吸作用。蛋殼外側覆蓋有薄薄的角皮層（cuticle），可以防止微生物的入侵。蛋殼是天然包裝容器般的作用，因此雞蛋是種能保存的食品。

蛋殼膜分成内外二層，剛生下的溫暖雞蛋二層為密著狀態，但隨著溫度降低也會自然分離，而形成氣室。所以可以由氣室大小來判斷雞蛋的新鮮程度。

蛋白約佔雞蛋重量的60%，是具黏性的液體。有著大家不太熟悉的名稱，有四層結構，各別是外稀蛋白、濃厚蛋白、内稀蛋白和繫帶，藉由繫帶與蛋黃連結，並使蛋黃不會直接觸及外殼地將其固定在中央。當鮮度降低，濃厚蛋白的黏度也會隨之降低（請參照表VII-3）。

蛋黃的中心是卵黃心（latebra），周圍是由黃卵黃和白卵黃層相互交錯包覆，最外側則由蛋黃膜包覆。

（6）卵磷脂是天然的乳化劑

雞蛋成分當中，與麵包製作最相關的，就是蛋黃中的脂質，其中與蛋白質結合的脂蛋白（lipoprotein）、卵磷脂、膽固醇是天然乳化劑，具有重要的功用。在麵包製作上，僅使用蛋白的例子，大概有英式麵包的少量配方，以及為了呈現光澤而刷塗在 LEAN 類（低糖油配方）麵團表面。但無論哪一種都是極少量的狀況，過度使用時反而會有反效果。

蛋白中的蛋白質具 75% 的白蛋白，其特徵是含有以溶菌酵素（溶解透過蛋殼侵入細菌的細胞膜以殺菌）而被大家所熟知的溶菌酶（lysozyme）。

全蛋成分中糖質佔不到 1%，且大部分未與其他成分結合，而成為遊離葡萄糖，因此乾燥蛋等加工、保存之際，會因此而產生褐變。

幾乎含有所有的無機質，特別是富含硫、鐵、磷等。最後是色素，如前所述，蛋黃的色素會因品種而有所不同，但幾乎都是因飼料而產生，是由屬於類胡蘿蔔素（carotenoids）系的胡蘿蔔素和葉黃素類（xanthophyll）而來。

蛋黃的顏色對於麵包之外的其他成品，像是美乃滋、蛋糕等大部分食品，都能產生促進食慾令人垂涎的色澤。

（7）蛋殼的內側與外側

雞蛋表面沾滿了髒污和大量的微生物，但殼內則是無菌狀態。但微生物對蛋的侵蝕由雞蛋產出後就開始了，能夠抑制此侵蝕的，就是蛋白中的溶菌酶等酵素。但濃厚蛋白減少、藉由蛋白抑制微生物繁殖的作用消失後，污染會急遽增加而致腐敗。

最近雞蛋在出貨前，幾乎都會先加以洗淨，除了洗去髒污、細菌之外，同時其目的也在洗淨角皮層（cuticle）以防止微生物入侵。因此洗淨後會噴上極薄的油脂以覆蓋氣孔。

（8）關於雞蛋的起泡力

一提及雞蛋，大多數的讀者會連想到蛋糕。似乎與麵包沒有太大的關係，但可說是雞蛋的最大特徵，就在於它的起泡力，在此也略提一二。

蛋白霜、天使蛋糕、大納言（打發蛋白製作成外殼，中間填入紅豆餡製作而成，很受歡迎的伴手禮。）等等都是利用蛋白的起泡力製作而成的糕點。

打發蛋白必須注意的是，與其用最新鮮的雞蛋，不如用稍稍放置後的雞蛋，能更好打發。這是因為不太容易被打發的濃厚蛋白，因其鮮度降低後，會變成容易起泡的稀蛋白之故。

蛋白中一旦加入了牛奶或蛋黃等多油脂成分質，即使是少量，也會造成起泡力明顯的降低。蛋白的起泡力在溫度 21 ～ 25℃、pH 值 4.6 ～ 4.9（等電點）時，是為最大。與副材料的關係上，添加鹽會減低起泡力，添加砂糖可以強化氣泡且具潤澤感。檸檬、檸檬酸（citric acid）等可以使氣泡安定（請參照表 VII-4）。

關於蛋白的起泡力如前記述，全蛋的起泡力最初是由蛋白開始，其次是蛋黃分散乳化，利用較輕的攪拌將大氣泡轉化成厚、且強韌的細小安定氣泡。全蛋的氣泡是以脂肪粒子較小、乳化力較強的脂蛋白為主體，遇熱也能持續安定狀態。最適溫度、pH值或是因副材料的影響，幾乎與蛋白相同，但需要較長的攪拌時間。最終起泡力蛋白是7倍，全蛋是5倍左右。

＜表 VII-4＞蛋白起泡與副材料的各種因素

因　　素	蛋白氣泡		
	起泡性	硬度	安定性
攪拌不良、攪拌過度	●	●	●
55℃以上的殺菌	●	●	●
水	○	●	●
檸檬汁、酒石酸氫鉀（塔塔粉）	○	○	○
砂糖	●	○	○
蛋黃	●	●	●
牛奶	●	●	●
動物、植物性油脂	●	●	●
大豆蛋白類起泡劑	○	●	●
植物性膠	○	△	○

○增加●減少△沒有變化　（摘自黑田南海雄先生演講）

檢查雞蛋—嚴格檢查不良雞蛋及雞蛋性狀。

（9）新鮮雞蛋的判別方法？

雞蛋以其構造而言，是生鮮食品當中非常少見具優良儲藏性之食品。以構造機能來看，①蛋白中的糖蛋白質，卵類黏蛋白（ovomucoid）具有抑制微生物消化酵素胰蛋白酶（trypsin）的作用②溶菌酶（球蛋白G（globulin））的溶菌作用③相同蛋白中的蛋白質，抗生物素蛋白（avidin）可以結合微生物繁殖時的必要維生素、生物素（biotin）以降低其活性。但也因此讓人覺得容易保存管理，造成流通時間過長。那麼到底放置幾天還能稱之為是新鮮的雞蛋呢？這也會因儲藏溫度而有很大的差別，據說2℃大約是100天左右，5℃則是90天、25℃則是18天左右。

在雞蛋新鮮時，確認其鮮度的標示則是霍式單位法（Haugh unit）。所謂的霍式單位法，就是測得濃厚蛋白的高度與雞蛋重量，將其代入算式中計算而得的數值。剛產下的雞蛋約是90左右，在美國將霍氏單位60以上者稱為A級。

蛋黃係數（蛋黃高度與其直徑之比值）也與儲存天數成平行，數值會越來越小。有人認為最能確實地表現出儲存天數的，與其說是蛋黃係數，不如說是霍氏單位，但遺傳上霍氏單位良好的雞種、伴隨著雞隻年齡增長而霍氏單位降低等，也是鮮度之外的影響因素。最近伴隨著雞隻年齡增長而霍氏單位降低之部分，以限制飼料供給法確認產卵成績、飼料要求率並沒有重大影響，也能在某個程度受到抑制。

其他也有各式各樣雞蛋新鮮與否的判別方法。用手拿取雞蛋確認蛋殼表面光滑與否。當然放置越久的雞蛋表面越是光滑，表面越是粗糙則越新鮮。

另外，還有將雞蛋透過燈泡或光線來判別的方法。氣室越大、蛋黃位置無法確實固定、龜裂、發霉等就必須要多加注意了。這個方法稱為照光檢查（candling）法。

＜圖VII-2＞依雞蛋比重判斷鮮度的方法

（6%鹽水＝比重1.027）

a. 新鮮雞蛋
b. 放置一週後的雞蛋
c. 普通雞蛋
d. 久置雞蛋
e. 久置時間更長的雞蛋
f. 腐敗的雞蛋

此外，還有比重測定的方法。新鮮的雞蛋比重在1.8左右，久放之後比重會因而變輕。因此製作比重1.02的鹽水（6%鹽水＝比重1.027），當雞蛋於水中會浮起時，表示氣室變大，也可視其為接近腐敗狀態（比重測定法、請參考圖VII-2）。

其他，氣室大小、敲開雞蛋時的蛋或或蛋黃隆起的方式，也是可用觀察來判斷的方法，還有利用檢查一般生菌數、特殊細菌的判斷方法。

敲開雞蛋的工廠──將洗淨、殺菌後的雞蛋在此進行敲開製程。機器也每隔2小時進行清潔消毒。

雞蛋得以保持鮮度，是蛋黃藉由繫帶和濃厚蛋白的力量固定於中央處，將濃厚蛋白變成稀蛋白是酵素的力量。酵素會與pH值上升同時產生作用，所以防止蛋白中的二氧化碳揮發是最有效的方法。最廣為熟知的方式是①在雞蛋表面塗抹上流動石臘（paraffin）、水玻璃（矽酸鈉）等等②儲存在二氧化碳之中等。

（10）方便的加工雞蛋

敲開雞蛋意外地很花時間，並且只要有一個雞蛋腐壞了，敲開放在一起的全部雞蛋都不能用了。

為了摒除這些麻煩和風險，而有了加工雞蛋。現在加工雞蛋利用的型態有：冷凍蛋、液體蛋、乾燥蛋以及濃縮蛋等，也各有全蛋、蛋白、蛋黃三種選擇。

① 冷凍蛋

液態蛋凍結後，放置在-15℃左右保存管理，出售商品。儲存性高，最近有許多是從中國、澳洲進口。

冷凍蛋的缺點，國外所生產的雞蛋相較於日本國產的，蛋黃的顏色以及蛋白和蛋黃的比例等等，有相當的差異，因此必須要非常注意。其他因冷凍而造成蛋白起泡力、氣泡安定性的降低，蛋黃膠化現象、液狀部分減少等，都是冷凍蛋的缺點。

因此，冷凍蛋黃中添加鹽和砂糖，可以防止蛋黃的膠化。冷凍全蛋時，只要將蛋白和蛋黃充分混拌，就可以藉由蛋白稀釋蛋黃而防止蛋黃的膠化。因冷凍造成的起泡力和氣泡安定性的低下，則可以用乳化劑來改善。

冷凍蛋的解凍方法，會大幅改變其品質。最好的解凍方式是在流動水中進行。另外，冷凍蛋當中，比重較輕的蛋黃會浮在上部，而蛋白會沈在底部，使用時務必要先上下混合後再使用。

② 液體蛋

對使用者而言，沒有比這更方便的商品了，但保存性低是其最大的缺點。以製作美乃滋所剩的副產品，液體蛋白最多，但近幾年來用於混拌揉製商品、香腸等需要量增加，現在總覺得產能略有不足。

③ 乾燥蛋

將液態蛋乾燥製成的高儲存性商品。主要是以噴霧乾燥製作為多。全蛋、蛋黃、蛋白的乾燥蛋中，蛋白最普遍被使用。

乾燥蛋的優點，首先是優異的儲存性、水分少、搬運方便以及衛生，但加工手續繁複，起泡力、乳化力等略差，是其缺點。但最近也有些乾燥蛋的品質已大幅提高。

④ 濃縮蛋

在加工蛋當中是最近的產品，也成功地克服了其他加工蛋所無法達成的事，就是維持住起泡力及乳化力。幾乎是低溫濃縮，蛋白變性少，藉由加入糖分，降低了水活性，保存性優良。

◇ 何謂 LEAN 類麵包的配方？

法國麵包配方，可以稱為 LEAN 類配方，而皮力歐許（Brioche）配方則可稱為 RICH 類配方。當然這是由英文 LEAN（瘦弱、貧乏、無脂肪的）而來，指的是砂糖、油脂、雞蛋等副材料使用比率少，而 RICH（豐富、富有、潤澤的）則相反地指的是砂糖、油脂、雞蛋等副材料使用比率多的意思。

稱為高級麵包時，指的是使用了大量昂貴原物料的 RICH 類麵包，LEAN 類麵包僅使用了麵粉和鹽而已，便宜的原料，但卻是種需要高度技術能力的麵包，因此就此意義而言，這才是符合「高級麵包」的意思吧。

叮嚀小筆記

VIII 乳製品

現今，乳製品作為麵包副材料使用的理由，包括強化營養、增加風味及香氣、提升發酵耐性、增進烘烤色澤、防止老化等。

反之，其缺點在於攪拌時間變長、延緩發酵、鬆弛麵團、抑制體積等。經由奶粉，將會造成麵包容積降低的成分，麩胺酸（glutamine）、脯胺酸（proline）、非極性胺基酸等進入麵團結構中，對原有的麵筋組織形成產生阻礙。但這些缺點逐漸地被改善，最近開始販售麵包製作用，經特殊處理的乳製品了。

雖然所有的原物料都是如此，但特別是乳製品，使用適合麵包製作和不適用者，完成時的成品差別很大，慎選適合於麵包製作者非常重要。

（1）使用脫脂奶粉製作時

許多乳製品都被用於麵包製作，但其中運用最多的是脫脂奶粉。在此，將使用脫脂奶粉製作麵團時，應注意的重點、麵團特性以及成品特別列舉出來。

① 首先選擇脫脂牛奶。會因日本國內產、進口商品或廠商不同，而造成麵包製作特性的差異。使用以大豆作為脫脂奶粉的替代品、或乳清粉時，必須要事先確認其麵包製作的特性。

② 脫脂奶粉在量測好用量後，應事先與砂糖、麵粉等混拌備用。直接溶於水中容易產生結塊。脫脂奶粉長時間放置在空氣下，會吸收濕氣而產生變性或發霉等狀況。

③ 吸水量，會增加與脫脂奶粉配方量相當的分量。但即使如此，實際上幾乎沒有改變。

④ 攪拌時間變長。

⑤ 發酵稍微緩慢下來，變成鬆弛光滑的麵團。因此必須增加氧化劑、或提高麵團溫度、發酵室溫度、或是延長發酵時間。相反地，這樣的鬆弛現象，可以在發酵耐性、加工耐性上得到加分，並加以運用。

⑥ 麵團pH值因脫脂奶粉的緩衝作用而不易降低，麵包的pH值也容易變高。高pH值的麵包會比較缺乏發酵氣味。

⑦ 成品表層外皮的顏色、光澤良好，味道和香氣佳、營養價值也豐富。具保水力，因此可以延緩麵包老化。烘烤性佳是最大特徵。

作為副材料，使用的是牛奶、煉乳或其他乳製品時，也必須同樣注意留心。以牛奶取代脫脂奶粉時，必須要注意牛奶的固態部分約12％，再加以計算。在歐洲，為了消除麵包酵母的氣味而添加，因此麵包酵母使用比率高的成品，其配方中也多含有牛奶。

（2）奈良時代的乳製品

在古西歐地區，牛奶被當作神的貢品。古希臘牛是「月神聖獸」，白色牛隻擠出的牛奶用於敬神。古羅馬也視牡牛為聖獸加以崇拜。

在埃及，最有名的就是埃及艷后克麗奧佩托拉（Cleopatra）以牛乳沐浴，此時，除了飲用之外，也會用於洗臉。古印度、中國，也存在著牛奶或多種乳製品，是廣泛使用的時代。

在日本，最初是作為藥用或營養劑使用，七世紀孝德天皇時有留下這樣的紀錄。之後的奈良時代，出現了類似現今的起司或優格的成品，並且普及地散佈。但之後就沒有再出現其他的記述了。

當乳製品再次登上日本餐桌，已經是明治維新之後了。明治政府為了使其普及而多所著力，但實際上完全進入生活習慣當中，是在二次大戰後，與吐司麵包的發展有深刻的關係。

（3）何謂牛奶？

由乳牛身上直接搾擠出來的就稱為「生乳」。生乳直接殺菌放入瓶內或紙容器內，稱為「牛奶」。牛奶，是以生乳為原料，且不能添加生乳以外的物質。當然也不能添加水。現在市售的牛奶雖然經過殺菌，但並非滅菌，因此應該於新鮮時儘速使用。

處理牛奶的三大原則是「清潔、低溫、迅速」。

＜牛奶的成分＞

牛奶，就單一食品而言，是世界上消費量最多，營養價值也非常優異。其內容是3%以上的脂肪、無脂乳固形成分8%以上，其中蛋白質含量約為3%。其中主要物質是牛奶酪蛋白、乳清蛋白（lactalbumin）、乳球蛋白（lactoglobulin）三種，其胺基酸構成整體的平衡。

脂肪構成的脂肪酸，大多也是揮發性脂肪酸、低飽和脂肪酸，少數不飽和脂肪酸。粒子細小且以乳化狀態存在，因此容易消化吸收。富含脂溶性維生素的維生素A、E群、維生素B2等。

牛乳中所含的糖質幾乎都是乳糖（lactose）。經由乳糖酶會分解成半乳糖（galactose）和葡萄糖，但麵包麵團中並不存在此酵素，因此會直接殘留在麵團中。所以添加牛奶及乳製品的麵包，烘烤後會有特殊的甜味即由此而來。

（4）關於各種乳製品

① 市售乳品

牛奶經過飲用處理、殺菌後完成。相較於生乳，因為經過加熱處理以及均質化（homogenize），易於消化，但維生素C等，也因殺菌工程而減少了。殺菌工法的種類當中，有保持殺菌法（63℃、30分鐘）、高溫短時間殺菌法（HTST、72℃、15秒）、超高溫殺菌法（UHT、135℃、2秒）、滅菌法（110℃、30分）等，HTST或UHT的短時間殺菌法，破壞的維生素較少，風味較佳，現在市售牛乳大多用超高溫殺菌。

② 奶粉

有牛奶直接濃縮、乾燥的全脂奶粉，以及由牛奶中抽取出奶油後，乾燥成粉末製作而成的脫脂奶粉。全脂奶粉約添加10倍水分後，就營養成分及風味上就能回復到類似牛奶的程度。

脫脂奶粉的保存性較佳，因此生產量也多，經常被用在麵包製作上。一般大多會用噴霧乾燥進行低溫處理，但製作麵包用的，以高溫處理圓筒乾燥製成的成品會更為適合。最近製作出了high heat dry milk，特別加熱處理過的成品，在麵包製作上會更容易使用。

奶粉的營養價值，幾乎與生乳沒有不同，不如說乳蛋白中的凝乳會讓消化更好，只是維生素A、B1、C等會略微減少。脫脂奶粉只是不含脂肪和脂溶性維生素而已，其他的牛奶成分也幾乎都包含於其中。

保存時必須注意的是，在普通狀態下因是低水分所以沒有問題，但在濕氣較多處開封後，容易因吸濕而結塊、產生細菌、黴菌的繁殖，進而造成腐敗的原因。請密封並保存於陰涼清潔之處，並儘早使用。

◇ 「滅菌」與「消毒」

殺菌作用，以微生物學的立場來看，依其程度可分為滅菌和消毒。前者，所謂的滅菌，是不論目標物中是否含有或附著的所有微生物，亦無論其是否為病原性微生物，皆為完全殺滅，使其成為無菌狀態。

後者，所謂的消毒，本來是防疫用語之概念，加熱殺菌對象物中所含有或附著的病原性微生物完全使其死滅，以防止人類受到感染為目的。只是，此種情況下，對衛生上沒有危害或非病原性微生物仍有殘存之可能。牛奶或肉類成品等生鮮食品中，大致上進行的殺菌，本質上都可歸類於消毒之範圍。

叮嚀小筆記

③ 煉乳

將牛奶濃縮成二分之一至三分之一，分成加糖和無糖兩種。加糖煉乳中分成全脂和脫脂，加糖的程度約是大於40%的蔗糖。水活性在0.89以下，使細菌無法發育，並且經過加糖後的加熱濃縮，所以生成了少量的類黑精，也呈現出濃郁及抗氧化性。想要將乳製品的美好風味展現在麵包時，最適用的原料。無糖煉乳因無法期待其因滲透壓而達到防腐效果，因此封罐後會以118℃進行15～20分鐘的高熱殺菌。

以營養價值來看，消化率佳、維生素以外的營養成分幾乎和牛奶相同。加熱處理的溫度或時間越長，蛋白質變性和維生素也會隨之減少。

④ 起司

起司的種類、製法會因國家、地區而不同，據說種類超過500種。大致上可分成天然起司（natural cheese）與加工起司（processd Cheese），天然起司是在牛奶中添加乳酸菌和由小牛胃中取出的凝乳酶（rennet），使其凝固、熟成，製作出來的。

加工起司是由一種天然起司或數種，經調合、加熱、殺菌、乳化混合後製成，並密封包裝藉以提高其保存性。生產地以紐西蘭、丹麥、荷蘭以及瑞士最有名，日本國內則是在北海道或關東地區生產或加工製作。

⑤ 鮮奶油

目的在於提升麵包的風味和香氣、防止老化等，最近盛行添加入高級吐司當中。在日本國內，鮮奶油的規格脂肪成分在18%以上者。咖啡用的低脂鮮奶油（light Cream）脂肪成分是18～20%、打發鮮奶油是35%以上，特別是西式糕點中大多使用的是47%的鮮奶油。

⑥ 優格

到目前為止，雖然不太利用在麵包上，但因西式糕點的緣故，制式風味下，麵包開始追求清爽風味後，也開始使用在麵包製作。

以營養價值來說，富含乳蛋白質、礦物質、維生素，特別是蛋白質會被乳酸菌的酵素分解，所以可以讓消化吸收變好。優格，大多是在脫脂牛奶或溶化的脫脂奶粉中，培養乳酸菌，使其酸凝結製作而成。

（5）以密閉容器低溫儲存

新鮮的牛奶、鮮奶油、煉乳等乳製品等，風味絕佳、香氣十足，但非常容易腐敗，而且會吸收周圍的氣味，進而散發出令人厭惡的味道。因此冷藏儲存絕對必要，為防止其吸附其他氣味，希望能放至密閉容器內保存。

奶粉因含水分較少，因此儲存時容易因吸收濕氣而結塊、發黴，成為腐敗的原因，因此必須注意避免開封後直接放置。

◇ 所謂烘焙比例（outer percentage）是什麼？

通常，我們在學校學到的百分比（percentage）都是全體相加後為百的基準。但在相對於平常百分比（內含），麵包業界使用的是烘焙比例（外加），以麵粉（或穀粉）為100％，相對於此砂糖6％、鹽2％、油脂5％、水65％等追加形式，因此合計超過100的178％。這個方法在想像甜味或鹹味等風味時，確實是很好的方式，也是用於調整風味和品質不可或缺的標示法。部分麵包屋，會以當天製程用量來進行配方管理，但請試著用外加方式標示全部配方比較看看。意外地僅是砂糖1％的不同，但卻能夠輕易地看出各種類的麵團，在配方上的差異。

叮嚀小筆記

Ⅸ 水

　　獨自出來開店，環視周遭必須要做的事不勝枚舉。其中最容易被忽略的就是水質的檢查。除了不適用於飲用的水不在討論範圍內，飲用水當中也有不適合麵包製作的水。

　　當然，日本的水質或許比不上國外的優質，但不適合麵包製作的水並不多。可是，極為適合麵包製作的水，意外地少，以硬度為例，大多是接近數據下限。將水質調整成適合麵包製作，也一樣是酵母食品添加劑的任務。無論如何，水是製作麵包的重要基本原料，使用時必須確實掌握其性狀。

（1）麵包不可或缺的水

　　製作麵包時，首先將麵包酵母溶入部分配方用水中，再用其餘的水溶化砂糖、鹽和奶粉。其次加入粉類攪拌。麥穀蛋白和醇溶蛋白在水分架構下形成麵筋，此時，能夠自由地調整麵團硬度、溫度的，就只有水分了。

　　麵包酵母以溶於水中的糖分作為營養源，在麵團內產生重要作用。酵素、糖或是胺基酸都是溶於水後，才開始產生作用的。藉由烘烤使得澱粉膨脹潤澤和糊化，沒有水無法完成。像這樣麵包的製作過程，大前提都是因為有水分的存在。

（2）硬質麵團和軟質麵團

　　製作麵團時，最困難的就在於麵團的硬度，也就是判斷最適當的吸水量。依製作麵包的種類，麵團的硬度有所不同，配方或攪拌的程度、發酵時間、再加上設備等，最適當的硬度也會有所差異。製作優質麵包的條件很多，其中最為重要的就是麵團的硬度了。

　　吸水量會影響到製程性、製作的柔軟程度、老化的速度等，凡事製作麵包相關的項目都會受到很大的影響。關於吸水的詳細內容，會挪至攪拌的項目內敘述，在此針對吸水過多或過少時對麵團及成品造成的影響，試著整合在表Ⅸ-1中。

＜表IX–1＞吸水量及其影響

		吸水過少	最適吸水量	吸水過多
麵團	攪拌	●時間變短 ●麵團溫度容易上升		●時間變長 ●麵團溫度不太上升
	發酵	●麵團容易斷裂不易滾圓	製程性良好	●麵團容易沾黏製程性不佳 ●必須使用較多手粉
成品		●完成麵團分量減少 ●容積變小 ●麵包粗糙乾燥不均勻 ●老化現象迅速 ●外形無法均勻呈現	外觀、內部、口感、保存性都非常良好	●成品水分多、口感不佳(黏口) ●氣泡孔洞圓且氣泡膜厚 ●容積變小 ●外形無法均勻呈現 ●容易產生霉菌

（3）水的成分與麵包製作的特性

水與空氣，對生物而言都是最重要的物質。自然界當中以雨水、海水、地下水、水蒸氣、冰等形式存在，在一氣壓下冰點（融點）為0℃，沸點為100℃，這個溫度是固定的。無色透明，雖然看起來都相同，但實際上依其成分和特性而有相當大的差異。

① 麵包用水的硬度

製作麵包時，特別是水質中必須要注意硬度。所謂的硬度，是水到什麼程度為硬水或軟水的標示單位。日本水道協會的「上水試驗方法」當中將硬度用以下文字來定義。

「所謂硬度，是相對於水中的鈣及鎂離子量，換成碳酸鈣的PPM標示」

以前的硬度標示法，有美國硬度、德國硬度及其他，即使說是硬度1度，也會因標示法不同而出現完全不一樣的數值。從1950年起，日本國內也開始根據國際標示法，採取如上述之定義，進行統一的標示。

過去主要國家硬度1與現行標示法的比較如下。

德國硬度＝ 17.85PPM

法國硬度＝ 10.00PPM

英國硬度＝ 14.29PPM

美國硬度＝ 1.00PPM

<表 IX-2 > 使用軟水或硬水時的現象及對策 (麵包麵團中)

使用水	軟水	略硬水	硬水
現象	● 軟化麵筋、酵素作用活絡、成為有黏性的麵團 ● 製程性不良 ● 成品具濕重感	順利進行發酵,製程性佳,且成品良好	● 麵筋變硬緊縮 ● 麵團容易斷裂 ● 發酵遲緩 ● 成品脆弱且容易乾燥 ● 迅速老化
對策	● 增加鹽 ● 增加硫酸鈣、碳酸鈣		● 麵包酵母的增量 ● 增加吸水 ● 提高麵團溫度、發酵室溫度

<表 IX-3 > 因水 pH 值高低而產生的現象及對策 (麵包麵團中)

	酸性	弱酸性(pH值5.2～5.6)	鹼性
現象	溶化麵筋、麵團變得容易斷裂 ※	活化麵包酵母及酵素作用 適度緊實麵團,使製程性佳,成品良好	妨礙損及麵包酵母活性的麵筋之氧化
對策	配方用水透過離子交換樹脂去除酸性		添加醋

※ 使用一般的自來水,不會造成這種狀況。

◇ 酒與水

　　大家都知道世上存在著美味的酒和水。將這套用到麵包時,就成了發酵麵包和無發酵麵包了,是否我們誤解以為發酵麵包較無發酵麵包美味呢?如同酒和水的美味不同一般,發酵麵包的美味,也可以在無發酵麵包的印度烤餅(naan)、薄煎餅(chapati)、墨西哥玉米餅(tortilla)當中品嚐到。這些都可以在產品豐富的麵包坊購得,提供不同麵包的美味與建議,提升麵包坊的魅力。

叮嚀小筆記

硬水這個字詞，據說起源於「洗了手，手部皮膚會變硬的水」、「煮了豆子，豆子會變硬的水」。反之，「會讓皮膚光滑柔軟的水」就是軟水，使用加茂川河水京美人的美肌就是最廣為人知的說法。

像這樣常聽到硬水和軟水的語詞，到底硬度值多少才稱為軟水，或是多高以上才稱為硬水，似乎沒有世界通用數值的基準。慣常使用的詞句，也會因國家而有相當大的差異。在此標示的是日本、德國，以及WHO（世界衛生組織）之基準。

　　＜日本＞
軟水........................100PPM以下
略硬水 ....100～150PPM
硬水.........................150～200PPM
非常硬水......................200PPM以上
　　＜WHO＞
軟水......................... 未及60PPM以下
中度硬水 ....60～未及120PPM
硬水...................120～未滿180PPM
非常硬水 1800PPM以上
　　＜德國＞
軟水...........................179PPM以下
中間硬水 ....179～358PPM
硬水...........................358 PPM以上

以德國自來水硬度分布圖來看，中間硬水，含179～358PPM的有41%、軟水20%、硬水有27%。以軟水和硬水這樣的語辭，相對比較容易區分和瞭解。

在日本自來水當中有86%以上是54PPM以下的硬度。最適合製作麵包的硬度雖無法一概而論，但一般被認為是略硬水最好，40～120PPM。在這範圍內，略高的數據在麵包製作上較良好，成品也比較不會有不均質的狀態。

表IX-2中，標示出使用軟水或硬水時，麵包及麵團的現象及對策。

日本的水，大部分是在硬度50PPM前後，因此酵母食品添加劑中幾乎都配有碳酸鈣、硫酸鈣等，以調節硬度。選擇酵母食品添加劑時，前提是要先知道使用的配方用水硬度，在新設工廠時，最重要的是務必且儘可能定期地進行水質檢查。特別是使用井水的工廠，因水質可能發生改變，因此定期檢查非做不可。

② 暫時硬水和永久硬水

水分中所含的鎂、鈣是以碳酸鹽或硫酸鹽的形式存在。其中，碳酸鹽會因加熱而沈澱，因為可以被消除，因此僅含碳酸鹽的硬水又被稱為暫時硬水。另外，含硫酸鹽的水沸騰後無法變成軟水，只能蒸餾或添加軟化劑。像這樣的硬水就稱為永久硬水。

③ 水的pH值（酸鹼度）

pH值（氫離子濃度）是製作麵包時，非常值得參考之數值。原料的pH值、中種的pH值、麵團的pH值、成品的pH值等，由這些數值中可以想像出許多狀態。

製作麵包時，被認為略酸性（pH值5.2～5.6）的水較佳，鹼性較強或是酸性太強都不太適合。水的pH值主要是影響麵包酵母活性、乳酸菌的作用、酵素作用以及麵筋的物理性等等。如表IX-3所示，因pH值的高低對麵團及麵包所產生的現象與對策。

（4）為何果醬不會發霉

自古以來，被稱為保存食品的魚乾、葡萄乾等乾燥果實、乾燥瓠瓜條、乾燥蘿蔔條等乾燥蔬菜，其他的像是糖漬或鹽漬的果醬、乾糧餅乾等。這些食品無論哪一種，都是水分少或是即使有水分，也是以濃稠溶液存在。

食品中所含的水分，大致可分為自由水和結合水。其中結合水會與蛋白質、糖類等強力結合，使其性質與水不同。即使是0℃也不會結凍，也不再有溶媒（可溶物者）的作用。因此無法被細菌或黴菌所利用，成為與腐敗沒有關係的水。

另一方面，自由水，會在0℃結凍，也有溶媒作用。因此自由水較多時，微生物活躍，也被利用在酵素分解作用上，會導致加速腐敗。在考量食品保存性或微生物的生存繁殖條件問題時，要以結合水和自由水的量來判斷相當困難，最近則是以水活性（Aw）來判定。

即使同樣從水龍頭流出的水，但通過接收槽（reciever tank）的水就不是自來水。

水活性（water activity＝Aw）的定義是，放入食品的密閉容器中蒸氣壓 P，和在其溫度下純水的蒸氣壓 P_0 之比值，也就是 P/P_0 即是食品的水活性。若是將水作為食品，則蒸氣壓 P 與 P_0 為相同數值，$P/P_0＝1$。一般的食品不會只有水，因此 P 值會比 P_0 小。微生物繁殖的水活性值，一般細菌最小是 0.90、酵母菌是 0.88、黴菌是 0.80。由此可知食品的水活性介於 0.70 ～ 0.75，則細菌、黴菌都無法繁殖，也不會導致食品腐敗地以得保存。

（5）何謂「自來水」？

在飲用水判定基準中「大腸菌群檢驗」、「一般細菌數」有著如下的規定。

在大腸菌群檢驗中，隨時要有各五份10cc檢體為陰性，或五十份檢體以上，陽性率不超過10％。一般細菌數也規定1cc檢體中不得超過100。水道法（昭和32年6月15日）第一章第四條中有關於自來水的水質基準之陳述，在此將其轉述。

第四條　以自來水設備提供的水，必須具備以下六點所陳述之要件。

　　　一、 不含病原生物污染或含有被病原生物污染之生物或物質者。

　　　二、 不含氫基、水銀及其他有毒物質者。

　　　三、 銅、鐵、氟、苯酚及其他物質的含量不超過容許量者。

　　　四、 不呈異常酸性或鹼性者。

　　　五、 無異常氣味，唯因消毒之氣味不在此限。

　　　六、 外觀幾乎無色透明。

2.關於上述各條各項之基準，其必要事項皆以厚生省令來制定。

此外，本條文中提及「以自來水設備提供的水」，是由給水栓所流出的水，一旦通過接收槽（reciever tank）的水，就不能算是「自來水」而視為「自來水以外的水」。必須要注意的是，要很清楚知道自己使用的是「自來水」或是「自來水以外的水」。

還有殘留的氯濃度，雖說幾乎沒有影響，但依其與淨水場之距離也有無法忽視的時候。殘留的氯濃度越高，也有因而阻礙麵包酵母活性的例子，請多加留意確認。

麵包製程篇

在此，將麵包攪拌後至烘焙完成、冷卻的製程，共分成十個階段，再將每個階段各別以易懂方式加以說明。瞭解製作麵包的原料、製作麵包的製程以及方法，再實際進行操作，那麼麵包製作的基礎教育即已完成。接著前方深廣的未來，切不可忽視技術也不能無視理論，如車輪般務必均衡地練習，才能早日成為獨當一面的技術者。

Ⅰ 攪拌

在現代機械化製作麵包時，最能顯示個人技術優劣的重要製程，就是攪拌。認知這件事，並窮盡眼、耳、手等五官所感知的能力，體會最適當的攪拌狀態是非常重要的事。

麵包的優劣，如果說大半取決於攪拌製程也絕不過分。製作麵包時，攪拌的意義是麵粉與水混合、進而結合並形成強大的麵筋組織，連同澱粉和油脂，盡可能地形成能有效保持住麵包酵母所釋出二氧化碳的薄膜。

（1）事前處理是關鍵

為完成攪拌製程而必須有周全的準備。那就是①決定製作麵包的方法（需考慮製作量、機器設備、工具、勞動力、銷售形態、消費者喜好等）②決定配方的比例（麵包酵母、砂糖、鹽等的均衡、全體材料的均衡、定價、消費者的喜好等）③探尋調查原材料（水的硬度、麵粉的灰分量、酵母食品添加劑的氧化劑量、酵素劑的種類、用量及純度、甜味料的種類、乳製品的種類、油脂的主要原料與品質）等，但其他更重要的是④原料的事前處理。

像是麵粉過篩可以除去異物和結塊，同時更重要的是可以讓粉類中飽含空氣。藉由這樣的動作，可以增加麵粉外觀容積15%，也與增加吸水有關。（最近的麵粉雖然不需要這樣的事前處理，但沒有添加酵母食品添加劑時，就氧化的意義而言仍有其作用。）

此外，脂脫奶粉也易於產生結塊、不易溶解，因此務必用砂糖或粉類來使其分散，或是事前先將其溶於水中。

油脂揉入麵團時，適當的軟硬度非常重要，必須避免由冷藏庫取出後立即使用，或是長時間放置在近40℃高溫的場所。

更必須要注意的是，預先將麵包酵母溶入部分的配方用水中，使其溶解，微量添加物的酵母食品添加劑必須使其均勻分散在麵粉當中。溶解麵包酵母的水，不能過於高溫或低溫。

其他，還有使用全麥粉或葡萄乾的事前處理等等，隨著麵包項目種類的擴大以及攪拌後的操作，事前處理對成品品質有大幅的影響。

（2）攪拌的目的

攪拌的目的大致可分為以下三種。

① 使原料分散並均勻混合。

② 使空氣進入麵團中。

③ 製作出具適度彈性和延展性的麵團。

攪拌時，低速攪拌的目的主要就在於分散、均勻。特別是麵包酵母或酵母食品添加劑等微量添加物，使其完全均勻分散，是為了達到均勻發酵所不可或缺的條件，並且不要施以過大的荷重。藉由最初開始的高速攪打，以防止原材料的飛散耗損。

另一方面，中、高速攪拌的目的，是為了使空氣進入麵團（以麵團中所含的空氣為中心，以集結因麵包酵母所生成的二氧化碳。因此空氣混入不足時，氣泡數會減少變成氣泡粗糙的麵包），並且製作出具適度彈性和延展性的麵團。要如何才能有效地利用麵粉中所擁有的蛋白質特性，以形成麵筋組織，並且保持麵包酵母所生成的二氧化碳，這正是麵包製作的重點。

攪拌時，低速攪拌和高速攪拌的作用，截然不同。即使低速攪拌較平時多了幾倍，也無法期待能攪打出高速攪拌之效果，但無論事情再多再忙，若是過度使用高速攪拌，也同樣無法做出優質的麵團。

為了製作出優質麵包，最低攪拌速度就稱為臨界攪拌速度。這個速度以下是無法攪拌出良好的麵團與麵包的。

攪拌初期過度使用高速攪拌，會使得粉類與水的接觸面急遽地形成麵筋，阻礙副材料溶於水中，在麵團中就會殘留下未完全進行水合作用的部分。水和粉類最能順利地完成混拌的比例被認為是1：1，也有在開始時先用一半用量粉類的方法。

比較必要最小限度之低速攪拌，與製作方法和配方的關係，發現可分成2分鐘左右（吐司麵包中種法正式揉和、液種法正式揉和），和必須4分鐘以上（糕點麵包加糖中種法正式揉和、吐司麵包直接揉和法、液種法）這兩種。

就像曾經一時之間蔚為話題的連續麵包製作法，在完全密閉的狀態下，幾乎與混入空氣無關地，僅只利用麵粉中所含的空氣和氧化劑的力量，作為代用的方法。

攪拌的目的，如前述是將原料均勻分散和混合、麵粉的水合、再加上與麵筋的結合展延，為了要達到這些效果，攪拌機必須的動作有以下三種。

① 經由攪拌槳對缽盆的壓縮和敲叩

② 延展

③ 捲入及折疊

當然現在市售的攪拌機都能符合這些條件，即使是用手揉和時，也必須要將這三點常記於腦海中以利製程。再者，可說與此完全相反但卻非常重要。即是滿足此三要素之全部或部分的製程或工程，即為攪拌。可適用於此，像是丹麥麵包的捲動或三折疊的操作，並以長時間發酵。

另一方面，過去長久以來的攪拌理論，被忌談的攪拌機作用，也就是像切斷、摩擦、拉斷等，隨著機器、化學的發達也導入了攪拌機當中，像Stephan mixer(3000轉／分)、Tweedy mixer(300轉／分)即為其例。這些攪拌機與至今出現過的攪拌機不同，可以利用切斷、摩擦、拉斷等，使原料更快速產生水合作用，還可以期待氧化劑使麵筋結合的攪拌理論，也於此展開。

如現在的間歇式系統(batch system)般，混合需要10多分鐘～20多分鐘的攪拌機結構，對於麵包製作產業的近代化，反而是最大的障礙。將來應該會有更短時間即可得到相同效果的產品出現吧。

(3) 攪拌的5個階段

M.J. Swartfiger將攪拌過程，依其外觀及物理性狀分成以下5個階段。在日本這樣的觀點也最常被運用，介紹給大家。

① 拾起階段（Pick-up Stage）（抓取階段）

將麵粉、砂糖、脫脂奶粉等原料加入水中混拌，無法形成麵團。沾黏狀態，材料分布不均，無論哪個部分都能容易被抓取下來。

② 成團階段（Clean-up Stage）（水分吸收階段）

進入這個階段，攪拌機由低速轉為中速。麵粉等包覆水分，終於黏結成團。麵團整合後缽盆也變得乾淨了。但麵筋形成較少，即使將麵團推展開，麵筋薄膜較厚且薄膜切口是凹凸不平的。

③ 完成階段（Development Stage）（結合階段）

隨著麵筋結合延展、水合作用之進行，外觀開始變得光澤滑順。將麵團推展開時，麵團是具延展性且連結狀況良好，抗延展的彈力也很強。麵團會沾黏在攪拌槳上，但碰撞到缽盆時會有乾澀的鈍器聲。

＊ 擴展階段（Final Stage）（最終階段）

完成階段後半就是擴展階段。麵團會沾黏在攪拌槳上，但敲叩在缽盆上時，會沾黏在缽盆上，感覺到其延展性。敲叩至缽盆時聲音變得濕潤且尖銳。

推展開麵團，可以延展成光滑且薄的狀態、乾爽。在擴展階段會因攪拌機的種類而不同，僅約數十秒，確實掌握住這個狀態是麵包製作工程中最重要的技術。

④ 攪拌過度階段（Let-down Stage）（斷裂階段）

再接著繼續攪拌，麵團會失去彈性，呈現濕潤的表面，並且異常沾黏。推展開麵團時，麵團完全沒有抵抗能力，薄且流動般地向下灘流。因而被稱為過度攪拌階段。

但使用優良的製粉製作吐司類麵包時，略微的過度攪拌，也可以利用較長的發酵時間或中間發酵彌補，以製作出具安定性的優質麵包。初期攪拌過度階段的麵團，會烘烤出內部顏色偏白且氣泡孔洞細小的麵包。

◇ 直接法（Basic dough）

製作麵團的方法之一，主要用於高配方的麵包，用於想要製作出酥脆口感的麵包，又稱為逆向製作法。一般麵團都是在製作後半才添加油脂，但以此方法製作奶油蛋糕時，先用攪拌器將油脂和砂糖攪打成乳霜狀，之後加入雞蛋和乳製品，再加上粉類，以勾狀攪拌器攪拌。麵包酵母溶液則在粉類加入稍加混拌後再添加為宜。如此就能將麵筋的結合減低至最小限度，成品的口感也會像蛋糕一般。

叮嚀小筆記

⑤ **斷裂階段（Break down stage）（破壞階段）**

　　實際上是不可能將麵團攪拌至這個階段。麵團出現暗沈、完全失去彈力、明顯的黏著。除了物理性的損傷之外，酵素的破壞也很大。

　　這個階段已無法進行麵團的推展了。一般斷裂階段是不列入的，在此試著將其加入以供參考。

（4）何謂最適度的攪拌⋯

　　因為有最適度攪拌狀態，那麼也會有攪拌不足和攪拌過度的狀態。若把最適度的攪拌狀態想成是絕對狀態，那就是非常嚴重的錯誤了。例如因成品、製作方法、配方或是發酵時間不同，攪拌完成時最適當的麵團狀態也會隨之不同。更不要說使用機器、工具相異的麵包工廠，即使製作相同的麵包，該工廠最適度的攪拌狀態，未必能同樣適用於其他工廠。

　　在此想要指出最適度攪拌並不是絕對的，會因成品、製作方法而有所不同，結論是烘焙出最美味優質麵包的攪拌，就是最適度的攪拌。所謂的最優質，不單指氣泡孔洞，若是藉由過度攪拌來彰顯其特徵時，對麵包而言那就是最適度之階段。

　　無論如何，沒有試著揉和、烘烤麵包是不會知道的，但在某個程度上，仍可以想像思考麵包成品、製作方法、原料、特別是麵粉性質（蛋白質的質、量）等。

　　但在此必須要注意的是：

　　「麵團很好，但成品卻不好」

　　這樣的想法。當成品不佳時，首先必須要懷疑－是否是麵團不好。

　　＜最適度的攪拌＞

　　最適度的攪拌如前所述，麵包會因類型不同而異，主要使用的是高筋麵粉，試著設定為製作柔軟麵包的麵團時，所謂最適度的攪拌，就是在麵筋組織的抵抗力最強至略減弱，延展性出現的時間點。推展麵團時，會呈現均勻的半透明薄膜、乾爽狀態，製程性佳，烘烤完成時的成品也很好。

　　＜攪拌不足＞

　　除了原料混合不均等問題之外，初學者大都會在此階段就以為麵團完成了。這樣的麵團製程性不佳，烘烤出的麵包也會小且氣泡膜厚實。

　　＜攪拌過度＞

　　所謂攪拌的程度，也會隨著時代而有所不同。這是因為小麥品種改良、製粉技術提升、麵包製作機器發達、再加上麵包製作技術提升，總之相較於過去的時代，攪拌時間真的變長了。

　話雖如此，但極端地過長時間攪拌，會使麵團缺乏抵抗力(彈力)、不均勻、製程性差。此外，麵包容積變小，柔軟內部的氣泡膜變厚，幾乎與攪拌不足呈現同樣的狀態。但若使用的粉類良好時，略微的過度攪拌，可能還可以藉由略長的中間發酵或發酵時間使其回復。有些人認為容積及氣泡或許比標準成品會略好一點點，但味道卻略遜一籌(圖Ⅰ-1)。

　過度攪拌，是造成麵團結合力變差、鬆弛的原因，而因機器的連續操作，使得麵筋被延展成較其結合所需大，致使喪失彈性，導致黏性增加，其他還有因酵素而造成蛋白質及澱粉的分解、還原物質的活性化以及麵筋的再分解等等。

＜圖Ⅰ-1＞標準攪拌狀態與麵包種類

拾起階段(Pick-up Stage)　　　　　● 丹麥麵包
　　　　　　　　　　　　　　　　　● 德國麵包

成團階段(Clean-up Stage)　　　　 ● 長時間發酵的法國麵包

完成階段(Development Stage)　　　● 變化型麵包
　　　　　　　　　　　　　　　　　● 法國麵包

擴展階段(Final Development Stage) ● 直接揉和法吐司麵包
　　　　　　　　　　　　　　　　　━ 中種法吐司麵包
　　　　　　　　　　　　　　　　　━ 速成法吐司麵包
　　　　　　　　　　　　　　　　　● 冷藏麵團
　　　　　　　　　　　　　　　　　● 冷凍麵團
　　　　　　　　　　　　　　　　　━ 漢堡麵包

攪拌過度階段(Let-down Stage)

（5）影響攪拌時間的材料

　揉和麵團，每天每次攪拌的時間都會有微妙的差異。即使是相同的麵團，打算以相同條件進行揉和，但攪拌時間還是不同，這是因為影響的因素太多所致，在此將主要原因列舉如下。

＜鹽＞

　眾所皆知，鹽具有緊實麵筋組織的效果，因此在延長攪拌時間的同時，也同時提升了安定性。在美國，大多採用後鹽法，就是在攪拌完成的4～5分鐘前，藉著添加鹽，將攪拌時間縮短20%、約3分鐘左右。

<砂糖>

可以使麵團更容易產生延展性，雖看似無關但實際上隨著使用量的增加，攪拌時間也會隨之拉長。問大家多糖麵團的攪拌時間長嗎？可能大部分的人都會回答「糕點麵包的攪拌比吐司麵包短」吧。

這是因為橫向型攪拌機，以轉動次數與攪拌槳的構造而言，隨著攪拌時間拉長，相較於緊實效果，不如說延展效果更為顯著，因此可以縮短時間，是現實上非常正確的方法。但多糖麵團的麵筋形成較緩慢也是事實，原因在於砂糖粒子會阻礙麵筋組織的結合。

<脫脂奶粉>

脫脂奶粉即使分散於水中，也不會立即溶解。當固體物質存在於麵團中，這些也是造成麵筋組織形成緩慢的原因。

<乳化劑>

雖然種類繁多，無法一概而論，但一般使用的都是能延長攪拌機耐性的種類。

<還原劑>

經常使用的是半胱胺酸和穀胱甘肽，無論哪一種都能縮短攪拌時間。特別是半胱胺酸添加20～30PPM就能縮短30～50%的時間。

<酵素劑>

雖然澱粉酶類在開發製作前被認為沒有太大的差異，但在開發製作之後，其作用急遽表現出來，大幅地縮短了擴展階段的時間。蛋白酶類不僅具有軟化麵筋組織、縮短攪拌，也縮小其後的耐性。

<麵粉蛋白質的量與質>

蛋白質含量多時，應結合的麥穀蛋白和醇溶蛋白的量也較多，攪拌時間會變長。同時，麵粉蛋白量與適度的攪拌速度間有其相關性，高蛋白質的麵粉要用高速攪拌、低蛋白質的麵粉要用低速度才適合。再者，優質蛋白質的攪拌耐性也較大。

<吸水>

麵團看起來柔軟時，充分進行攪拌後就能讓麵團看起來具滑順感，但實際上，吸水越多就需要越長的攪拌時間，最適度的攪拌時間範圍也增加。相反地，硬質麵團一般攪拌會較快完成，最適度的攪拌時間範圍也較小。

<中種量、中種發酵時間>

中種的比率越高，中種的發酵時間就越長，但正式揉和的攪拌時間會變短。

＜麵團發酵時間＞

速成法較長，長時間法則是略短時間的攪拌即可。

＜麵團溫度＞

麵團溫度越高攪拌時間越短，耐性也越低。反之，麵團溫度較低時，麵團的結合較為遲緩，因此攪拌時間會變長。

＜pH值＞

pH值降低時，攪拌時間也會變短，擴展階段的範圍也越小。

＜圖I-2＞標準麵團的硬度

硬

● 丹麥型丹麥麵包

● 維也納型皮力歐許

● 法國麵包

● 各種變化型麵包（添加其他粉類）

● 糕點麵包（菓子麵包）

● 吐司麵包

● 甜麵包卷

● 法式皮力歐許

● 英式瑪芬

軟

麵粉主要成分的水合能力

成分名	構成比例(%)	水合力
健全澱粉	60～70	0.44
損傷澱粉	3.5～4.5	2.00
蛋白質	6～15	1.10
戊聚醣	2.8～3.2	—
水溶性戊聚醣	0.56～1.32	6.3～9.2
不溶性戊聚醣	1.5～2.5	6.7～8.0

（6）何謂最適吸水…

吸水，與攪拌相同，能夠烘焙出最佳麵包狀態的吸水，就是最適吸水，也會因使用機器、工具和製作方法而異。吸水，最大的問題就在於與製程性之關連。

過軟時容易造成機器性的問題，反之太過於執著於製程性時，製作出的堅硬麵團也更是問題（請參照圖I-2）。

（7）影響吸水的材料…

＜麵粉蛋白質的質與量＞

麵包用粉的蛋白質量，一般而言在10.0%以上（麵包用粉類至少都必須有9.5%以上的蛋白質），但灰分相同時，會因蛋白質增加而吸水增加。

＜損傷的澱粉量＞

通常麵包用粉類中約含4%，但過多時可以發現吸水變多，而發酵過程中會釋出多餘的水分，因而容易產生沾黏，造成麵團的鬆弛。以健全澱粉取代損傷澱粉時，約會增加5倍的吸水量。

<脫脂奶粉>

一般而言會增加等量的水分，但實際上使用1%，約會增加0.6～0.7%。

<砂糖>

使用5%，則吸水會減少1%。使用液態糖時，必須先計算水分含量求出吸水值。

<酵素劑>

會因添加量的增加、純度或力價變高而減少。也會因產品不同，因發酵後半變得鬆弛，故而先將配方設計成略硬的麵團。

<製作方法>

即使是相同的配方，吸水方面，中種法少於宵種法(長時間低溫)，直接揉和法更少於中種法。這是因為以酵素作用為主的麵團軟化，所產生的必然傾向。

<預備用量>

看起來似乎是較少的吸水，但因後半會釋出水分，所以不可以加入過多的水分。

<熟成時間>

時間越長越多，但這會依粉類水分減少而有很大的差別。

<麵團溫度>

溫度越低吸水越是增加，溫度越高吸水則越少。根據麵團攪拌儀測定結果，麵團溫度每上升5℃時，會造成吸水率3%的增減。

<圖I-3> 麵粉的成分 (高筋麵粉)

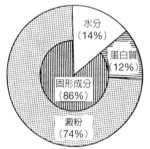

<圖I-4> 麵團中水分的比例

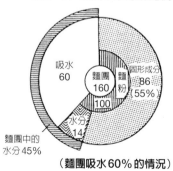

(麵團吸水60%的情況)

配方用水的水溫計算公式

$$\frac{粉類溫度(Tf) + 配方用水溫度(Tw)}{2} = 麵團溫度(Td) \cdots a$$

$$\frac{Tf + Tw + 室溫(Tr)}{3} = Td \quad \cdots\cdots b$$

<加上攪拌機混拌揉和上升溫度(Tm)的修正式>

配方用水的水溫(Tw) = 2(Td − Tm) − Tf $\cdots\cdots$ a'

Tw = 3(Td − Tm) − Tf − Tr $\cdots\cdots$ b'

（8）配方用水溫度計算方法

　製作麵包時，必須注意的是溫度、時間和重量，其中特別是麵團溫度最為重要。為使麵團溫度能如預定地提高，我們會採用①利用冰②使用冷卻水③對攪拌缽盆裝設冷卻設備等方法。在此對使用冷卻水、溫水加以說明。

　可以由a的算式中導出，配方用水溫度和粉類溫度平均為麵團溫度。但室溫與麵團溫度有相當差異時，或配方用水量少時，很容易受室溫影響，a算式中必須加入室溫（b公式）來計算。實際上，除了這三個重要因素之外，還有來自於外部因發熱產生的能量（摩擦熱），和粉類吸收水分的水合熱（加水熱）。

　我們將攪拌機混拌揉和上升的溫度（Tm）稱為摩擦熱，a及b的算式修正成a'和b'，實際上水合熱也包含在Tm之中。這個修正值，中種時是2.5～4.0℃（當然室溫較低的冬季是2.5℃、夏季在4.0左右）、正式揉和約是7～12℃，配方用水的溫度經常就會出現負數。

　例如，希望揉和完成的溫度是27℃時，室溫25℃、粉類溫度23℃，預估揉和上升溫度為9℃時，

Tm ＝ 3（27 － 9） － 23 － 25 ＝ 6

也就是使用的配方用水溫度為6℃。並且中種法正式揉和時的水溫計算，如下列算式。

Tw ＝ 4（Td － Tm） － Tf － Tr － Ts

（Ts ＝ 中種終點溫度）

◇ 使用冰塊的配方用水，水溫計算公式

　夏季，依公式計算配方用水的水溫時，經常會出現負數的情況。在此要介紹的就是冰塊的用量計算法。

叮嚀小筆記

$$冰的用量 ＝ \frac{配方用水量 ×（自來水溫度 － 配方用量水溫之計算值）}{自來水溫度 ＋ 80}$$

例如：配方用水量1000g　自來水溫度25℃

　　　配方用水溫度之計算值 -8℃　冰的融解熱 80大卡

$$\frac{1000 × \{ 25 － （-8）\}}{25 ＋ 80}$$

$$＝ \frac{33000}{105}$$

$$＝ 314.3$$

冰塊用量：314.3g

25℃的水來水用量：1000g － 314.3g ＝ 685.7g

（9）關於麵粉的水合

麵粉的成分如圖I-3所示，但其中加上麵團吸水的60%水分，麵團中的水分就會成為圖I-4。製作美味麵包的必要條件，就是完全進行水合作用後才進行烘烤，所以需要注意以下各點。

① 粉類粒子越大水合時間越長，所以發酵時間也會與之對應。

② 不添加鹽的麵團，擴展階段會快2～3分鐘。這是因為麵團不會緊縮而水合作用較快。添加了鹽的麵團，或是添加了大量砂糖的麵團，水合會較緩慢。

③ 一般的麵團，pH值越低水合越快。

④ 相較於硬水，軟水會更順利地進行水合作用。

⑤ 蛋白酶等酵素劑，或是半胱胺酸等還原劑加入麵團時，會提早水合作用。

⑥ 水分均勻地分散混合在粉類之中，是水合作用完全的第一要務。

＜圖I-5＞SS基與SH基的交換反應

摘自藤山諭吉著作的『製作麵包的理論與實際』

叮嚀小筆記

◇ **麵團揉和完成時的溫度**

直接揉和法、速成法、中種法等製作方法的麵團揉和完成溫度，看似各不相同，但這些溫度並非單純地只是由經驗中所獲得，而是有其固定原則而來。也就是無論什麼樣的麵團，放入烤箱時的麵團溫度都會是在32℃左右。

麵包製作製程中，最希望麵團能大幅延展的時間點，即是放入烤箱後的5～7分鐘之間，麵包酵母的作用最活躍的溫度就是在32℃附近。若以2小時發酵的直接揉和法為例，麵團揉和完成溫度在27℃、發酵時間1小時溫度約上升1℃，所以2小時會是29℃，接著進入38℃濕度85%的最後發酵約40分鐘，會上升3℃左右。結果，就是確保放入烤箱時的麵團溫度為32℃。請務必確認自己製作的麵團，在發酵完成後究竟溫度到達幾度。

❖ 知道 unmixing（過度攪拌）嗎？

　　一般社團法人日本麵包技術研究所提供的照片。①最適度攪拌狀態下停止攪拌機，烘烤完成，麵包容積是2190cc、②最適度攪拌狀態後，再持續以低速攪拌2分鐘，烘烤完成麵包容積是1839cc（-351cc）、③再持續以低速攪拌2分鐘（合計4分鐘），烘烤完成麵包容積是1623cc（-216cc）、④再持續以低速攪拌2分鐘（合計6分鐘），烘烤完成麵包容積是1571cc（-52cc），亦即是從最適度攪拌狀態開始，至持續進行6分鐘低速攪拌，容積減少了619cc（28.3%）。⑤接著將麵團以高速攪拌5分鐘，烘烤完成麵包就回復到接近最初的容積2167cc。當最適度攪拌狀態的麵團再持續低速攪打，致使麵包容積減少的現象，就稱為「unmixing」過度攪拌。或許有讀者會納悶這樣的知識有什麼用處呢？但意外地在沒有察覺時，我們都已經這麼做過了。例如，麵團溫度過高或過低時、添加乾燥水果、麵團中揉和堅果類…，雖說麵團狀況較差也確實是如此，但請一定要瞭解當完成的麵團，再以低速攪打，會造成麵包容積的減少。然後請盡量避免如此的操作行為。請不要就放棄地認為葡萄乾麵包，一定會減少葡萄乾重量相當的體積。只要多下點工夫，完美的製作是指日可期的。

因 unmixing 造成的麵包品質變化

攪拌條件	① L4ML3MH4 ↓（油脂） L2ML3MH3	② ① + L2	③ ② + L2 （① + L4）	④ ③ + L2 （① + L6）	⑤ ④ + MH5 （① + L6MH5）
麵包容積(cc)	2190	1839	1623	1571	2167
比容積	5.60	4.56	4.01	3.85	5.56

麵包製法：吐司麵包：高筋麵粉100%、砂糖5%、鹽2%、酥油4%、粉末麥芽精0.3%、水27%、VC30ppm、揉和完成溫度調整至28℃、發酵時間20分鐘

一般社團法人日本麵包技術研究所提供

<圖 I-6> 各種攪拌機及攪拌槳

Hook Type
（低、中、高速兼用）

Werner Type
（低速）

Artofex Type
（低速）

Flat Type
（低速、中速）

3支攪拌槳

Z型4支攪拌槳

4支攪拌槳
（具有突起的類型）

（摘自桜井正美先生的
『思索攪拌』）

<圖 I-7> 直立型攪拌機與勾狀攪拌槳的攪拌軌跡

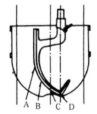
勾型攪拌機的結構

（摘自桜井正美先生的
『思索攪拌』）

A點軌跡

B點軌跡

C點軌跡

D點軌跡

＊ 由A點朝上攪拌的效果較強（麵團有緊實傾向。）
＊ 隨著B點朝C、D點攪拌時的按壓，使得延展效果較強（鬆弛的麵團）。

各 種 攪 拌 機

臥式攪拌機

直立式攪拌機

傾斜式攪拌機（Slant Mixer）

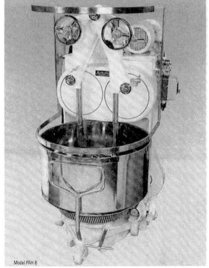

Artofex Mixer

Stephan 攪拌機

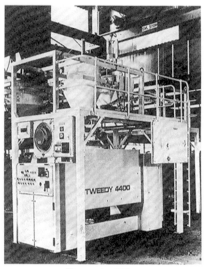

Tweedy Mixer

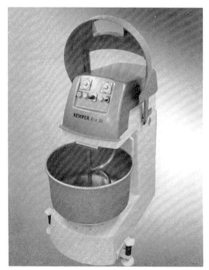

螺旋式攪拌機（Spiral Mixer）

（10）麵筋的結合

麵粉蛋白質的主要成分麥穀蛋白與醇溶蛋白，具有藉由水分而製作出稱為麵筋的巨大分子之特性。

麵筋結合的形態，有①S-S結合、②鹽結合、③氫結合、④水分子間的氫結合等4種，但最近酪胺酸（tyrosine）的交叉結合也成了話題。其中最重要的是①的S-S結合，就是SS基與SH基的內部轉換。麥穀蛋白和醇溶蛋白當中，每一定間隔內就存在著胱胺酸（cystine）以及含有硫化物的胺基酸。

硫化物被氧化，成為S-S結合的形式，或是被還原成SH基的形式，取決於麵筋的強度和麵團的結合狀況（請參照圖I-5）。

　過去麵團中的麵筋被認為是因攪拌而緩緩增加而來，最近藉由可視化技術的發展，可以看出藉由麵粉中添加水分，就能在短時間內形成塊狀麵筋組織並分散在麵團中。

　攪拌麵團結合麵筋組織，其實是將分散在麵團中的塊狀麵筋攪散，使其均勻分散在麵團中，將其拉開並延展。

＜圖Ⅰ-8＞臥式攪拌機的攪拌作用

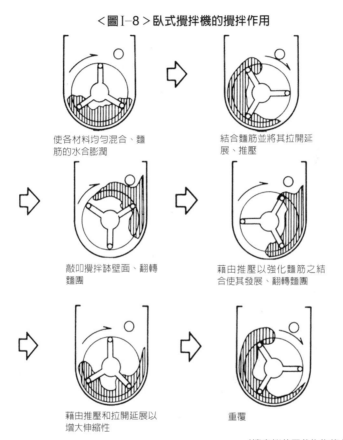

使各材料均勻混合、麵
筋的水合膨潤

結合麵筋並將其拉開延
展、推壓

敲叩攪拌缽壁面、翻轉
麵團

藉由推壓以強化麵筋之結
合使其發展、翻轉麵團

藉由推壓和拉開延展以
增大伸縮性

重覆

（摘自桜井正美先生的『思索攪拌』）

（11）攪拌機的種類

　現在日本一般最常使用的攪拌機，適合小型麵包屋使用的是直立式攪拌機，而中、大型麵包店就比較適合臥式攪拌機。這是依其攪拌軸構造來進行分類，垂直型稱為直立式、水平的稱為臥式。

其他法國麵包用的是Artofex型攪拌機或是傾斜式攪拌機。這些也稱為麵筋薄弱結合型攪拌機，與前述的兩種麵筋結合型攪拌機的區隔非常清楚（請參照圖I-6）。最近大部分使用的是螺旋式攪拌機。以低速為主揉和出法國麵包，可以做出具Q彈口感的麵團，很受歡迎，但製作吐司麵包等，很容易製作出高速攪拌使用過度、或揉和過度的麵團，因此必須要特別注意分辨出攪拌完成的時間點。

在此不可被遺忘的是Tweedy mixer以及Artofex Mixer。相對於過去以來的低速、高速攪拌機，被稱為是超高速攪拌機（請參考照片）。

＜圖I-9＞麵團攪拌儀測定之判讀方法

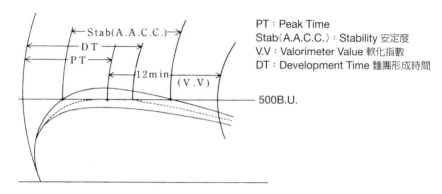

PT：Peak Time
Stab(A.A.C.)：Stability 安定度
V.V：Valorimeter Value 軟化指數
DT：Development Time 麵團形成時間

（12）攪拌機的注意重點

攪拌機非常重要的確認重點，直立式攪拌機是勾狀攪拌槳（hook）的直徑、旋轉數、周邊速度（＝勾狀攪拌槳的旋轉直徑 × π × 旋轉數）、間隙距離（clearance）；更重要的是勾的形狀（請參照圖I-7）。臥式攪拌機則是攪拌器（agitator）的直徑、長度、旋轉速、周邊速度與間隙距離（clearance）。

直立型攪拌槳的形狀也同樣重要，攪拌槳的數量大約是3支或4支，直線型或彎曲型等差異，會讓完成的麵團產生相當明顯的不同（請參照圖I-8）。龍爪槳（dragon Hook）也成了話題，可以想成是直立式攪拌機中添加了螺旋式攪拌機的要素。

所謂的間隙（clearance），指的是攪拌筒（攪拌缽盆）與攪拌槳的間隙，由麵團的物理性來看，會依每次預備的麵團用量（攪拌機的大小）或麵團的軟硬而有最適切的數據。當這個間隙距離太小時，雖然可以縮短攪拌時間，但切斷麵筋組織等破壞作用也會變強，導致成為沒有彈性、沾黏的麵團。但若是這個間隙距離過大時，麵團的攪拌、延展也會變差，浪費地將攪拌時間拉長，完成不具延展性的麵團。

此外，確認重點中，提高周邊速度之外的回轉數，是因為即使周邊速度相同，大型攪拌機與小型攪拌機的旋轉速度當然也不相同，而臥式攪拌機敲叩到攪拌缽的次數也會隨之相異。

（13）麵團攪拌儀測定（farinogram）的判讀方法

所謂麵攪拌儀測定，是布拉德班公司（Brabender）用名為farinograph的機器測得的結果，目的在於測定粉類類型、吸水以及機械耐性。攪拌機的大小，有對應麵粉300公克或50公克的兩種。以滴管加入水分，以發電機（dynamo）測定加諸於攪拌槳的抵抗力，記錄成圖表的裝置中，以彎曲線的中央為高點500BU（Brabender Unit），進行吸水調整。圖表上高點經12分鐘以上持續。

這個彎曲圖表的判讀方法有很多種，由圖表上的形狀可判讀出麵團形成的速度、高點時的硬度持續性、揉和耐性等，並可將其以數值表現出來。

所謂的V.V（軟化指數Valorimeter Value），是利用此裝置附屬的測定板來讀取數值，這個數值在麵團攪拌儀測定圖表上綜合地標示，就是麵團攪拌儀測定的代表數值。高筋麵粉的吸水、麵團形成時間（Development Time）、安定度（Stability）越大，弱化彎曲度越平緩的越好，低筋麵粉則相反（請參照圖I−9）。

◇ 麵團的景色與臉色

剛開始麵包製作時，前輩們告訴我「務必要記得攪拌缽盆內麵團的樣子（景色）」、「務必要記得烤箱內延展良好麵團，在最後發酵完成時麵團的狀態（臉色）」。確實在攪拌缽盆內麵團的樣子，吐司麵包、糕點麵團、法國麵包，各有其不同的特徵。這些都是因均衡的配方、吸水等而達成的，所以記住這個樣子就能在製程時進行調整。經常有運動選手會記住理想的踩踏時機等等「意象訓練IMAGE TRAINING」，麵包的製作也一樣。記住烘烤出優質麵包時缽盆內的狀態，也記住分割、整型時的麵團、完成發酵時的麵團狀態。想要做出自己心目中的理想麵包，從對麵團的感覺開始，若能想像出成品的樣貌，應該就足以獨當一面了吧。

叮嚀小筆記

II 發酵

　　法國麵包那股誘人的香氣和風味，就是源自於發酵。曾有一段時間，大家認為添加了大量副材料的麵包才是高級品，也才是製作美味麵包的最佳方法，但到了最近，終於重新檢視了源自發酵的香氣及美味，這真是令人欣喜的事。

　　無論如何，麵包最大的特徵為發酵食品。那麼所謂的發酵又是什麼呢？又為了什麼目的呢？只要是麵包專業人員都會知道，發酵是麵包製作上最重要的製程，但實際上卻是最難掌握、難以捉摸，甚至讓人想要迴避的難度。

　　其他的製程，像是攪拌等，某個程度上有純科學研究與實際操作的連結，實際操作時也可以積極地試著理解、運用，但提到發酵，感受不到研究室與實際操作間的連繫，麵包企業以其企業體自身認為可行的方式理解發酵製程，相關業界也都是以自身認定的方式來定義發酵製程。

　　在此，我想或許有必要對於發酵的定義，以及在麵包製作上的發酵，加以整理釐清。

（1）何謂適當的熟成…

　　在麵包業界，適當的熟成指的是以下說明。

　　「麵團中佔最大量的澱粉，因酵素作用而適度地分解，部分成了酵母營養來源的糖類，有助發酵的持續。同時，使麵團整體的物理性成為具適度延展性、黏性及彈性等物質。

　　另一方面，蛋白質也如澱粉般因酵素作用而分解，使麵團更具延展性地進入氧化作用。看似矛盾但實則是使麵團具有緊實作用。此外，麵團中其他各成分亦同時地進行著酒精發酵、乳酸發酵、以及其他有機酸為主，所生成的複雜芳香性物質，進而成為令人喜愛的麵包香氣。」

<表II-1> 麵包製程上最適當時間的辨識方法

		未及（早）	適當	太過（遲）
中種完成時	麵團表面	乾爽具張力	略濕、弱	濕潤、沾黏
	內部狀態	細緻、氣泡膜略厚、乾爽	細緻、氣泡膜薄且略沾黏	粗糙、氣泡膜厚且沾黏
	抓取麵團	有抵抗力、延展	抵抗力弱、易斷	沾黏、斷裂
基本發酵完成時（floor time）	麵團表面	沾黏	乾爽	乾爽
	滾圓時	重且紮實	略有彈性、光滑	彈性強、不易滾圓、易斷
	延展成薄膜時	可以漂亮延展	薄膜中有5～6層	厚且易斷
中間發酵完成時（bench time）	麵團表面	彈力強、沾黏	乾爽、略鬆弛	沒有彈力、攤軟
	整型時	形成中央部分易斷	排氣良好、具彈性	無法保持住氣體、沾黏

〔註〕此表格為各製程時間長短之比較，而非比較基本麵團的未及或過度狀況。※ 設定為70% 4小時中種法。

<表II-2> 完成品的辨識方法

		未及（早）	適當	超過（遲）
外觀	表層顏色	略紅、色濃	色澤豐富明亮、黃金褐色	淡色
	表層質地	厚且硬	薄且脆	有斷裂、底部隆起
內部狀態	內部顏色	略有暗沉	白且具透明感	雖具透明感但有暗沉
	氣泡孔洞	氣泡膜厚、圓形、延展不佳	均勻延展、氣泡膜薄且均勻	氣泡膜薄但不均勻、粗糙
	觸感	沈重、紮實	柔軟、滑順	雖然柔軟但部分有硬塊
味道、香氣		清淡略帶甜味	柔軟且香醇、口感良好	酸氣、異味、酸味強

當然，麵包酵母的氣體產生活躍，而且具有充分包覆氣體的能力。

相對於此，所謂未熟成或未及的麵團就是未達適當熟成的麵團，而稱為過熟成或太過的麵團，就是已超過最適當時間的麵團。這個情況明顯時，過熟成的成品或未熟成的成品都有類以的性狀。此時可以利用烘烤色澤、味道及香氣來判斷。

為製作出完熟的麵團，各個麵包製程應該都有最適狀態，因此將特徵以70%中種法為例，記述如表Ⅱ-1。即使烘焙出成品，也會因麵團未熟成、適當熟成或過熟成，而有不同的外觀、內部狀態、香氣及味道（請參考Ⅱ-2）。

（2）影響氣體產生能力的材料

麵團中對氣體產生最具影響力的，首先就是麵包酵母的量與質、還有糖的用量與種類。其他還有酵素力、損傷澱粉量、麵團溫度、麵團硬度、酵母食品添加劑的種類和用量、鹽量、麵團pH值等這些重要因素。麵團中，這些重要因素並非各自作用，而是互相以複雜的脈絡交織產生二氧化碳。

例如，麵包酵母的配方用量很多，但若是配方中不含糖，則只有前半段會急速地產生氣體，以整體氣體產生量來看，與使用少量酵母時沒有太大的差異。

麵包酵母會因其種類不同，而有前段產生大量氣體、或後段產生大量氣體，或是兩者均衡等各式成品，因此必須根據麵包製作方法，分別巧妙地運用。

◇ 所謂的「Tsukkomi（つっこみ）」是什麼？

在飯店系統下的麵包屋，會發現由攪拌機取出的麵團，會放置在工作檯上約5分鐘，之後再仔細地折疊麵團移至發酵箱，進行發酵製程。所謂的「Tsukkomi」，指的就是這放置5分鐘後折疊麵團的製程。這個製程的意義，在使因為攪拌短時間停止，而尚未連結的麵團得以結合，使易於鬆弛的麵團得以緊實。廣義而言，就是壓平排氣，壓平排氣的時間越往前移，就越會影響麵團內的結合，而製程越往後則可影響因製程引起的緊實。是使不添加酵母食品添加劑的麵團，擁有Q彈口感的好方法。

叮嚀小筆記

Fleischmann's公司的乾燥酵母是後半段發酵力很強的種類，若是用於短時間製作法時，就不能期待呈現良好成品了。與其相反的就是Saf公司的乾燥酵母。

因糖的種類和用量所造成的影響，葡萄糖和蔗糖最重要，其次是果糖和麥芽糖。糖量和氣體產生能力雖然不是直線式的關係，但約10%略有其比例關係，更多時則關係越薄弱。含糖量少的麵團，添加氮化合物或無機鹽類時，就具有顯著的效果。

糖化酵素有無，雖然對於無糖麵團的氣體產生量有很大的影響，但對於加糖麵團則幾乎沒有影響。麵團溫度越高發酵時間越快，上升1℃發酵時間就能縮短20分鐘。反之，麵團溫度降低1℃，發酵時間就必須延長20分鐘。酵母食品添加劑的種類是無機性或有機性，也是很重要的關鍵。澱粉酶活性較強者，就能在發酵後半段提供糖類。

含有鹽的物質，可以在發酵前後提高麵包酵母的活性。雖然不能完全沒有鹽，但過多時也會抑制酵素作用，導致氣體產生量減少。雖然麵團的pH值越低產生氣體越多，但pH值在4以下，氣體反而會越來越少。

(3) 影響氣體保持力的材料

為製作出優質的麵包，利用麵包酵母產生旺盛氣體的同時，保持住氣體的組織也是非常重要。影響氣體保持力的重要關鍵，就是麵粉中蛋白質的質與量。

蛋白質為良質且量多，則氣體保持力越強，這也需經由適切的攪拌來進行。蛋白質即使再多，但三級粉類的氣體保持力不佳，一級麵粉中的低筋麵粉也很薄弱。其他的重要因素還有麵團的氧化程度、油脂與其種類、添加水量、麵包酵母量、乳製品、雞蛋、糖類、鹽、酵素劑、氧化劑、麵團pH值等，這些都相互產生作用。

為麵粉帶來最大氣體保持力的攪拌製程時間，會因麵粉的蛋白質量、發酵時間的長短、麵包種類而有所不同。麵團的氧化程度，若是麵團未熟成，則會因鬆弛而致氣體消失，過度發酵也會導致麵團易斷且氣體保持力降低。

油脂種類中，酥油最佳而沙拉油等液態油最差。為使油脂能均勻分散在全體麵筋上，至少需要添加4～5%。

添加水量，雖然適量最好，但相較於軟麵團，硬麵團的氣體保持力較佳。軟麵團的澱粉水合良好，酵素作用活躍，相對地物理性低下，也難以長時間保持住氣體。麵包酵母較多時，酵素力也同樣地較強，與使用大量酵素劑呈現相同狀態，但氣體的保持力會隨著時間而減弱。

　　乳製品，只要其中一種所含的蛋白質與麵粉中的蛋白質物理性結合，就能強化氣體保持力，但另一方面，因緩衝作用pH值沒有降低時，就會損及其安定性。雞蛋中蛋黃所含的卵磷脂等具有乳化劑的作用，鹽能強化麵筋組織、抑制酵素作用，無論哪一種都與強化氣體保存力有關。其他，麵團溫度越高保持力越差、且越不安定。

　　麵團pH值在4.5～5.5之間，是保持氣體的最佳狀態，5.0以下保持力就急遽降低了。這是由於麵筋蛋白的等電點(5.0～5.5)之故。添加適量氧化劑，可以密實麵筋的網狀結構，強化氣體保持力。添加或因發酵所產生的酸類、鹼類可以軟化麵筋組織，製作出延展性良好的麵團，但超過適量時，麵筋組織會減弱、氣體保持力也會隨之降低。

　　無論哪一方要素，氣體的產生和氣體的保存力都是同時並行，無論哪一方過強或過弱，都無法烘烤出優質麵包。將氣體產生與氣體保持的頂點，維持在放入烤箱時和放入烤箱後的7分鐘之內，就是麵包製作的製程管理，也是製作優質麵包的重要關鍵。

（4）麵團發酵過程的變化

（a）麵包酵母的變化

　　為使能有效發揮麵包酵母的機能，充分的水分、適當的溫度、pH值、營養(必須無機物)、發酵性碳水化合物，都是必要的。在能滿足這些條件的麵團當中，麵包酵母會消費發酵性物質，為麵團帶來的就是使麵團pH值降低、軟化麵筋等結果。

　　發酵當中，麵包酵母某個程度成長、增殖，使用量越少增殖量越高，使用量越多增殖率越低。同時麵團中的乳酸菌，會因與麵包酵母競爭攝取營養物質而形成阻礙。

<圖II-1 > 損傷澱粉的液化、糖化

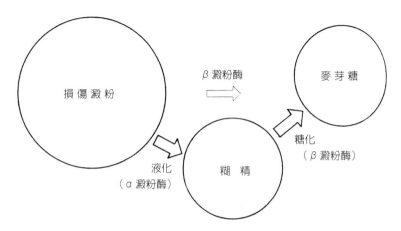

＊α澱粉酶是葡萄糖一～四結合時被切斷的，
　β澱粉酶也同樣地在兩端被切斷。

（b）蛋白質的變化

　麵粉當中含有五種蛋白質，主要是麥穀蛋白、醇溶蛋白、球蛋白、白蛋白和蛋白酶（protease）。在製作麵團時，經由麵粉加水、攪拌等混拌揉和製程，使麥穀蛋白和醇溶蛋白結合成為麵筋。

　這是麵包製作過程中，蛋白質重要的變化，即使是在發酵過程，因麵包酵母所產生的氣體等，使麵團的麵筋薄膜被延展，因而產生了SH基與SS基的交替作用。這與攪拌作用相同，長時間發酵的麵團，也會因略長的攪拌而鬆弛。

　麵團中所含的蛋白酶，是由麵粉和酵素劑而來的，酵素會分解蛋白質，使麵團軟化並增加麵團的延展性。另一方面，麵團中與酵素作用同時進行的是氧化作用，使得麵團產生抗張力。因此發酵中的麵團內部，是同時進行著相反現象的作用。

　因蛋白質分解所形成的胺基酸與糖產生了梅納反應，烘烤出表層外皮的黃金褐色，也形成麵包特有之香氣，同時也是麵包酵母的營養來源。但是以發芽小麥或是受損的麥粒製成的麵粉，蛋白酶異常活躍，用這種麵粉揉和的麵團會有很強的黏著性、欠缺正常的彈性也會急遽軟化，因而無法製作出正常的成品。

　一般市售的麵粉當中，蛋白酶力價幾乎不需要關注，但來自酵素劑的蛋白酶純度、力價等，會依使用方法而對麵團和成品有很重大的影響，必須非常注意。

（c）澱粉的變化

在麵團發酵過程中，健全的澱粉幾乎沒有變化，但損傷澱粉在常溫時會受到澱粉酶的作用，而被液化和糖化成糊精或麥芽糖（請參照圖Ⅱ-1）。

麵粉中的損傷澱粉量，會因小麥的種類、品質、製粉條件和小麥的級別而有不同，但平均來說是約是4％的程度。一般損傷澱粉量約是以麥芽糖值（maltose number）為參考標準。

所謂的麥芽糖值（maltose number），麵粉可以提供多少麵團發酵時所需之糖分指標，調整成pH值4.6～4.8的麵粉懸濁液中，30℃、60分鐘的反應下產生的還原糖以麥芽糖來標示的數值。

但是這個數據不僅是損傷澱粉量，也會因澱粉酶活性而改變。所以也意味著當澱粉酶活性固定時，麥芽糖值（maltose number）越高，則表示損傷澱粉量也越多。澱粉酶活性強時，麵團在攪拌或發酵時會將損傷澱粉液化或糖化。

健全麵粉當中，含有充分的 β 澱粉酶，但 α 澱粉酶是不足的。如圖Ⅱ-1所示，雖然 β 澱粉酶對部分損傷澱粉產生作用，但不如 α 澱粉酶強烈。因此，一般使用的酵母食品添加劑中，就混入了 α 澱粉酶，以改善麵團的延展性、增大麵包容積、烘烤色澤以及氣泡孔洞。作為添加物的澱粉酶，依其原料耐熱性也不同，因此必須要充分確認其內容（請參照麵包製作原料篇、第三章的表Ⅲ-2「各種 α 澱粉酶的耐熱性比較」）。

（d）糖的變化

麵團中存在著在葡萄糖、果糖、蔗糖、麥芽糖以及若干的乳糖，酵素則有轉化酶、麥芽糖酶、發酵酶等。麵包酵母中所含的酵素幾乎都是菌體內酵素，所以只有轉化酶是例外的菌體外作用，能將大分子量的蔗糖快速地分解成葡萄糖和果糖。

這些被分解出來的葡萄糖和果糖，以及麵粉中的葡萄糖，會經由麵包酵母體內酵素的發酵酶分解成酒精和二氧化碳，各別在麵包風味及外觀上具有相當重要的作用。

另一方面，來自損傷澱粉等的麥芽糖會被麥芽糖酶分解成二分子葡萄糖，最後再分解成酒精和二氧化碳。麵團中的糖，其他還有來自乳製品的乳糖。這是麵團中的酵素所無法分解的，雖然發酵時幾乎不會有變化，但烘烤完成時會產生梅納反應，或引起焦糖化，影響烘烤色澤。當然在添加了乳糖酶的麵團中，會被分解成葡萄糖和半乳糖，受到發酵酶的作用，在含有乳酸菌的麵團中，可以使其減少長時間發酵。

這些糖類或酵素，並非全部都與攪拌製程同時開始，而是依循其既有的固定法則。也就是在含有葡萄糖、果糖、蔗糖、麥芽糖的麵團中，首先葡萄糖會有反應，幾乎同時蔗糖會被轉化酶分解，生成葡萄糖和果糖。因此，最初僅只有葡萄糖和蔗糖會減少，果糖會增加。之後，果糖也會減少，在反應2小時後，麥芽糖也開始會被麥芽糖酶所分解。麥芽糖（maltose）發酵遲緩的理由是因為①葡萄糖和蔗糖的存在會阻礙麵包酵母對麥芽糖的作用。②麥芽糖是因澱粉酶的作用才在麵團中生成。③麵包酵母的麥芽糖發酵能力是伴隨著發酵同時活躍。特別是市售麵包酵母的麥芽糖發酵誘導期有較長的傾向。

糖的分解，雖然會產生二氧化碳，但在麵團中二氧化碳產生量的線形圖，其實是發酵曲線。

＜發酵曲線＞

所謂的發酵曲線，是以時間為橫軸、單位時間的二氧化碳產生量為縱軸之曲線。當然也會因麵包酵母、糖量、酵素力、氯化銨等氮化合物或麵團硬度、pH值、溫度等而使產生量有所改變。

麵包酵母量越多或是麵團溫度越高時，曲線的頂點較早、較大，但下降也較快；糖量較多時，曲線較大也能保持較長。pH值5.0左右時，氣體產生量最多，更高或更低時氣體產生量都會因此變少。

另外，殘留糖指的是麵團發酵完成、放入烤箱時，殘留在麵團中的糖。殘留糖越多，柔軟內側越甜，表層外皮的呈色也較佳。

（e）麵團膨脹

根據E.M.Burhans 和 J.Clapp：Cereal Chem.,196,196（1942）提出之理論，因麵包酵母所生成的二氧化碳，並不是立刻在麵團中形成氣泡，而是環繞住麵包酵母細胞，擴散在水性懸濁液當中，呈溶液狀態。之後才形成二氧化碳並在麵筋組織較弱之處形成氣泡。

（f）pH值的降低

麵團的pH值降低，可以視為以下的反應而導致的。

① 因脂質的氧化所致。
② 因酒精的氧化所致（醋酸）。
③ 因麵包酵母產生的二氧化碳溶解所致（碳酸）。
④ 因乳酸菌生成的乳酸。
⑤ 其他因發酵而生成的酸類。
⑥ 作為酵母食品添加劑使用的氯化銨（NH_4Cl）、酸性磷酸鈣（$Ca(H_2PO_4)_2$）等使得pH值降低。

（g）酸生成反應（酸發酵）

發酵麵團當中，藉著由麵粉、麵包酵母、空氣中混入的乳酸菌、醋酸菌、酪酸菌等，生成各種有機酸，降低pH值。

① 乳酸發酵（越是高溫、多糖越活躍＝厭氧發酵）

　　葡萄糖會因麵粉、空氣及麵包酵母中所含的乳酸菌，變成乳酸，呈現舒爽的酸味。乳酸菌對於營養之需求形態與人類的五大營養素相同，可以說人類的食物之中幾乎都可見其存在。

② 醋酸發酵（越多酒精、高溫、多氧越活躍＝好氧發酵）

　　酒精會因存在於麵粉和空氣中的醋酸菌而變成醋酸，呈現刺激性味道。

③ 酪酸發酵（越多乳糖、高溫、長時間、高水分越活躍＝厭氧發酵）

　　乳糖被含於麵粉、空氣及乳製品中的酪酸菌而變成酪酸。也會散發出異味和異臭。

這些發酵，全部都具有非常重要的意義，而這些發酵進行速度的不同，也是很重要的關鍵。亦即是這些有機酸的發酵當中，乳酸略多，其次是醋酸，酪酸僅只微量。這些各種有機酸發酵的平衡，會因發酵時間、麵團硬度、麵團溫度而改變。市售的酵母菌當中據說也混入了 10^{6-8} 左右的乳酸菌。最近發酵種有被重新檢視的傾向，將會更積極地運用於對麵包製作、風味以及老化有助益的乳酸菌，以提高麵包品質，隨著研究開發的進展，希望能讓商品更上層樓。

◇ 第一發酵室的重要性

　　若有人問及，目前烘焙麵包店最必須，但也是最欠缺的機器？那必定是「第一發酵室」。相較於冷凍發酵櫃、冷凍庫、軋麵機（Dough Sheeter）等，希望能更早齊備的重要機器。為何在目前烘焙麵包店的設備中獨缺第一發酵室呢？雖然沒有定論，但或許是過去只要烘烤了就能賣得出去的時代下，所遺留的負面思考吧。麵包是發酵食品自不待言。既是發酵食品，對於麵包品質來說，發酵溫度和發酵時間的管理，是最為重要的關鍵。若是讀者們有也尚未設置第一發酵室的，那麼請再下次投資設備時，列為優先項目吧。

叮嚀小筆記

無論如何，麵團在適當pH值之下，具有機酸，當pH值太低時，酸味及酸氣會過強，伴隨產生刺激性味氣味和異味。麵包帶有特殊無可比擬的香氣，其成分如前所述，是由乙醇（ethanol）、高級酒精、乳酸、醋酸、琥珀酸、丙銅酸、檸檬酸等有機酸以及化合物酯、羰基（carbonyl）化合物等，共同形成的龐大基礎，應該也能理解麵包香氣由此複雜構成之原由了。

（5）發酵的定義與麵包

所謂的發酵為何？腐敗為何呢？這兩個字詞其實指的是同樣的現象。只是其結果對人類產生有益時稱為發酵，反之有害時稱為腐敗。

這些都是有機生物化學用語，像是有機物被像酵母般擁有微生物的酵素分解，或是因化學變化而生成反應成酒精類或有機酸類等。在此試著引用理化學辭典中發酵的項目。

「以下的內容並非由化學上明確定義而來的內容。原是出自拉丁語Fervere（＝沸騰），指的是如同酒精發酵般自行產生出氣泡的化學變化。現今指的是，藉由一般溶液中的酵母、細菌、黴菌等微生物的作用，將以糖類為主的複雜化合物進行分解，或氧化還原反應，將酒精、酸、酮體（ketone）等變化或生成更簡單的物質，伴隨著發熱或生成氣體之現象。依其主要分解生成物質的種類，區分成酒精發酵、醋酸發酵、乳酸發酵、酪酸發酵等。

此外，發酵也分為厭氧或好氧發酵。所謂厭氧是指在不存在遊離氧氣之條件下，進行之反應（酒精發酵、乳酸發酵等），而好氧指的是在遊離氧氣存在之條件下，進行之反應（醋酸發酵、檸檬酸發酵等）。自古以來，就有利用發酵現象，製作麵包、酒精性飲料、醬油、味噌等等（其他省略）」

雖然這指的是一般被稱為發酵的內容，但在我們麵包製作上所使用的發酵，是麵團中的糖，藉由酵母中轉化酶、麥芽糖酶、發酵酶的作用分解成酒精和二氧化碳，而其他還有各種微生物酵素藉由複雜的作用，生成各種糖類、胺基酸、有機酸、酯等，製作出具有芳香氣味的麵團。

麵團發酵的目的簡述如下。

① 藉由麵包酵母生成的二氧化碳使麵團膨脹。

② 促進麵團氧化，使能確實保持住氣體。

③ 藉由酵素作用、麵團膨脹所產生的物理作用、代謝物作用，使麵團熟成。

④ 因發酵生成的胺基酸、有機酸、酯類的蓄積，使得製成品麵包擁有因發酵而產生的
　獨特香氣及風味。

那麼，試著思考看看除了發酵之外，是否有其他促進、助長發酵的方法，與②作用相當
的是抗壞血酸、溴酸鹽（bromate）等氧化劑，③可以藉由超高速攪拌或半胱胺酸等還原
劑、麥芽精等，④是液種發酵、酸種（酸性）麵團、啤酒花種、酒種等發酵種。

利用這些取代發酵的組合，出現了試圖較現今麵包製作法更加縮短製程的方法，連續麵
包製作法、喬利伍德法（Chorleywood method），但即使是技術、機器以及化學上都更
精益求精的現在，還是沒有能勝過自然發酵的方法。

只是現今在企業省力節能之下，將來麵包的製作方法或許會逐漸轉移成短時間法，所以
才更需要研究瞭解發酵。

（6）實踐性、經驗性發酵的方法

麵團的製作、發酵、整型等製程過程中，最重要的是麵團整體腰、足的平衡。雖然聽起
來很像是現場麵包技術人員的推託之詞，但在麵包製作時，技術者是用手接觸麵團地進行
製程調整，從製作至整型都要將麵團維持在光滑且具彈力的狀態，確實是煞費苦心。介紹
給大家的是筆者自身的調整方法。

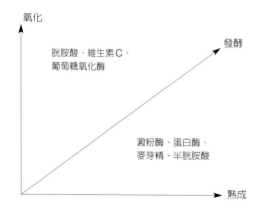

　　如右圖般,橫軸是熟成(足)、縱軸是氧化(腰)。Y＝X的直線為發酵,直線上發酵是由調整配方及製程而向上。調整、促進熟成的是還原劑、酵素劑(蛋白酶、澱粉酶)、加水量、麥芽精種類及量、發酵溫度等,促進氧化的則有氧化劑、酵素劑(葡萄糖氧化酶、脂氧化酶)、麵包酵母量、發酵溫度、壓平排氣等。但實際上全部的原料、工程、製程,對兩邊都有很強的影響力,因此藉由調整配方的種類、用量、製程時間長短、強弱,能夠維持理想的發酵狀態,或者說使其能保持,就是技術者的能力了。

　　同樣地,Y＝X的直線為熟成,那麼X軸是延展、Y軸則是抗張力。軟化麵團使其延展的原料、過程、製程是為一群組;而硬化麵團使其具彈力的原料、過程、製程是另一群組,使兩大群組得以保持平衡的作法。

　　熟成(延展性、足)… 麥芽精、砂糖、脫脂奶粉、油脂、水、攪拌

　　氧化(抗張力、腰)… 麵包酵母、酵母食品添加劑(主要是無機類)、發酵時間、壓平排氣、滾圓、整型

　　那麼,取得平衡的,是否就是良好的麵團也還有爭議,但最近也常看到大於必要體積的麵包。麵包的體積與口感、風味有密切的關係,還是不要忘記初衷地製作出適合配方及成品體積的麵包吧。

◇ 發酵食品利用在麵包上

　　麵包當然是發酵食品,世界上還有許多也被稱為發酵食品的食物。日本酒、味醂、葡萄酒、味噌、醬油(白醬油)、優格、可爾必思等數不盡的食品。這些是否能做為麵包的附加風味或提味呢?在麵包製作上,考量到生產方式,相信今後也會朝短時間發酵而努力。說來感慨,相較於100年前的酒種、啤酒花種麵包的製作方法,現在的製作方法縮短的時間真是令人訝然。隨著時代的發展,衍生出符合該時代的生產方式及風味、口感的麵包製作方法,也是身為這個時代麵包技術者的使命。請務必挑一種試著挑戰看看。但切記不要過度添加,無損於麵包風味的"提味",是用量的基本。

叮嚀小筆記

III 最後階段的製程

　　現在各麵包企業中，最需要人手的是最後完成（裝飾）、包裝及分類管理這三個部門，但這些製程也都逐漸邁向機械化了。

　　利用雙手的製程，以手感受麵團的熟成程度，使烘烤完成的麵包具有一定品質地，在滾圓及整型時進行微調，就是這個階段。但即使是改以機器進行，也必須要經常注意配合麵團地操作機器，否則很難維持一定的優質商品。

　　「為了製作出優質麵包，最重要的就是確實進行溫度、時間和重量的管理。」

　　這是之前敘述過，現在要將上述的三個項目再加上一項「機器」，應該要改成以下的說法。

　　「為了製作出優質麵包，最重要就是確實進行溫度、時間、重量和機器的管理。」

　　為了製作出一個麵包，究竟用了多少種的機器，而對機器又有多少正確的理解和操作呢？

　　確實在現今分工化的企業當中，要瞭解每個機器的構造，確實不是件容易的事，但對麵包製作技術者而言，這是今後必要的條件，要能自由地運用機器，以不斷向前的態勢，對機器多下工夫，並致力於麵包的製作。

　　最後階段的製程，一般是對分割、滾圓、中間發酵、整型、入模等五大製程的總稱，無論在哪個階段的製程，最重要的就是不能損傷麵團。分割是將麵團正確地切分、滾圓是利用麵團物理性的強度進行使其成為圓形，並在中間發酵時，避免麵團乾燥、沾黏，且使麵團能在下個階段的整型製程裡，能延展或包覆內餡等地儲存，使其耐物理性。整型時，很重要的是如何才能均勻排氣；入模時，要用何種材質的模型、比容積如何；要用何種填入方式等，都是非常重要的。

　　更重要的是，這些工程都是在室溫下進行。冬季過冷或夏季過熱、過度通風等環境都應避免。這項製程的理想溫度、濕度、以及考量到麵團製程人員等，約是26℃、65%（25～28℃、65～70%）的環境。

一、 分割

　　分割大致可分為用手工分割和用分割機（divider）分割。這點最大的不同，在於用手工分割是以固定重量分割，麵團損傷較少。相對於此，機器分割是以一定容積來切分，麵團損傷也較大。容量大的一批麵團，要分割成小麵團時，需要相當的時間，因此分切的第一個至最後一個麵團，其熟成度、麵團比重，也會因而不同。

　　因此，固定容積分割時，因麵包酵母產生的氣體，而造成容積增加、麵團延展抵抗的增加，分割越至後半，麵團的重量越輕，損傷也越大。

（1）不損及麵團的方法

　　為製作優質麵包，適度的發酵及最後階段製程中不損及麵團地整型是非常重要的。減少麵團損傷簡單而言即是，麵包製作方法中相較於直接揉和法，中種法的耐性更強、攪拌時略微過度攪拌較佳、麵團揉和完成的溫度略低較好。

　　關於麵粉，蛋白質量多的優質粉類較好，吸水在適量或略硬時，麵團的損傷也較少。分割機器的構造及調整方面，相較於活塞式（piston），法國麵包用的加壓式分割機較能減少麵團之損傷。活塞式分割機的柱塞（plunger）壓力變大，雖然重量能確實掌握，但對麵團損傷也很大。

　　無論哪一種，為減少麵團損傷，最重要的是充分觀察並觸摸麵團。然後在最不損及麵團的狀態下操作機器。

　　「對於花草而言，最佳的肥料正是人類的關心。」

　　大家都有聽過這句話。若能隨時確認麵團狀態，就絕不會損傷麵團。

（2）分割時的注意重點

　　① 分割時的量秤或分割機必須是正確的。測量不足也是問題，但測量過多時，即使是1公克，若每天都發生，對企業的利益而言會有很大的影響。

　　② 以手工分割時，幾乎沒有損傷麵團的疑慮，但必須要注意的是縮短分割時間、冷卻麵團、注意表面張力等。

＜圖 III-1＞活塞式分割機的製程簡略圖

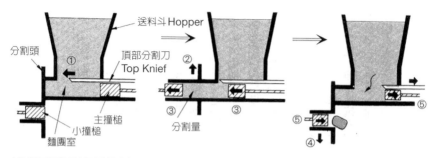

（1）利用頂部分割刀分離送料　　（2）移動小撞槌和主撞槌，使　　（3）利用分割頭切斷麵團，利
　　斗與麵團室的麵團。　　　　　　麵團室內的麵團移至所需　　　　用小撞槌將麵團落至乾燥
　　　　　　　　　　　　　　　　　分割量的空間內。　　　　　　　輸送裝置上。同時使頂部
　　　　　　　　　　　　　　　　　　　　　　　　　　　　　　　　分割刀 Top Knief 和主撞
　　　　　　　　　　　　　　　　　　　　　　　　　　　　　　　　槌後退，將送料斗的麵團
　　　　　　　　　　　　　　　　　　　　　　　　　　　　　　　　導入麵團室。

③ 機器分割時，依分割機構造也會大幅改變成品。對麵團而言，用於法國麵包等加壓式分割機是最佳選擇。活塞式分割機除了對麵團損傷較大之外，也會有較多不完整分割（重量紛亂）。

④ 將麵團從分割機移至滾圓機前的乾燥輸送裝置（drying conveyors）是為了修正麵團因搬運，或其他因分割機損傷麵團致使產生的水分，也是為了減少在滾圓機內的沾黏。

（3）分割機器的清潔與檢查

為提高分割機的精密度並延長其使用壽命，定期地上油、清潔非常重要。某個英國麵包企業，就在一條生產線上備有二台分割機，每隔二小時就徹底進行一次清潔製程。

活塞式分割機

（4）不損及麵團的速度

分割機的一個行程（stroke），經驗而言12～17為宜，過快或過慢對麵團的損傷都會比較大。因此分割機有各種分割量（pocket），用於因應生產線的能力調節行程數量和分割量。分割機每小時的運作能力，可由以下算式求得。

分割量 × 每分鐘的行程數 × 60

（5）分割機器的種類

① 活塞式分割機（Divider）

是大型、中型企業最普及的機種。依其規模而有2、4、6、8等不同的分割量，可自由選擇（請參考圖III-1）。

② 法國麵包用加壓式分割機

先將完成發酵的麵團大致分割後，再次進行短時間發酵，放入固定容積的分割機內，首先加壓使麵團在分割機內均勻延展，之後依分割重量以棋盤狀分割成8、16、32等分。這種加壓式分割機受到矚目的理由之一，根據報告顯示當加壓5.5kg/cm² 時，麵團中的二氧化碳會溶入麵團中的水分之中，溶於麵團水分中的二氧化碳在烤箱內會因氣化而有助於麵包的膨脹。但也有人說若沒有正確地使用，這款分割機的「重量紛亂（分割重量不均勻）會更嚴重」。在歐洲的製程現場，加壓式分割機的旁邊一定會放置較分割盤略小（七～八成）的發酵皿。即是讓發酵麵團的形狀和分割盤形狀相同，以防止產生重量紛亂的情況。

③ 小型麵包用分割、滾圓機

與法國麵包用加壓分割機幾乎相同的機器，但內建滾圓機。

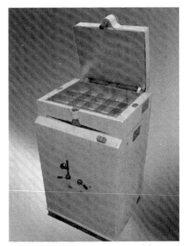

法國麵包用分割機

直立式分割滾圓機

④ 自動包餡機

這是源自日本特有機種的自動包餡成型機，一連串動作，可以一氣阿成地進行分割、滾圓、包餡等製程，是非常特別的機器。正如前所述，這超越了過去在整型製程時麵團的物理性判斷基準，今後也應該會再加以改良。為麵包業界提升生產力的機器而受到大家的關注。

二、滾圓

滾圓與分割相同，可以用手工滾圓或使用滾圓機的機器滾圓。不同在於，以手工滾圓較不損及麵團，相對於此，機器滾圓對於麵團的損傷大於使用分割機。但手工滾圓需要較長的發酵時間，使用滾圓機滾圓的時間較短。

手工滾圓時，會依麵團熟成程度來調節滾圓的強度，再依據其所需的中間發酵時間，以烘焙出一定品質的成品。像過度熟成的麵團就需要較鬆弛的滾圓、較短的中間發酵；而未熟成的麵團，則是相反的操作方式。

（1）要非常注意手粉的用量

這裡簡單地用了滾圓這個字，但若以為滾圓就是把所有麵團做成球狀，那就是天大的誤會了。雖然會依麵團的熟成度而有所不同，但想像整型後的形狀，配合目標形狀地進行滾圓製程非常重要。例如法國麵包中的巴塔（Batard），是滾圓成略帶橢圓形狀、長棍麵包就是更長的橢圓形。吐司麵包等，考量到麵團整型機（moulder）的加壓及捲壓數等等，與其作成球狀，不如滾圓成橄欖形會更適合。

滾圓機的確認檢查位置，有防止麵團滑動的導板（guide）及羽毛狀攪拌片（trough）、塗料（coating）的種類及狀態，還有滾筒與攪拌片的間隙距離（clearance）。但無論如何最需要注意的還是手粉的用量。麵團吸水量最大限度，而滾圓機和整型機使用大量手粉時，姑且不論耗損的問題，當與熟成無關的手粉混入麵團，會對製作完成的麵包香氣及風味帶來負面影響。

另外，滾圓機有機器的容許麵團量，較此量小時麵團未完成滾圓就被推出，而過大時則會大幅損傷麵團。即使同樣的滾圓製程，分割後的滾圓與整型的滾圓，有截然不同的意義及目的。並不是無意識地進行滾圓製程，重要的是在進行時也要同時考量滾圓的目的。

<圖III-2>滾圓機的相關名稱

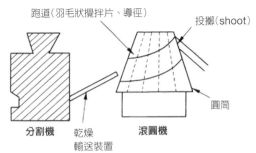

跑道(羽毛狀攪拌片、導徑)　投擲(shoot)

圓筒

分割機　乾燥　滾圓機
輸送裝置

傘型滾圓機

圓筒型滾圓機

（2）滾圓的目的

滾圓的目的可列舉以下四點。

① 可以重新整合因分割而被打亂的麵筋組織
結構。

② 把因分割而形狀不一的麵團，滾圓成一定的
球狀，以方便整型製程進行。

③ 麵團切面因具有黏性，將其滾入內部，使麵
團表面形成薄膜以減少黏性。

④ 避免中間發酵後產生的二氧化碳漏失，製作
出包覆組織。

（3）防止沾黏的方法

為減少在滾圓機內的沾黏，除了堅守麵團最適度
的吸水量之外，手粉也必須維持最低有效用量，其
他還有：

① 使用麵團乳化劑。

② 維持麵團最適當之發酵狀態。發酵不足或過
度發酵都會沾黏，特別是發酵不足時，問題
特別多。

③ 拉長在乾燥輸送裝置的時間，以減少麵團表
面的沾黏。

④ 在羽毛狀攪拌片(trough)上塗抹含氟塗料等
方法，以進行改良。

（4）無法滾圓的原因

麵團加水太少明顯過硬的麵團，或過度發酵的麵團，會有滾圓機無法滾圓的狀況。還有其他以下狀況時。

① 手粉、脫模油（divider oil）過少或過剩。

② 超過滾圓機指定麵團量之範圍。特別是過少時。

（5）滾圓機的種類

① 錐型滾圓機

是現在日本一般最常使用的類型。適合吐司麵包等大型麵團，還有傾斜和緩的美式與適合中、小型麵團，急速傾斜的歐式。錐型的好處在於依循著麵團滾圓製程，周速變慢，也不會過度緊縮麵團（請參照圖Ⅲ-2）。

② 缽型滾圓機

與歐式錐型相同，可適用於大、中、小型麵團，相較於錐型適用的麵團量範圍更廣。只是隨著麵團的滾圓後，因其周速較快，很容易會產生過度緊縮的情況，相較之下錐型滾圓機對麵團的損傷較少。

③ 帶型滾圓機（pain au mat型）（皮帶式）

多使用捲線型攪拌片。在乾燥輸送裝置上，保持著和緩角度的羽毛狀攪拌片（滑溝）會配合分割機的分割量（pocket）而使其移動。相較於鐵製品具有可以大幅減少麵團損傷的優點，還有因為羽毛狀攪拌片的數量較多，也可以完成較多麵團量。但問題在於需要有較大的面積，以及因摩擦造成輸送帶的溫度上升等等，也有很多工坊因此設有冷卻裝置。

④ Integra型滾圓機

德國開發出來，適用於小圓硬麵包等小且硬的麵團滾圓製程。這款機器製程是模擬手工研發出來，因此輸送帶並排數列的麵團，覆蓋上相對應之帆布巾並由其上方按壓，進行圓形動作以達到滾圓製程。滾圓完成布巾翻起，輸送帶向前，接下來的麵團又會進入帆布巾的正下方。重覆進行製程。雖然麵團的損傷最少，但卻受限於麵團的硬度和麵團重量的適應範圍。

三、中間發酵

中間發酵，是為了緩和（鬆弛結構）麵團，因分割、滾圓製程所產生的加工硬化，故而進行的製程。靜置麵團鬆弛結構，即使是未含麵包酵母的麵團也必需進行，是所有麵團的特性。具體上，是使麵團回復、發酵、膨脹，以方便接下來的整型製程。

（1）麵團大小也是問題

一般而言認為與第一發酵室相同的條件，溫度25～29℃、濕度70%、15～20分鐘（膨脹率1.7～2.0）。但中間發酵大多會在室溫下進行。

在大型麵包工坊中，很多會使用高架發酵箱來進行溫濕度調整。中間發酵的麵團大小也是相當重要的因素。即使是相同的麵團，越大的麵團，中間發酵的時間也越長。小型麵團的中間發酵時間較短，是因為其回復力較快，但也應該要將整型所需的時間一起列入考慮後再決定。

高架發酵箱

（2）中間發酵的目的

中間發酵有以下三個目的。

① 在重整麵筋組織排列之同時，也產生若干氣體，提升接下來整型工程的製程性。

② 使因分割、滾圓而引起麵團的加工硬化得以鬆弛和緩。

③ 為避免整型時的沾黏，而使麵團產生緊實的薄薄表層。

（3）發酵箱（proofer）的種類

發酵箱有箱型、旋轉箱型、輸送帶式、帶狀等，大部分使用箱型或有效利用空間的高架發酵箱（overhead proofer）。高架發酵箱當中，也分為帶狀、托盤狀、杯狀等，還有翻轉式與非翻轉式等。

在這個製程中，最必須注意的是發酵箱或箱型發酵箱的清潔。散溢的粉類或老舊麵團很容易積在箱內，會因而產生蟲害或發霉，也會擔心老舊麵團不小心混入。因此希望每天都能用心清潔。

四、整型

　　整型也和目前為止的其他製程一樣，有手工整型和使用整型機的機器整型二種。和其他製程不同的是，這項製程不一定機器製程較手工製程差。確實被稱為大師的人，整型製程或許是機器比不上的，但是吐司麵包等等，一般的速度、均一性、形狀等綜合而論，整型製程應該是機器比較勝出吧。

　　手工製程時，使用擀麵棍、儘速均勻地排氣、避免傷及麵團、配合麵團熟成地進行整型，要能掌握住這些可能要幾年或幾十年吧。但這個部分，在以整型機整型時，只要找出配合麵團回復的滾動速度、輸送帶的速度、捲鍊（curling chain）的長度及重量、碾壓板的高度及壓力、滑溝的間隔等等即可。只是實際上要找出這個最適條件，也並不是那麼簡單的事。

（1）整型的基本事項

　　為了製作出內部氣泡細緻的麵包，用整型機進行適度的排氣且不傷及麵團，是非常重要的。麵團條件與整型機的適性關係，如下所列。

① 麵包製作法……相較於直接揉和法，中種法的滾輪間隙距離（clearance）更為狹窄。

② 吸水……柔軟的麵團通過狹窄的間隙時，會容易沾黏，較硬的麵團則損傷較大，所以充分的中間發酵非常必要。

③ 攪拌……攪拌不足時容易斷裂、攪拌過度時會略有黏性且過度延展的傾向。攪拌過度可以藉由稍長的靜置，某個程度能夠改變麵團狀況。

④ 麵團溫度……低溫、高溫都會使製程性變差。包含了考量到麵包酵母的膨脹速度，較26～27℃略低的麵團溫度最適當。

⑤ 中間發酵……太短時麵團易斷裂，過長時容易沾黏在滾輪上。

⑥ 氧化程度……未熟成的麵團在靜置時會產生鬆弛，用整型機時雖會延展但略有沾黏。過熟成的麵團，硬且脆弱、容易斷裂。

⑦ 酵素劑……麥芽精、蛋白酶、澱粉酶等酵素劑使用過度時，會使麵團產生黏性。

⑧ 麵團改良劑……CSL、單酸甘油脂、卵磷脂等乳化劑可以緩和麵團的沾黏。其他，還有酸性磷酸鈣具有使麵團乾爽的作用，提高整型機的製程性。

（2）整型機（Moulder）的大小及速度

整型機的大型機種與家用機種，滾輪的直徑、旋轉數、輸送帶的速度等都大不相同。那麼要以何標準決定機器的大小及速度呢？在此將其理論簡單地陳述。

① 機種大型化時，因而麵團通過滾輪的速度也會逐漸加快。相對於此，可以用提高滾輪的旋轉數或加大直徑兩種方法來因應。圓周速度，由以下算式來表示。

滾輪的圓周速度＝滾輪圓周（滾輪直徑 × π）× 旋轉數

一般大型整型機每分鐘是50 ～ 130公尺、小型整型機是30 ～ 80公尺之間。

② 整型機具越大滾輪直徑越大。滾輪直徑除了圓周速度之外，還有滾輪對麵團形狀及厚度的影響。直徑越小麵團越呈橢圓形，也能延展得越薄，直徑越大的麵團會越圓越厚。

③ 滾輪是以兩支相對應，而麵團中間通過時被薄薄地延展。日本製的整型機，幾乎兩支滾輪都等速，但理論上來說歪斜很大時，兩支能有若干差異會更好。

④ 最近的整型機幾乎都會在滾輪表面以碳氟聚合物加工，可以減少對麵團的損傷也可以防沾黏。

⑤ 滾輪回轉後，一般大部分會立刻接到第二組延展滾輪（sheeting roll）。例如滾輪間隔訂為4mm，若回轉是3.5mm，則在麵團通過前還有0.5mm，這是因為當麵團通過時，因其強度而有可能需要到4mm的間距。

　　另一方面，其他麵團的滾輪間距有可能是3mm，其回轉若是2.5mm時，麵團通過前滾輪的間距，即使還有0.5mm，但因麵團強度而有可能需要到3mm的間距，因而對麵團的影響也會不同。關於這個第二組延展滾輪（sheeting roll）回轉的好壞，其實還是有岐見爭議的。

⑥ 雖然關心的人意外地很少，但捲鍊（curling chain）的長度和重量，應該也會因麵團量而改變。當然大型麵團較長較重，小型麵團較輕較小為佳。

⑦ 過去的碾壓板力道較強，使其呈均一的棒狀，閉合處有緊閉的傾向，但最近已經不太強力運用碾壓板了。

⑧ 導板（guide）與碾壓板相同，大部分使用在輕輕地觸及麵團。

（3）整型機的三種機能

整型機的機能可分為以下三種。

① 延展或按壓延展……藉由滾輪進行排氣，將麵團薄薄地延展開。

② 包捲……利用捲鍊（curling chain），捲起麵團。

③ 壓縮或碾壓……藉由碾壓板使得捲起的麵團間隙更緊密，並封住末端。

直線型整型機（Straight Moulder）

（4）整型機的種類

① 直線型整型機
（Straight Moulder）

② 直角型整型機
（Cross Grain Moulder）

③ 反轉型整型機
（Reverse Moulder）

　　等等，雖然有各種類型的整型機，但現在日本主要使用的是①直線型整型機和②直角型整型機。

直角型整型機（Cross Grain Moulder）

法國麵包用整型機

<直線型整型機>

麵團經過扁平滾輪、延展滾輪地被薄平地延展開，接著直線向前進至被捲起碾壓（請參照圖III-3）。

<直角型整型機>

麵團經過扁平滾輪、延展滾輪地被薄平地延展開後，麵團移至與原方向呈直角的交叉輸送帶上，之後被捲起碾壓。

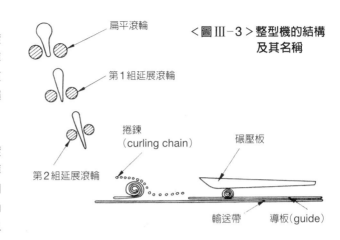

<圖III-3>整型機的結構及其名稱

扁平滾輪

第1組延展滾輪

捲鍊（curling chain）

碾壓板

第2組延展滾輪

輸送帶　　導板（guide）

此處使輸送帶與其呈交叉狀態（cross），使麵團前進方向轉了90度的理由，是因為經由滾輪排氣的麵團氣孔朝前進方向呈橢圓形，如果直接捲起切成片狀時，片狀斷面會出現橢圓形的長形切面，造成氣泡孔洞粗大的現象。若是經過滾輪後，使麵團轉向90度，切開的斷面會是橢圓形的短切面，氣孔呈現細小狀態。

五、入模

（1）入模的各種方法

意外地是大家常會忽略的製程，但是會因為放入的模型，而使得氣泡孔洞有很大的不同。無論是U字型或是M字型，最重要的是要正確地入模。

① 直接填裝（Straight·Panning）……整條地填裝至模型的方法，不需其餘製程，從整型機取出後，直接填裝。

② 交叉填裝（Cross·Panning）……是大理石紋等一般使用的填裝方法，氣泡孔細小且內側顏色偏白。這其中也包含U字型填裝、N字型填裝、M字型填裝。

③ 扭轉填裝（Twist·Panning）……變化型麵包中經常使用的填裝方法，依麵團的發酵狀態來調整其扭轉的強度是填裝的重點。其他，具彈性的口感、不易由側面攔腰彎折是其特徵。

④ 螺旋型填裝……氣泡孔洞與交叉填裝時的相似。由螺旋式整型機整型後自動填裝。

⑤ 其他……山型吐司麵包的裝填，有滾圓裝填(車詰め)、渦旋狀裝填(唐草詰め)、並排裝填(鍵詰め)等方法。

(2) 模型與麵團比容積

過去山型吐司的比容積是3.4，方型吐司是3.6，但最近因為趨勢，以及讓消費者感覺物超所值的關係，麵團比容積有較輕、模型變大的傾向，現在平均山型吐司大約是3.8、方型吐司是4.0左右。當中也曾見過比容積為5.5的成品，但這樣的情況可能會有側面凹陷或氣孔粗大之虞，若是比容積過大時，則可以二次整型等多下點工夫較好。

模型的形狀也會隨著時代而改變。以前認為氣泡是縱向的，因此模型也喜歡採用高度較高的，但現在傾向喜好氣泡細緻均勻，再加上受熱以及熱效率的關係，反而變成以接近正方型的模型為主。(三明治用麵包增加也是理由之一)

為了決定比容積，首先要測量模型容積，方法有依模型尺寸計算的方法、盛滿水後以重量測量的方法、裝滿油菜籽後，再用量筒(cylinder)測量其容積的方法等。用於方型吐司時，麵包容積(cc)÷ 麵包麵團重量(g) = 3.6～4.2，因此由本算式可以得到最適當的麵團填入量(g) = 麵包容積(cc)÷ 3.6～4.2。

(3) 烘焙模型的材質與表面處理

吐司麵包模、烤盤、西式糕點等模型的材質，最具代表性的是鍍錫鐵片(tinplate)、鍍鋁鋼板(不鏽鋼、鋁板等)、冷軋鋼板(冷壓鋼板)、熱軋鋼板(黑皮鋼板)四種。

黑皮鋼板，方便矽膠加工、熱吸收良好，但因需求量較低，鋼鐵廠已停產了。

現在一般使用的是鍍錫鐵片、鍍鋁鋼板和冷軋鋼板。厚度約0.4～1.0mm左右，沖壓加工(stamping)，利用折入或熔接方式調整強度，製成模型。表面處理一般使用的是矽膠樹脂加工或碳氟聚合物加工。

① 矽膠加工……指的是將矽的有機化合物矽膠，燒在錫鍍鐵片或鍍鋁鋼板表面。開發當時，強調其特徵就是不需要刷塗油脂，但為呈現表層外皮平整光滑，增加脫模性，也為提升表層外皮的觸感會刷塗油脂，最近會調整油脂使用量地加以利用。在使用的注意重點，避免因金屬等造成刮傷。

② 碳氟聚合物加工……取代矽膠地改以碳氟聚合物加工，較矽膠膜能維持更長的脫模性。此外，同樣不用刷塗油脂是其特徵，一樣地為追求表層外皮觸感，會刷塗少量油脂。使用處理上的注意重點與矽膠膜相同，容易被金屬刮傷。鐵氟龍加工也是其中之一。

（4）烘焙模型的空烤

矽膠加工或碳氟聚合物加工的模型，在薄薄地刷塗上脫膜油後即可使用。

而沒有矽膠或碳氟聚合物加工的模型，新製模型為了①有更好的脫模性、②延長模型壽命、③使其良好吸熱讓成品的烘烤色澤良好這三個目的，會進行空烤。方法如下。

①用布巾擦拭模型以除去油漬髒污。不可用水洗。②不刷塗油脂，冷軋鋼板以280℃、鍍錫鐵片以230℃烘烤1小時。③冷卻至60℃以下後，刷塗脫模油，再次烘烤。④再次冷卻，塗油、保管。

以上，雖然分四個階段進行，但塗油後空烤時，模型會被油脂的氧化（碳化）層所覆蓋，最近這樣的狀況不受青睞，而改以拉長第一次不塗油脂的空烤時間，冷卻至60℃以下後，薄薄地刷塗脫模油即可，近年來較多這樣的作法。

那麼這些模型的耐久性，冷軋鋼板大約為2年、鍍錫鐵片3年、鍍鋁鋼板3～4年。碳氟聚合物加工者約可烘烤3000～5000次，需再次加工。矽膠加工，一般則是平均使用1200次後，再次加工。一般可以再加工3～4次，使其在原材質報廢之前，能以良好的衛生狀態來使用。

IV 最後發酵

所謂的最後發酵，正式名為第二發酵，或是最終發酵（Final Proof），但不知何時開始也被稱為發酵箱（焙炉）發酵。指的是麵團熟成的最後階段。

（1）因成品而異的最後發酵條件

一般最後發酵的條件，麵包、糕點麵包等是用「38℃、85%」高溫、高濕的最後發酵，而甜甜圈等用的則是乾燥型的最後發酵（或是乾式最後發酵40℃、60%），或高溫低濕的最後發酵（中式包子等用的是50～60℃的高溫乾燥的最後發酵），法國麵包或德國麵包等直接烘烤麵包（hearth bread），使用的就是「32℃、75%」相較起來低溫低濕的最後發酵。

但依成品的類型、製作方法、原料等，最後發酵條件也會因而不同。例如，丹麥麵包、可頌、皮力歐許等，含油脂量較多的成品，較其使用油脂的融點約低5℃左右，就是最理想的最後發酵溫度。因此使用新鮮奶油時，因融點為32℃，故最後發酵溫度以27℃為理想溫度。

最後發酵所需的時間，取決於麵包種類、麵包酵母、麵包製作方法、麵團溫度、最後發酵溫度、濕度、麵團熟成度、麵團硬度、整型時的排氣程度等等，從30分鐘起，長至90分鐘，或是4～5小時都有。

但相同的麵包，最後發酵時間會拉長，是因為發酵不完全。原因很多，有可能是麵團未熟成、麵團溫度較低、靜置時間太短等不當的製作條件所造成的。像這樣的麵包也無法成為優質麵包。

（2）困難的最後發酵法

① 比容積……較小者，在烤箱內延展較佳，較大者烤箱內的延展較差。因此較小者，也就是裝填較多麵團者，因最後發酵的時間短，烤箱內延展較佳；所以比容積較小者應盡快放入烤箱，而比容積大者則較慢放入。

② 麵粉蛋白質的質與量……使用蛋白質含量越多的粉類，烤箱內的延展越大。但是，蛋白質含量越多彈力也越強，必須要進行充分的最後發酵。

③ 麵團熟成度……不足或過度都會使烤箱內延展變差。所以辦認出最適的熟成度非常重要。

④ 烤箱的特性與溫度……相對於固定式烤箱的壁面、上方散發出強大熱幅射進行烘烤的狀態，瓦斯烤箱等利用熱氣流烘烤，所以烤箱內的延展會更大。這種狀況就要提前結束最後發酵。

⑤ 麵包製作方法……烤箱內的延展程度，直接揉和法不及70%的中種法、70%的中種法不及100%的中種法。

⑥ 追求的口感……希望口感輕盈容易咀嚼時，就必須長時間最後發酵，並以高溫烤箱烘焙為宜。

⑦ 葡萄乾或玉米粒揉和至麵團時……較短的最後發酵並放入烤箱。若是依平時的最後發酵時間，會使內側乾燥且因葡萄乾等重量而導致側面凹陷的狀況。

（3）易於產生的不良成品

① 溫度過高……麵團在31℃左右時，放入最後發酵箱內，若是最後酵箱內的溫度有40～42℃，麵團中央與外側的溫度差會變大，造成內部不均勻的狀態。這就是由最後發酵室至放入烤箱為止，麵團表面會急遽產生乾燥薄膜的原因。相較於配方的糖類用量，烘烤出的色澤較白，很多時候就是因為最後發酵箱內的溫度過高。

② 溫度較低時……雖然最後發酵需要較長的時間，但烤箱內的延展卻意外地好。當然也因為放入烤箱的最適時機範圍變大，所以在單人製程的麵包店內，這是非常值得研究討論的項目。

③ 濕度高時……理論上，相對濕度100%即可，但實際上麵團溫度會較最後發酵箱低，因此麵團表面會有水蒸氣凝結，造成過濕。濕度過高時，表層外皮會變硬、產生斑點或皺褶、容易烤出泡狀、烤色過濃等。RICH類油脂較多的麵團，表層外皮會有變硬的傾向，降低濕度（60～70%）較佳。

④ 濕度低時……麵團表面水分急遽地蒸發，會使麵團表皮產生乾燥薄膜。像這樣的麵團容積不會變大，有時還會引起麵包的裂紋。表層外皮因糖化不足而烘烤色澤不良、易有顏色不均且欠缺光澤的狀況。

⑤ 最後發酵不足……麵筋未能充分延展致使容積變小，易引起龜裂。內部密實、氣泡不均、表層外皮的呈色過重、略偏紅。也欠缺麵包的美味。

⑥ 最後發酵時間過長……會變成沒有彈性的麵包，麵包容積異常大，是造成側面凹陷的原因。更嚴重時會引起烘烤後麵包容積縮小的現象。因糖分不足故表層外皮的顏色差。內部粗糙、香氣也不佳。

（4）最後發酵完成時的辨別方法

最後發酵完成時的辨別方法為：

① 根據形狀、透明度、氣泡大小、觸感等方法。

② 是最初麵團容積的3～4倍。

③ 相對於烘烤完成的容積，膨脹至某個比率的高度時。

——這些方法是一般常用的。糕點麵包、奶油卷、甜麵包卷等，運用觸感、氣泡大小、麵團膨脹率、最後發酵計（配合分割重量，用紙模製作完成最終發酵時麵團大小的工具）等，是普遍的方法。

使用模型的方型吐司麵包等，約膨脹至模型容積的7.5～8成左右，整條或山型吐司等，若是中種法麵團，則是高於模型1公分，直接揉和法是高於模型1.5公分，即是完成最後發酵的標準。

當然這也是以最適切的比容積為前提的辨別方法。曾經有過方型吐司要細緻紮實、山型麵包則是要爐內膨脹（oven kick）大的麵包，才受到青睞，但最近傾向於即使略粗糙，但烘烤狀況良好的方型吐司、和爐內膨脹不要太大的山型麵包等，不花俏的麵包才受歡迎。

（5）最後發酵之目的

因整型製程而硬化的麵筋組織缺乏延展性，若直接烘烤，則會烤出體積小且口感堅硬的麵包。藉由再次發酵膨脹麵團，以軟化麵筋組織，做出受熱及烤箱內延展良好的麵包，這就是最後發酵的目的。最後發酵的目的，可列舉以下幾點。

① 使因整型而排出氣體的麵團，再次膨脹成海綿狀。

② 藉由發酵以生成酒精、有機酸及其他芳香性物質。

③ 生成之有機酸和酒精，在麵筋組織的作用，使得麵團延展性增加。

④ 藉著麵團溫度上升以活化麵包酵母及酵素。

（6）溫度·濕度·空氣循環

① 溫度與濕度供給裝置……在最後發酵條件下有困難的，是濕度的供給。最近為調節溫度而加熱空氣，以溫水噴霧來調節濕度。溫度是藉由蒸氣加熱管等經空氣而加熱。

② 最後發酵箱的隔熱與外部空氣的影響……最後發酵箱的上方、壁面、連同底部都要能充分的隔熱。此外，若最後發酵箱的壁面即為工廠壁面，則會直接受到外部空氣的冷熱影響，是不太適合的。

③ 最後發酵箱內的空氣循環⋯⋯為使最後發酵箱內的上層、下層、低溫麵團周邊空氣以及麵團間空氣，能維持均勻溫度，必須使空氣能由最後發酵箱頂部或底部排出，並且使其能在10分鐘之內循環足夠替換的空氣量。但循環過強時，會使麵團的表面變乾燥等反而是缺點，需要很微妙的調節。

(7) 最後發酵箱的種類

最後發酵箱，因企業規模而有各式各樣的選擇。就由烘焙麵包屋的小型機種開始依序加以說明。

① 棚架式最後發酵箱（櫥櫃式最後發酵箱）

小型、方便使用，多見於烘焙麵包屋，是以整片烤盤拿出放入，因此容易耗損熱量，效率較差（照片IV-(7)-①）。

② 手推架式最後發酵箱

可以直接推著架子移動。是稍大型的最後發酵箱。常用在烘焙麵包屋或略具規模的店家（照片IV-(7)-②）。

③ 軌道架式最後發酵箱

手推架式最後發酵箱的底部裝設軌道，可以輕鬆地移動，多用於大型工廠。

◇ 發酵與溫度、濕度

製程室溫＝26℃、65%

第一發酵室＝27℃、75%

最後發酵箱＝38℃、85%

試著將對發酵影響最大的製程溫度和濕度列出比較。僅以吐司為例，但卻不可思議地發現其規則性。只要記住這三種溫度、濕度，即使是其他特殊麵包，應該能在某個程度上想像出麵包的形象了。

叮嚀小筆記

◇ "迅速下滑"與最後發酵

對於秋季夕陽的快速西沈，常會說〝迅速下滑〞，對於最後發酵結束的時間點而言，這個用語再恰當不過了。想著只要再2～3分鐘，但卻過了最佳時間點。這應該是大家在初期經常會遇到的經驗吧。在最後發酵箱內的麵團膨脹，請大家記住絕不是直線上升，而是加速變大的。為什麼⋯⋯?若無法回答的人，請從頭再讀一次吧。

最 後 發 酵 箱 的 種 類

櫥櫃式最後發酵箱(照片Ⅳ-(7)-①)

手推架式最後發酵箱(照片Ⅳ-(7)-②)

叮嚀小筆記

◇ 何謂 Retail bakery?

麵包,在各種規模、地點、形態不同的店內出售。這些店家的商業形態,若以業界用語來說,可以用以下的方式介紹給大家。

Retail bakery ——— Home bakery
Window bakery
Wholesale bakery —— Instore bakery

Retail 在字典上是「零售、代售、轉售」。而相反的語詞就是 Wholesale(批發、大規模的)。但在麵包業界,一般製作、販賣在同一店舖內完成的就稱為 Retail bakery,其中特別是小規模或以家族為主要勞動力的店家,就稱為 Home bakery。Retail bakery 開設在路邊店面者就稱為 Window bakery,而開設在超市、百貨公司內的店舖,則稱為 Instore bakery。最近增加了許多便利超商(Convenience Store、CVS)也開始販售以冷凍麵團烘烤出爐的麵包,像這樣的便利超商,也被稱為麵包便利店。

④ 吊架式最後發酵箱（單軌式最後發酵箱）

除去軌道架，單軌式則是在上部設軌道，再掛上吊架完成，雖然可以輕易地操作，但另一方面不同麵包最後發酵時間不一時，無法前後替換等問題較多。也有分手動式和自動式。

⑤ 托盤式最後發酵箱

與棚架式發酵箱同樣，將烤盤或模型直接放在托盤上，進行最後發酵。

⑥ 托盤架式最後發酵箱

以架式進行，架上的模型會自動搬運或取出。多用於大型工廠。

⑦ 輸送帶式最後發酵箱（conveyors）

機器操作上，在開始動作或結束時最常出現狀況。除此之外，這種方式是故障最少的發酵箱。有隧道（tunnel）型和螺旋（spiral）型。

◇ 烘焙方法（1）

烘焙方法有諸多說法，無法確切說哪種是正確，心存被大家批評指教的決心，在此將筆者自身的想法介紹給大家。只是一種想法的溝通，也請大家多多交流意見。

吐司麵包：固定烤箱，麵包模型放滿烤箱時，溫度會降低30℃左右，舉例而言，放入烤箱前設定為250℃，在模型全部放入烤箱後，溫度會重新設定在220℃。也就是儘可能在高溫時放入烤箱內，後半再設定成適溫。以38分鐘烘烤，燒減率在取出時，會維持在10%。過去一向強調前段用較強的下火，中程使用較強的上火，但隧道式烤箱（Tunnel Oven）另當別論之外，更重視周圍的溫度，避免調整固定烤箱的上火、下火。再者，為使表層外皮能有鮮艷色澤、薄且光滑地完成，在放入烤箱時也同時應加入少量蒸氣。巧妙地運用蒸氣，能讓麵包變得更優質更美味。

叮嚀小筆記

糕點麵包：高溫短時間（220℃、10分鐘）以上火為主地烘烤。下火約略即可，10分鐘是基本，也能縮短成8分鐘。與吐司麵包不同，下火太強會造成乾燥粗糙的口感，令人望之卻步。特別是酒種甜麵包，下火過強時會損及酒種的香氣。

V 烘焙

　　烤箱的歷史，可以追溯到埃及時代，從利用太陽能蓄熱的岩石乾燒開始，美索不達米亞的烤餅(naan)、薄煎餅(chapati)，可見其烘烤方法是在甕下方加熱，將麵團貼在甕內上方烘烤而成，再更進步之後，由甕中內建式移至外面的外建式烤窯，現代則是可連續烘烤的隧道式烤箱或烤盤式烤箱。

　　如前所述，麵包的定義是「麵粉等穀物中添加水分製作麵團，主要是利用酵母菌的發酵能力使其發酵、烘烤而成的」。從攪拌至烘烤完成為止，以吐司麵包的直接揉和法，約需一個半小時，其最後製程就是烘焙。

　　經由烘焙，將白且濕潤的物質、不可食用的麵包麵團，變化成有著誘人黃金烘烤色澤、口感豐富的麵包。當然，大前提是指直到最後發酵為止，麵團狀態良好的情況，但烘焙製程是集所有製程之大成，烘焙更是決定麵包最終價值的關鍵。

　　麵包的體積約二成、香氣風味約七成是由這個階段的製程所產生，但此製程中最重要的烤箱，是生產能力的基準，因此所有其他設備，都要能順利與其搭配才最重要。如何有效地運用烤箱，也是決定該工廠生產效率的關鍵。

(1) 烘焙的方法

　　烤箱的使用方法，當然會因烘烤的成品而不同，會因麵團配方、麵團重量、整型方法以及期待的口感等，而有所變化。若以烘烤吐司麵包舉例，①固定溫度②前半高溫、後半適溫③前半低溫、後半適溫④高溫短時間⑤低溫長時間…等，各式各樣的方法都有，哪種較好眾說紛紜，無法一概而論。

　　一般而言，製作方型吐司麵包，前半會儘可能地使用高溫，後半以較低的溫度來烘烤。其他主要以電力為熱源時，分上火和下火進行烘烤是常見的作法，就是前半下火較強，中間上、下火都強，後段上火下火皆弱的方法。

(2) 烤箱的溫度和濕度

　　烤箱的理想溫度，是爐內膨脹能在最初25～30%的時間內完成，接下來35～40%的時間開始呈色，待麵團固定，最後30～40%是表層外皮形成，完成褐變反應的溫度。但LEAN類配方或發酵過度的麵團，適合高溫烘焙，而RICH類或發酵不足的麵團則適合低溫烘焙。烘焙時烤箱內的溫度和濕度的平衡非常重要，兩者平衡良好時，可以有以下的結果。

① 調整使麵團表面均質，表層外皮呈現平順光滑狀。

② 輔助熱傳導。

③ 引起對流、攪拌。

④ 因麵團表面的蒸氣冷凝而延緩了麵團表皮的乾燥緊縮。

⑤ 冷凝於麵團表面的水分氣化時，因麵團搶奪了氣化熱(539卡路里)，使得麵團溫度升高，延緩表層外皮的形成，有助烤箱內的延展。

⑥ 因麵粉的糊化，使得表層外皮產生光澤，因梅納反應使得表層外皮產生良好的烘烤色澤。

德國麵包、法國麵包理所當然地都會運用蒸氣進行烘焙，但其實只是在用量的差異，對所有麵包烘焙都應該是必需的。

蒸氣量，大約是在麵團表面形成薄薄水霧層(凝結)的程度，最恰到好處。蒸氣的溫度過高時，麵團表面不會出現冷凝效果，對於麵團表面的濕潤效果也較少。

蒸氣分成Wet、Soft、Light、Hard等4種，這個順序是依其壓力及溫度高低而來。烘焙麵包時，濕蒸氣Wet Steam最適用，壓力為0.25kg/cm²、溫度104℃的蒸氣，在飽和狀態下，由上方以1～2m/秒的速度噴出，是最適當。

◇ 有困擾時該如何做呢？

製作麵包時，常會有不知該如何判斷的時候。是不該多加1%的水？攪拌是否該再多1分鐘？是否該多等5分鐘再進行壓平排氣嗎？要多等1分鐘再放入烤箱呢？是否該出爐了呢？要再等一下嗎？這些大概都是製作麵包時，會產生的一連串猶豫。這些時候該如何判斷呢？在山崖邊跌倒時，跌向山側還是跌向懸崖，結果是截然不同的。在困擾迷惑時，思考麵包的本質及特色再行判斷，非常重要。例如，就添加水分而言，吐司麵包多一點會比較安全，糕點麵包則是少一點比較不會錯。攪拌時，吐司麵包攪拌長一點比較不會錯，裸麥麵包則是略短較安全。只要是人，經常都會面臨迷惑和困擾。這些時候朝安全方向選擇，是烘烤出安定成品的次優對策。接下來，期待大家可以成為足以判斷，不再迷惑的專業技術人員。

叮嚀小筆記

（3）因烘焙造成的不良成品

　　所有的製程都沒有失敗地進行是最理想的狀態，即使失敗，除了烘焙之外，都能夠在下個階段的製程中修正補救，但只有烘焙製程無法重新進行或修正，所以最需要集中精神來進行。像是僅學會攪拌，絕不會被認為可以獨當一面，但若烘焙完全沒有問題，就會被認定是可以獨挑大樑的人材了。

　　以下列舉幾個因烘焙造成不良成品的例子。

① 溫度過高時，麵包的容積變小，燒減率也變小。此外，表層外皮的顏色深濃，口感過度濕潤。糕點麵包則容易產生烘烤不均、表層外皮與柔軟內側剝離的狀況。

② 溫度過低時，容積變大，減燒率也變大。烘烤色澤淡且缺乏光澤，表層外皮厚且口感粗糙，風味不佳。

③ 內部蒸氣過多時，雖然烤箱內的延展良好，但容易烘烤出表層外皮厚且表面產生水泡的麵包。

④ 內部蒸氣太少時，表層外皮龜裂，且容易與柔軟內側產生剝離狀況。成為烘烤色澤淡且不具光澤的麵包。與溫度過高時有類似的表相。

　　其他，應注意的事項：

⑤ 放入烤箱前的麵團因麵筋組織是延展狀態，因此必須避免強烈撞擊(特別是最後發酵過度時)。

⑥ 使用隧道式烤箱，箱內未正式烘烤，在開始下一個烘烤作業前，必須先放入空模，或是裝有水或砂粒的模型，使其中蒸氣充滿的同時能先吸收多餘的熱量。如果輕忽了這個作業，可能前端的成品會有烤色過深，或呈現烘烤過度的顏色及形狀。

⑦ 放入烤箱前，麵團乾燥或接觸冷空氣、霧氣時，會烘烤出表面出現白點的麵包。

⑧ 在注入蒸氣的烤箱內放入刷塗蛋液的麵團時，烘烤色澤會變得模糊不明。

⑨ 麵包烘焙完成前，若在烤箱內受到衝擊，麵包正中央會出現白色輪狀(Water Ring)。

（4）藉由衝擊力道的品質改良法

在過去，剛出爐的麵包或蛋糕，須避免強烈撞擊、應仔細保管的作法，被視為是常識。也就是大家開始認為必須要防止麵包或蛋糕，在烘焙完成時發生的凹陷現象，像是烘焙後的縮小凹陷、側面彎曲凹陷等狀況。但在1974年，由日清製粉技術群發表的烘焙成品的品質改良法，卻顛覆了這個常識。

方法其實非常簡單，就是給予烘焙完成的成品衝擊而已。由上向下掉落、敲叩，無論什麼方式都可以。就是趁著剛出爐之際，密封在柔軟內側中蛋白質或澱粉薄膜當中的高溫氣體、水蒸氣、空氣，在開始收縮之前，藉由外部的衝擊，使氣泡膜產生龜裂。藉著成品中高溫氣體與低溫的外部空氣置換，使吐司麵包等氣泡孔洞更細緻，並防止其側面彎曲凹陷。發揮在蛋糕類的效果更甚於麵包。

（5）烘焙的目的

烘焙的目的，簡約成以下五項：
① 因發酵產生的二氧化碳、乙醇氣化，形成麵包的體積。
② 澱粉糊化，製作成容易消化的麵包。
③ 烘烤出表層外皮的烘烤色澤，提升風味及香氣。
④ 終止麵包酵母產生氣體，同時使各種酵素作用停止。
⑤ 蒸發澱粉糊化後的剩餘水分，製作出口感良好的麵包。

（6）烘焙反應的主要原因

在烤箱內，麵團變化成麵包的過程，稱為"烘焙反應"，雖然還有很多部分尚未探究出來，但只要對這個反應能多一點理解，在麵包製作上就有很重要的助益。

（a）澱粉

澱粉佔麵粉的七～八成，藉由烘焙使其成為糊化狀態，對於麵包的物理構造及老化有很大的影響。特別是熱、水、澱粉酶的作用、健全澱粉與損傷澱粉的比例，對於吸水、二次加工性、糊化狀態、烘烤色澤、成品率等等有很深的關係。

（b）蛋白質

存在於麵團中氣泡內部的加壓狀態下，製作優質麵包時，形成具有彈力和延展性的麵筋組織，以期能確實地保持住二氧化碳。

在發酵製程中，澱粉粒子間有麵筋組織的連結、包覆，當麵團製作完成後，在烤箱中急遽產生熱膨脹，麵筋組織就成為支撐住膨脹的骨架。麵團溫度上升超過75℃時，蛋白質會產生熱變性，相反地因澱粉的糊化使其作為支撐骨架，從麵筋組織轉至糊化澱粉上。

（c）酵素作用

麵團中 α 蛋白酶主要作用在損傷澱粉上，但健全澱粉因熱和水同時作用被糊化後，也同樣會受到 α 蛋白酶的作用。穀物中 α 蛋白酶的最適溫度是60 ～ 70℃，超過80 ～ 85℃時，就會失去其活性了。

另一方面，黴菌中的 α 蛋白酶，最適溫度約50℃左右，到了60℃就會失去活性。因此，澱粉的糊化約從60℃開始，黴菌中的 α 蛋白酶作用會明顯地受到限制。烘焙初期，特別是在放入烤箱後的7 ～ 8分鐘，是必須快速進行烤箱內延展的時間，因此 α 蛋白酶對澱粉產生的作用就非常的重要。

α 蛋白酶因其來源，依細菌、麥芽、黴菌之順序，耐熱性越低。麵團中所含的酵素都是黴菌類時，耐熱性低就會影響到烤箱內的延展。

（d）水

麵團中的水分，一般來說是43 ～ 48%，烘焙中會產生兩個重大的變化。其一是麵團內的自由水與保持在蛋白質內的水分，約在60℃左右時，因澱粉糊化而開始移動。這就是麵團轉移成麵包的基本變化。

另一個則以吐司麵包而言，約8 ～ 12% 的水分會從麵團表面蒸發。這是從放入烤箱的瞬間開始，不僅在烘焙製程時，連冷卻時也是。表層部分當表層外皮開始形成，就是水分減少，溫度超過100℃時。這是從表層以內10mm的現象，更內側的部分，即使水分移動也與呈色無關。

表層外皮的形成，是麵包最後構造的形成，是呈色也是香氣的形成。這個香氣，在烘焙完成後與水分的移動相反，會滲透至內部，與柔軟內側的發酵氣味相溶，形成麵包獨特的味道。對酵素作用來說，水雖然是必須的，但除了表層外皮之外，相較於水分不足，因熱而使得酵素失去活性的影響更大。

（e）熱

由烤箱對麵團散發出的傳導熱，雖然主要是由幅射（放射）而出，但會從麵團表面傳導致內部。因麵團內部的網狀結構，使熱不易傳導，所以麵團內部與外部的溫度上升曲線，有顯著的差異。麵團各部位的時間與溫度變化，則以P. E. Marston和T. L. Wannan的報告所示（請參照圖 Ⅴ-1）。

由這個圖可以得知以下事項。

① 在烤箱內麵團溫度上升有三個模式，初期階段是緩緩升高、中期是急遽上升、後期又回復緩慢上升。

② 表面和表面以內3mm的位置，與其他部分的溫度上升模式不同。

③ 除了前半停滯期的傾斜不同之外，中間上升曲線與麵團內所有的位置，在本質上都是相同的。這與後面會說明的酵素作用有重要的關係。

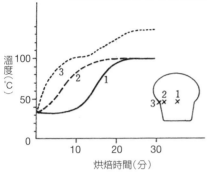

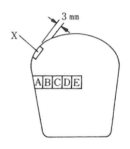

＜圖V-1＞以235℃烘烤完成時，
麵團各部位時間與溫度變化

溫度(℃)
烘焙時間(分)

＜表V-1＞烘焙時間不同的麵包水分含量（％）

烘焙時間(分)	麵包的位置（下圖）					
	A	B	C	D	E	X
22	18.7	44.1	44.9	44.8	45.0	6.0
30	14.3	43.5	44.8	45.1	44.6	5.4
38	15.0	41.7	45.5	45.1	45.0	3.7

※＜圖V-1＞、＜表V-1＞都是P.E. Marston and T. L. Wannan（Bread Research Instiute of Australia）Baker's Digest, 50,（4)24(1976)

（7）烘焙反應的主要變化

（a）麵團構造的變化

麵團溫度上升時，澱粉也開始糊化，分成第一次糊化（60℃左右）、第二次糊化（75℃左右）、第三次糊化（85～100℃）等三個階段完成。一般認為要使澱粉完全糊化，必須要其3倍的水量。

但麵團中存在的水分，幾乎只與澱粉等量，不足以使其完全糊化。因此，在麵團中澱粉的膨脹，雖然足夠使雙折射（birefringence）消失，但澱粉粒子仍保持其原狀。與澱粉膨脹之同時，蛋白質的凝固約從70℃開始。

由於澱粉為了膨脹而吸收水分，故而促進了麵筋組織的凝固。

（b）表層外皮的形成與呈色

相較於內部耗損，表層外皮的水分耗損量更大上許多，相對於內部能保持住 40 ～ 45% 的水分，表層外皮僅能保持在20%以下，最外側部分的水分甚至在10%以下。麵團的 pH值5.0 ～ 5.5、溫度在160℃以上時，梅納反應的進行顯著。

外層變硬、變脆弱且呈色之現象，稱為表皮形成，但這個現象是由於麵團表面因水分蒸發的熱量，不是損耗而是被麵團大量吸收後，才開始形成的。褐色的表層外皮所沒有的麵包香氣，是由麵包發酵生成的酒精、有機酸、酯類、醛類、酮體類等而形成，但烘烤完成時的麵包香氣，主要還是來自梅納反應所產生。

表層外皮的外部，在153 ～ 157℃時，會生成糊精，對於光澤有很大的幫助，也會引起糖類的焦糖化，以及與胺基酸的梅納反納。其反應速度會因麵團 pH值和各因子的平衡而有所不同，發酵過度的麵團會烘烤成略白的烤色，原因就是麵團 pH值低，殘糖量不足所致，即使是速成法，只要氧化劑使用過多，也一樣無法烘焙出烘烤色澤。

（c）體積的增大

麵團放入熱烤箱時，或許大家會認為在烤箱內延展的階段下，很快地就會形成表層外皮，但實際上，烤箱內的蒸氣接觸到冷麵團（32℃），會在麵團表面形成薄薄的水霧，而延緩了表層外皮的形成，使得麵包在烤箱內延展（容積）變大。

◇ 以烤雞肉串店為範本地展現香氣

烘焙時產生揮發性物質的散發，不僅在麵包店，烤雞肉串或烤鰻魚店也常見，意外地沒有將這了不起的宣傳特色加以利用的只有麵包店吧。以環境考量確實有些困難，但還是能儘可能讓烘焙時，烤箱散發出的香氣飄散在店內。

此外，擁有中央廚房的 Instore bakery 等，常會在店內展示性地烘焙油酥類甜麵包（pastry），接著再烘焙許多樣質類麵包，就可以讓店內（大樓內）充滿麵包的香氣。視覺上的訴求或許只有 4 ～ 5 人接收得到，但嗅覺上則是對100人或1000人提出強烈誘惑。麵包不再是以其外形銷售，也以其香氣和味道為賣點。

叮嚀小筆記

　此薄膜狀的水，會因烤箱內幅射熱而氣化，氣化時必須的熱源（水1g、25℃時需要583kcal；水1g、100℃時需要540kcal）就來自於麵團表面，再加上發酵生成的酒精也會隨著蒸發而奪走周圍的熱源，抑制了麵團表面溫度的上升。

　也因這些原因，烤箱內初期麵團表面溫度上升，會比我們所預想的更緩慢。這個時期大約佔完成烘焙時間的1/4或1/3。在麵團內部，麵包酵母的動作仍在持續，隨著麵團溫度上升，氣體的產生量也更大。再加上已產生氣體的熱膨脹，及溶於麵團水分中的二氧化碳之遊離所產生的膨脹，還有麵團中水蒸氣和空氣的膨脹。而麵筋組織的軟化與澱粉的糊化更有助於體積的增大。

（d）水分的分布和移動

　在適當的烘烤時間內，存在於麵包內部的水分幾乎是均勻的，麵團當中也是。由Marston和Wannan的報告，可由表Ⅴ-1看出麵包各部分的水分量。這是山型麵包以230℃烘烤時，烘焙22分鐘、30分鐘、38分鐘後，各別放置10分鐘冷卻後測得的結果。並且在麵包取出烤箱時，會引發水分的急速移動，所以麵包表面的水蒸氣持續蒸發，有助於麵包冷卻。

（8）烘焙過程中產生的物理性、化學性及生化性的反應

（a）物理性反應
① 從最後發酵至放入烤箱的麵團，其狀態的不同，正是在於麵團表面薄膜水霧的形成。
② 溶於麵團水分中的氣體會遊離、並逸出。
③ 會產生麵團中所含酒精等低沸點物質的蒸發，氣體的熱膨脹以及水分的蒸發。

（b）化學性反應
① 從這個時間點開始，澱粉開始第一次糊化，隨著溫度升高而依序有第二次、第三次糊化。另一方面，麵筋組織因水分被澱粉奪去，在74℃左右開始產生熱凝固。
② 隨著烘焙製程的進行，表面部分超過160℃時，糖與胺基酸會產生梅納反應，形成類黑精。
③ 於此前後，糖類的分解聚合而形成焦糖，澱粉部分會變化成糊精。

（c）生化性反應

① 溫度升高至60℃左右時，酵素作用會變得活躍，增加揮發性物質，使麵團柔軟。亦即是麵筋組織會因蛋白酶而軟化，澱粉會因澱粉酶而液化、糖化，使麵團整體變得柔軟，有助於烤箱內的延展。

這些反應，是烘焙反應中最重要的部分。而在此應注意的是，在麵團階段麵筋組織是麵團的骨架，但經過烘焙這項製程後，成為骨架的物質，變為糊化的澱粉，也正是麵團成為麵包的變化。

（9）熱傳導（熱傳播）

烤箱內的麵團或麵包的熱源，是以熱傳導、幅射（放射）、對流來傳遞的。這三種傳遞方法中，最重要的作用，會因各別的烤箱形態而有所不同。

例如，固定烤箱般熱量會蓄積在爐底、頂部、壁面等固體物質，當麵團加熱時，幾乎是以熱幅射的方式進行熱傳導。這種情況下，相較磚製壁面，當然熱傳導良好的鋼板壁面能更迅速地進行幅射熱。

另外，直接加熱式的烤箱，烤箱內的空氣能保持的熱量較小，因此對於麵包烘焙的直接作用也較低。因此以燃料取得的高熱氣體直接加熱麵團或模型時，是以對流熱來進行主要的熱傳導。

以上，針對以幅射（放射）為主的間接加熱式烤箱，以及以對流為主的直接加熱式烤箱進行說明，但強制對流附帶間接加熱的烤箱，則是二者的混合型。當然無論哪種情況，麵團與模型或爐底接觸面，也會有傳導熱，對於麵包烤箱內的延展或內部加熱都很有幫助。

但以傳導熱進行烘焙是極少數，大部分的熱傳導還是以幅射熱、其次是對流熱為主。幅射熱與對流熱的比例，依烤箱結構來看，約是9比1的比例。

（10）燒減率（烤焙損耗Baking loss）

燒減率是以放入烤箱前麵團重量為A、完成後由烤箱取出的麵包重量為B，由以下公式求得。

$$燒減率 = \frac{A - B}{A} \times 100$$

求得的數值，是表示烘焙程度的重要數值，但依烘焙方法不同數值也會有很大的變化。以方型吐司來看，一般是9.0±0.5左右居多，但整條吐司或山型麵包等大約在13〜15%。

因烘焙而重量減少的原因，主要是①因發酵生成的揮發性物質的逸出、②水分的蒸發。即使烘焙同樣的成品，高溫短時間烘焙與低溫長時間烘焙的結果，數值也會有很大的差異。

燒減率，是烘焙成品一向會有的數據，與烘烤色澤相同，利用燒減率來管理烘焙狀態，是非常重要的。為了在設定時間內達到設定之燒減率，烤箱的管理就必須要非常仔細注意。此時必須要確認以下各點。

① 調整溫度和時間。

② 使熱量均勻分布。

③ 適度加入蒸氣以調整濕度。

④ 均衡地調節上火、下火。

⑤ 防失熱損失(heat loss)。

(11) 熱源和加熱模式

過去烤箱的燃料，用的是石炭或焦煤等，但最近幾乎都是使用燃油、電力或瓦斯。燃料變化之同時，加熱方式也有所改變。

過去有稱為內建式的烤爐，一般是將柴薪、焦煤等放在一個火炭台燃燒，之後將其取出並利用同一個火炭台的餘溫來烘烤。之後，燃料變成石炭、燃油後，製程性及出煙狀況等原因，才變成將烘焙麵包的烘焙室和燃燒燃料的燃爐分開，外建式為主流。除此之外，還有將甘油(glycerine)放入密閉管中，使密閉管繞行烘焙室，加熱其中一端來進行烘烤的方法(蒸氣管式)。

以上的烤箱稱為間接加熱法，相對於此，最近使用瓦斯，使烘烤室完全燃燒的直接加熱法普及，溫度容易調整，熱效率也提高近20%。

固定式烤箱
(箱式烤箱 Peel Oven)

法國麵包用烤箱

旋風式烤箱（Convection Oven）

托盤式烤箱（Tray Oven）

隧道式烤箱（Tunnel Oven）

叮嚀小筆記

◇ 烤箱小的比較好

在開始展店之際，添置烤箱時，為了安全起見，並考量到銷售良好的狀況，而常容易會買入大型烤箱。或許就設備投資而言，確實是如此，但關於烤箱，還是小的比較好。因為烤箱的烘焙能力以及人性，常常會多備用量，並將其烘焙出成品，結果就是必須銷售冷麵包。若烤箱烘焙能力不足，即使賣得再好，也只能逐次備料並少量烘焙。雖然看起來很沒效率，但以不同角度的觀點及想法而言，正因為是剛出爐所以才能賣得好，也必須知道那些效率很高的店家，雖然做了麵包但卻賣不掉的狀況。當然在顧客買不到麵包前增量即可，購買烘焙能力較小的烤箱，不是無謂的投資，也不是沒有計劃的結果。單純只是美麗的計算而已。

旋轉架式烤箱 Rack Oven

螺旋式烤箱 Spiral Oven

(12) 烤箱的分類

烤箱的分類法有①依熱源(燃油、電力、瓦斯)分類法、②依加熱方式(直接、間接)分類法、③烘焙形態(機器形態、移動形式、像是隧道式、托盤旋轉式、旋轉架式rack)分類法、④依烤箱材質(磚、石板slate、鐵)的分類法等,依這些組合才能成為一個烤箱。

在此針對③烘焙形態的分類加以說明。

(a) 固定式烤箱(箱式烤箱Peel Oven)

烘烤台固定不動的烤箱。可以簡單地調整上、下火,但反之因烤箱而有前方、中央、兩側等位置,會產生溫度不均的狀況。即使是箱式烤箱,在法國、德國也大都會使用具有加濕裝置的蒸氣烤箱,日本烘焙法國麵包時也常會使用。所謂的Peel,指的就是放入或取出麵包時的麵包鏟。

(b) 抽出式烤箱
(Draw Plate Oven)

因為烘烤台可以從烤箱內全部拉出,因此內側過度烘烤的狀況不會產生,但高溫的烘烤台全部拉出時,除了製程室內會變熱之外,熱量的耗損也很大。

(c) 回轉式烤箱(Rotary Oven)

不會烘烤不均、熱量耗損也少,但相對於烘烤能力其所佔的地板面積太大,以業務用烤箱來說,僅歐洲部分地區使用。因為不會產生烘烤不均的現象,現在經常被使用在麵包製作的實驗上。

(d) 輪軸式烤箱(Reel Oven)

將托盤吊放在直立式旋轉輪軸上,使其進行烘焙的烤箱。特徵是不需佔用很大的地板面積。藉由托盤的旋轉使得熱量對流,能烘焙出受熱良好均勻的產品。但反之,容易因上方及下方的烤箱溫度而產生差異。

（e）托盤式烤箱（Tray Oven）

兩個輪軸式烤箱的滑車，以鎖鍊支撐托盤的烤箱。僅只需隧道型烤箱六成左右的地板面積，由單捲變成複捲（30盤以上）時，其安裝所需面積可以更加壓縮。

（f）隧道式烤箱（Tunnel Oven）

目前在大型工廠是重要的器具，在1910年研發出的烤箱。特徵是因應烘焙階段，可以調整上、下火，還能細微地調整烤箱內溫度。地板面積就是全部的烘烤台面積，可以100%有效利用。但仍必須有相當大的佔地空間。並且入口和出口是開放式，也是今後面臨的課題。

（g）旋轉架式烤箱（Rack Oven）

由歐洲傳入的烤箱種類，由最後發酵室取出的麵團，可以直接在旋轉架上烘焙冷卻，無需置換烤盤，相當省力。中等規模工廠經常使用。

（h）螺旋式烤箱（Spiral Oven）

最新型的烤箱，熱源多來自瓦斯。能有效使用地板面積，熱效率佳、少故障，用於大型工廠。

（13）烤箱的周邊設備

在小工廠內，或許是不太慣用的設備，裝置於烤箱前後的設備，以下依其名稱及作用加以說明。

① Panner……使麵團入模的裝置（panning machine）。
② Lidder……覆蓋吐司模型上蓋的裝置。

◇ 請注意 " 再一點點 "

再一點點，這麼想著時就烘焙過度了，您是不是也犯過這樣的錯誤呢？「奶油卷烘烤8分鐘，色澤大約是八分左右，那麼再多烘烤2分鐘吧」。這絕對是錯誤的。烘焙麵包時，表層外皮的呈色，在全部烘焙時間的後半段，有三～四成，那麼8分鐘烘烤達到八成時，再1分鐘就會烘烤成十成十的烤色了。

◇ 薄片與清潔

切成薄片時，麵包內部的溫度必須在38℃以下，而且房間也應儘量遠離其他部門，在掉落細菌少的位置，由整潔的製程人員來進行，是最低限度。當然機器本身，在製程開始前，必須要用70%的酒精等先行消毒。

叮嚀小筆記

③ Loader ⋯⋯將吐司麵包模型排放在烤箱前，送入烤箱的裝置。

④ Unloader ⋯⋯將吐司麵包模型由烤箱送出，再送入下個製程的裝置。

⑤ Delidder ⋯⋯除去模型蓋的裝置。

⑥ Depanner ⋯⋯將吐司麵包由模型中取出的裝置，或是將糕點麵包等由烤盤取出的裝置。

⑦ Glooper⋯⋯裝設於烤箱入口處、麵包冷卻架入口處、其他，在移動麵包時，可將多數量的麵包同時整體移動的裝置。

（14）冷卻

烘焙完成的麵包，雖然應該進入包裝或切片的製程，但高溫狀態下進行包裝，會使得包裝紙內產生水滴，反而成為黴菌最喜歡的環境。此外，切片時會因此產生形狀崩壞或導致切面呈現參差不齊，影響到商品價值。

但是，放置冷卻，吐司麵包約需4～6小時，還會因而流失水分和香氣，也容易受到細菌和黴菌的污染。為將這些弊端控制至最小程度，所以在進入包裝、切片製程前，先經過冷卻（cooling）製程，再移至下個階段。

（a）麵包的冷卻

必須注意的是使用乾淨的冷卻空氣，在清潔處進行冷卻製程。

一般而言，放置自然冷卻需要4～6小時的狀況，經由空氣循環可以縮短成80～90分鐘。若再更加縮短時間，會導致表層外皮的龜裂和水分的流失，弊大於利。但若是用真空冷卻，連同預備冷卻，約只需30分鐘，就能將中央部分的溫度降至35℃。

在麵包冷卻製程時，與冷卻溫度同樣重要的是濕度與空氣的對流速度。特別是冷卻空氣，需較冷卻麵包更低溫，即使用的是濕度呈飽合狀態的空氣，在接觸到溫熱麵包時，溫度會上升，相對濕度降低，而耗損掉麵包的水分。

（b）冷卻中的變化

最重要的就是水分的移動、氣香的散失。烘焙完成時，變得乾且脆弱的表層外皮，會因冷卻而從內部吸收水分而變軟，柔軟內部則是因水分減少而產生出彈性。

◇ 推薦日式飲食生活

1988年，日本提出了營養類別攝取比率中，蛋白質15.4%、脂質25.5%、糖質59.1%，是為最適度比率，全世界都對日本式飲食生活大為關注。即使是現在，最能代表日本的食物，壽司也因為屬於健康飲食而受到各界喜愛。但這幾年國人的脂質能量攝取比率有增加的傾向，作為飲食文化發源之一的麵包屋，正可以在澱粉飲食推進中發揮其作用。

叮嚀小筆記

◇ 何謂PFC平衡？

指的是人類所需的三大營養素之P：蛋白質(4kcal/g)、F：脂質(9kcal/g)、C：碳水化合物(4kcal/g)的熱量平衡。據說理想的平衡是P：12-15(13)%、F：20-25%、C：60-68(62)%。在昭和60年左右，日本的飲食文化即是理想狀態，在世界上以「日本式飲食生活」出盡風頭。但最近脂肪攝取量增加，代謝症候群(metabolic syndrome)的言論大幅出現。平成19年的平均為28.8%，這還只是平均。當平均值為28.8%時，表示高於30%以上的人(男性：20.6%、女性：28.1%)也相當多。順道一提，很容易被忽略的酒精是7.1kcal/g。請多加留意。

（單位：%）

	蛋白質	脂質	糖質	
昭和53年 (1978)	14.8	22.7	62.5	2,167 kcal
昭和63年 (1988)	15.4	25.5	59.1	2,057 kcal
平成10年 (1998)	16.0	26.3	57.7	1,979 kcal
平成19年 (2007)	12.9	28.8	58.3	1,898 kcal
（概算值）			資料：日本厚生勞働省「國民營養調查」	

◇ 烘焙方法（2）

可頌：幾乎所有的教科書都會寫210℃、12～15分鐘，但最理想的是——請以前半高溫、後半低溫地烘烤20～30分鐘。可頌的美味，在於奶油的焦香，以及水分蒸發後略乾且入口即化的口感。請試著烘烤出，自己會想要在早餐時食用的可頌麵包。

裸麥麵包：雖然詳細的部分在內文當中有提到，但只有一台烤箱的麵包屋，是無法應對極端的溫度變化。此時，將法國麵包的烘焙溫度再提升10℃，強化下火，請利用麵包鏟（slip peel），使麵團有足夠間距地排放進去。裸麥麵包最重

叮嚀小筆記

要的是，強大的下火和蒸氣的運用。麵團1150g烘烤60分鐘，完成時是1000g，燒減率是13％。在麵團放入烤箱1分鐘內，加入大量蒸氣，之後2分鐘將閥門打開，使蒸氣排出後烘焙。

◇ 主要核心商品與策略性商品

在商品陣容裡，油酥類甜麵包（pastry）佔了多少百分比呢？雖然美味，但現實上是否不太容易售出呢。請務必仔細地思索擬好對策。若是美味的麵包，一定賣得出去。以下是對策的參考例子！

油酥類甜麵包的品項，以52種做為思考的基礎。或許會有點嚇到，您的抽屜中還睡著50～60種的預備商品。當然搭配食材或內餡的變化已經很足夠了，但再加入季節性水果吧（生鮮的水果含有很多蛋白質分解酵素，因此視其種類，也可烘焙完成後用以裝飾搭配）。翻閱到目前為止，參加過的講習

叮嚀小筆記

會筆記，輕易地就能找到這些品項。首先，由其中找出最具賣相的4款，做為整年度的核心商品（不變的商品）。其他的48款，做為策略性商品（每月替換、每週替換），可以每月更替4款商品，12個月都能有所不同。也就是店內隨時都有8款商品，而其中4款是每月特有的。

來麵包屋的顧客，平均是4.2日來一次。顧客的來店頻率與商店的商品更替的頻率成正比，試著想像自己家的餐桌，就不難理解了。每天相同的菜色，即使再好吃都會厭倦。但若每天思考新菜色，也會讓彼此更疲累。將手邊的菜單取出，改變觀看的角度，就會有期待感、味道的記憶以及易於食用的感覺了。

日本人對於食物有著貪心的欲求，但基本上的飲食生活卻是很保守的。所以巧妙地搭配每月替換或每週替換的品項吧。其他的麵包或糕點麵包類，也可以用同樣的方法來思考。

麵包製作方法

　　現在，在日本使用的麵包製作方法，主要有直接揉和法、中種法兩種。但也還有其他許多麵包的製作方法。在美國使用的連續麵包製作法；或是歐洲，特別是德國、蘇俄等使用的酸種法；日本自古以來使用的酒種法、啤酒花法等等。此外，這些製作方法的改良類型，也費了相當的苦心，像是直接法中的再揉和法、速成法等；中種法當中也有稱為標準中種法的70%中種法、100%中種法、Full-Flavor Process全風味法、Over Night宵種法，還有用於糕點麵包的加糖中種法，最近大幅運用的湯種法等。加上為了節省人事成本而開始的冷藏法、冷凍法，加上理論、原料、設備上的改良，這些麵包的製作方法，都很令人期待。

　　如此的麵包製作方法，現在使用中的至少都有10種以上，再加上過去歷史上的製作方法，像是S780法、中麵法等，製作方法為數眾多。在此針對主要麵包製作法的種類及其特徵、步驟，加以敘述。

I 直接揉和法（直接法）

　　所謂的直接揉和法，正如字面上的意思，是將材料直接全部放入攪拌機內，製作出麵團的方法，一般多用於Retail bakery（Home bakery）。最近蔚為話題的變化型麵包或是製作具特徵的麵包時也可適用。

　　這種製作方法的特徵是①風味良好、②發酵時間較短、③發酵室面積小也沒關係、④具有特別的口感…等優點，但相反地其缺點有①老化較快、②容易受到原料及製程的影響、③機械耐性差、④體積不佳、⑤內部氣泡粗大、氣泡膜較厚—等等。

　　直接揉和法當中，含有相當多的種類，發酵時間2小時，是最標準的。發酵時間較短的、較長的、再揉和的…等等，同樣是直接揉和法，也會因製程的不同，使得完成的麵包性格丕變。接下來針對一般進行的配方與製程，以及注意事項加以敘述。

（1）直接揉和法吐司麵包的常用配方與製程

　　配方及製程如表 I−1。試著以發酵時間2小時、1小時以及20分鐘為例。其中標準發酵2小時者，在發酵時間經過3/4時，會進行一次壓平排氣。據說以這種標準法製作出來的麵包，風味、口感都是最好的。

　　發酵時間縮短為1小時者，麵包酵母和酵母食品添加劑都增加，且攪拌時間也略長。麵團揉和完成時的溫度，相較於標準法的27℃，會更高1℃成為28℃。發酵時間再更縮短為20～30分鐘者，麵包酵母增加，且使用的是速成型酵母食品添加劑。

　　吸水控制在略硬，攪拌略長，使麵團揉和完成溫度達29℃。分割之後，與標準法相同即可，但麵包酵母多，則揉和完成的溫度也較高，最後發酵也會較早完成，再者發酵時間較短時，殘糖量較多，烘烤色澤也較容易呈色，應該要多加留意。

<表 I-1＞直接揉和法吐司麵包的常用配方與製程

【配方】	標準法	短時間法	速成法
高筋麵粉	100	100	100
麵包酵母	2	2.5	3
酵母食品添加劑[*1]（添加維生素C）	0.03[(イ)]	0.1[(ロ)]	0.1[(ハ)]
砂糖	6	6	6
鹽	2	2	2
脫脂奶粉	2	2	2
油脂	5	5	5
水	65～70	65～70	64～68

【製作方法】

攪拌[*2]	L2 M4 H1 ↓ M3 H2～	L2 M4 H1 ↓ M3 H3～	L2 M4 H1 ↓ M3 H4～
揉和完成溫度	27℃	28℃	29℃
發酵時間	90分鐘（壓平排氣）30分鐘	60分鐘	20分鐘
溫度、濕度	27℃、75%		
分割	使用方型吐司模時，比容積為4.0		
中間發酵	25分鐘		
整型	排氣至不會損及麵團的程度		
最後發酵	發酵至約八分左右	較標準法略快	較短時間法略快
溫度、濕度	38℃、85%		
烘焙溫度、時間	210℃、35分鐘	210℃、35分鐘	205℃、35分鐘
總時間	約4小時15分鐘	約3小時15分鐘	約2小時20分鐘

＊1　使用添加了維生素C的酵母食品添加劑時，因各品牌的酵母食品添加劑的維生素C含量不同，僅只有維生素C無法呈現出氧化力，因此依不同使用規則進行添加（此時各別使用的維生素C含有量的標示（イ）0.6%（ロ）1.2%（ハ）3.0%）。

＊2　本篇中攪拌時間是以直立式攪拌機30夸特（quart）者為例。H1～是指高速1分鐘以上的意思，箭號是指油脂添加之時機。

（2）直接揉和法的步驟與
注意重點

預備麵團時

（a）測量副材料時，用量越少的材
料越要仔細測量。

（b）麵包酵母不要與其他副材料放
在一起。例如，砂糖、鹽的滲
透壓會造成麵包酵母產生脫水
現象、油脂會包覆麵包酵母
等，損及酵母的活性。

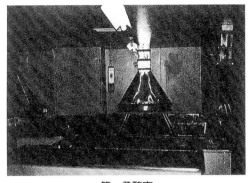

第一發酵室

（c）脫脂奶粉容易結塊，所以應放入麵粉和砂糖中使其散開。

（d）麵包酵母儘量以25°C（約是麵包酵母用量5倍以上）的水溶化後使用。用溫度過高或
過低的水分，會損及酵母活性。麵包酵母與酵母食品添加劑原則上是不會一起溶解備
用的，但一起溶解時，必須立刻使用絕不可久置。酵母食品添加劑原則上會放入分散
在麵粉之中。

（e）油脂，必須等麵筋組織連結至某個程度後再行加入，如此才不會阻礙麵團的連結。

（f）攪拌的程度，雖然有不足、最適、過度三個階段，但在習慣麵包製作至某個程度時，
略微的過度攪拌，比較能夠製作出安定的麵團。在還無法正確地分辨出最適的攪拌
時，一般攪拌不足的情況最多，此時確認已過了最適度攪拌、麵團開始略微軟化時，
即是攪拌完成。當然這個時候，要記得在靜置或發酵製程多留一點時間。

◇ 製程慢比較好

　　曾經到千葉鄉下，訪問創業一年的麵包店。店家附近的顧客
都給予大力讚揚，說是鄉下，也有從大老遠跑來購買的顧客。
但以店家的規模、裝潢、商品內容、老闆的技術能力，很難讓
人相信是這麼受到歡迎的人氣商店。之後有了與老闆談話的機
會，才知道老闆原是上班族，對麵包完全是門外漢，經過了半
年的學習後開始創業。但是開店以來，堅定不移的是學習到的
配方、製程，以及仔細認真的整型製作。即使讓客人等待，也
堅持自己的原則。因此客人買到的都是剛出爐、最美味的新鮮
麵包。

叮嚀小筆記

準備好麵團之後

(a) 麵團溫度較預定高1°C時，在預備製程之後，進行製程時約縮短20分鐘即可。若低1°C時，則是相反地要將製程拉長20分鐘。

(b) 第一發酵室的溫度是27°C、濕度75%。

(c) 壓平排氣的時間，可以用手指按壓法試驗或由麵團的膨脹率（最初麵團體積的2.5～3倍）來判斷。所謂的手指按壓法，是指用手指按壓麵團表面，手指抽出後，孔洞仍保持著手指形狀、且周圍的麵團略有下沈時，是最適合進行壓平排氣的時機。一般麵包酵母較多的配方、氧化劑較多的配方、發酵時間在60分鐘以內，不會進行壓平排氣。

(d) 壓平排氣的目的有以下三點。
　　① 排出充滿在麵團內的二氧化碳，提供氧氣，使酵母發酵旺盛。
　　② 使麵團表面與內部的溫度均等。
　　③ 給予麵團刺激，使其產生加工硬化。

(e) 決定分割重量的方法，一般方型吐司麵包，比容積是4.0～4.2，但最近偏好麵團量較少，內部受熱良好的麵包。但是，比容積在4.2以上，很容易出現側面彎曲凹陷（caving）的狀況。另外，若是用於三明治的麵包時，麵團用量會多一點。

　　Pullman Type Bread是因為與普爾曼火車（Pullman）的方形近似，因而得名，也就是3斤容量長條狀附蓋模型烘烤成的方型吐司之總稱。比容積是由模型的容積（cc）除以麵團重量（g）而得的數值。

◇ 壓平排氣的時機

　　進行壓平排氣的時間點，如本文所述即可，但也有因為對機械耐性的要求、或想要製作出氣泡更細密均勻的麵包時，會提早壓平排氣的時間點。

　　其他像奶油卷等，在整型階段希望麵團能產生加工硬化者，就會省略壓平排氣的製程，或是以極小的力道加以整合麵團。此外，在夏季等吐司麵團過度緊縮時，致使麵包外觀和內部不良，有時完全不進行壓平排氣，就可以改善外觀及內在氣泡的狀況。只是內部色澤、觸感和口感上就會出現缺點。

　　壓平排氣的方法，可以直接在發酵箱內，由上而下地施以衝擊，或是從發酵箱取出麵團排氣、滾圓，接著再放回發酵箱內，方法有很多，但壓平排氣的強度，會對麵包造成莫大的影響，因此每天的感覺及麵包完成的狀態等等，要隨時地將其記憶在腦海中。

叮嚀小筆記

(f) 所謂中間發酵，指的是靜置因分割、滾圓而受損的麵團，可以放在靜置箱或發酵箱回復麵團。待麵團用手拿取、按壓時都不會有抵抗狀態，即可進入整型製程。在麵團尚未回復，就進入整型製程，勉強進行，成品可能動輒就會傷及表層或產生內部的缺陷。

(g) 所謂的整型，以吐司麵包而言，是將完成中間發酵回復的麵團放入整型機，經由滾輪排出氣體，再捲起的過程，若是糕點麵包，就是填餡、編織麵團等等，製作出麵包形狀的過程。

◇ 「正確地進行壓平排氣的方法」

進行壓平排氣的時間點，在前面已略加說明了，手指按壓測試，只要試過幾次大約就能掌握手感。那麼，您知道正確的壓平排氣方法嗎？以前，被稱為是日本麵包業界的權威、恩人的已故福田元吉先生，我也曾承蒙指導地到過當時的製程現場。福田先生的壓平排氣方法是固定的。也就是在完成麵團之後，在略大的缽盆中塗滿大量油脂，再放入一定量的麵團。此時，並不只是放入，而是將進行過「Tsukkomi（つっこみ）」(請參照叮嚀小筆記)的麵團，光滑面放入缽盆中，再度取出翻轉麵團後重新放入，並送至發酵室。(為什麼？藉由這樣的動作，使麵團表面充分地沾裹上油脂，以避免發

叮嚀小筆記

酵時的乾燥。)到需要壓平排氣時，不必從缽盆中取出麵團，而是直接在距離工作檯約30公分處翻轉缽盆。當然因為缽盆中塗滿了油脂，所以麵團會直接摔落在工作檯上。不用手按壓麵團，而是仔細小心地折疊麵團後，再放回缽盆內。

您能瞭解嗎？我當時也無法理解為什麼要將這麼重的麵團辛苦地舉這麼高，翻轉使其摔落。但再經思考後，對於其合理性及確實的步驟，讓我不禁伏首起敬。也就是發酵的麵包麵團中，存在著大大小小的各種氣泡。壓平排氣的目的，在於使氣泡均勻，氣泡的內壓是 $P = \dfrac{2T}{R}$ (P：是氣泡內壓、R：半徑、T：氣泡膜的張力)。也就是氣泡越大內壓越小，從高度30公分處摔落麵團時，是對麵團施以均一的力道，超過某個程度大小之氣泡會因而完全消滅，而小於這個程度的氣泡則完全不受影響。在工作檯上，無論再仔細小心地進行壓平排氣製程，能否做得比這個結果更好呢？或是因為在飯店製作所以可行也說不定。但熟知原理、原則再進行製程，應該就能做出美味的麵包了。

◇ 麵團溫度的變化

　針對目前為止的各項製程、反應以及其溫度進行說明。而以
直接揉和法的吐司麵包為例，說明麵包麵團的溫度歷程。

叮嚀小筆記

麵團溫度

27℃	麵團完成的溫度
29	發酵2小時後(27℃、75%)
29.5	最後製程完成40分鐘後(26℃、65%)
31.5	最後發酵45分鐘後(38℃、85%)
	烘焙開始(220℃)

　　　因烤箱內的水蒸氣，在溫度較低的麵團表面形成
結露現象。薄薄的水膜保護表層外皮的延展，同時也使其呈現光澤，促進麵團
內部的熱傳導。之後，表面水分蒸發，由麵團表面奪走氣化熱，延緩了表層外
皮的溫度上升，結果使麵團得以在烤箱內延展。

40	澱粉開始因水分而膨脹
	麵包酵母、酵素的活性化
49	二氧化碳的氣化、膨脹(負責麵團50%的膨脹)
60	麵包酵母的死亡滅絕、部分酵素失去活性
	開始澱粉第一次糊化、表層外皮開始形成
74	開始產生麵筋組織的熱變性
	澱粉第二次糊化
79	乙醇等低沸點物質的氣化、膨脹(負責麵團50%的膨脹)、大部分酵素失去活性
85	澱粉第三次糊化
99	麵包內部(柔軟內側)溫度不會再上升了
110	果糖的焦糖化
155	生成糊精(柔軟內側)
	促進胺羰反應(梅納反應)(柔軟內側)
160	蔗糖、葡萄糖、半乳糖的焦糖化
180	麥芽糖(maltose)的焦糖化

　　這是影響麵包完成狀態的製程之一，吐司麵包，在不損及麵團範圍內，進行排氣就是其重點。因此平時就要注意整型機的保養及維護（適合麵團的滾輪間距、輸送帶的速度、捲鍊（curling chain）的長度、碾壓板的高度及壓力、滑溝的間隔，或是切刀（scraper）的清潔等，都是製作優質麵包最重要的部分）。此外，想要做出細緻的麵包，或是比容積極大的麵團時，可以重覆二次整型機製程。

（h）入模，會因比容積、數量、裝填方式而不同。填裝方法有U字型、N字型、M字型、滾圓裝填（車詰め）、渦旋狀裝填（唐草詰め）、扭轉狀裝填（twist）等。

（i）最後發酵（第二發酵室）是溫度38℃、濕度85％的狀態。在麵包製作過程中，正確地進行溫度和濕度的管理非常重要。最後發酵中的麵團，使其略呈鬆弛，在最後發酵完成時的麵團溫度約32℃，正是烤箱內延展最佳的狀態。

（j）決定吐司麵包的氣泡孔洞狀態，是在攪拌與整型時；決定麵包味道的關鍵，則在於發酵及烘焙。烘焙方法雖然會因烤箱種類而不同，但小型烤箱一般是前段高溫，使用下火，中段上、下火均勻使用、後段則是弱火完成烘烤。放入烤箱時，多少加入蒸氣和儘可能使用高溫，可以讓氣泡孔洞的狀態更佳，使柔軟內側部分呈現良好光澤。

　　控制烘焙完成的程度，是以最大尺度的溫度和時間為標準，但烘烤色澤需要確認，更重要的是烘焙完成的重量，也就是必須要掌握管理並確認烘焙耗損。以帶蓋吐司為例，雖然比容積也會有所不同，但烘焙耗損一般是以9±0.5％來估算。

（3）其他的直接揉和法

二次揉和法

　　用攪拌取代壓平排氣的製作方法。在直接揉和法中，是以增加機械耐性為目的方法。用的是蛋白質含量較多的麵粉。有從最初便將全部材料加入的方法，以及除了鹽之外全部材料一起放入的英式作法。因預備冷凍麵團的作法，重新受到重視。

無壓平排氣法

　　無關於發酵時間長短，都不進行壓平排氣的製作方法。這個方法因為沒有加工硬化導致麵團緊縮，且具機械耐性，可以做出氣泡孔洞均勻細緻、口感柔軟的麵包，但麵包風味不佳，內部缺乏光澤。最近烘焙麵包屋的主流應是無壓平排氣、1小時發酵的方法。適合蛋白質含量低，以及具高彈性的粉類。

Ⅱ 中種法（海綿法）

　　1950年代，美國麵包店開始擴大時所研發出來，將高蛋白質小麥的特徵，發揮到淋漓盡致的製作方法。

　　配方用量麵粉中的一部分，與麵包酵母和水，有時也會有其他副材料，一起先製作中種，至少發酵2小時以上，之後進行正式揉和、再經15～20分鐘（0～60分鐘）的靜置後，進行分割。之後就跟直接揉和法相同地製作。曾經日本的大型麵包企業，幾乎都採用70%中種法。

　　特徵是①來自製作麵包材料與製程的影響較少、②具機械耐性、③麵包體積較大較柔軟、④氣泡延展佳、氣泡膜薄、⑤老化較慢，是其優點，但反之缺點包括①酸味或酸氣較強，所以相形美味不足、②需要設備的空間、③發酵耗損較大、吸水較少、④製程所需時間較長…等缺點。

　　表Ⅱ-1中呈現的是標準中種法的70%中種法和全風味法（Full-Flavor Process）的配方及製程。

（1）中種法吐司麵包的常用配方與製程

　　以中種法為代表舉例，雖然比較了70%中種法與全風味法（Full-Flavor Process）的配方及製程，但全風味法是承接了70%中種法，和直接揉和法的優點，誠如其名地，味道、香氣都十分優異，再加上機械耐性、麵包體積以及延緩老化等特徵，製程的容許範圍和成品的均質性等優點，都是70%中種法所不能及的。

（2）配方與製程的修正

　　現在所提出的數字及時間，絕不是絕對的數據，只是參考的標準。

　　配方有各種考量，砂糖、鹽、油脂多一些或少一點，油脂使用的酥油、豬脂、乳瑪琳、新鮮奶油、鮮奶油等，乳製品除了脫脂奶粉之外，更有全脂奶粉、煉乳、牛奶等，能夠組合成各式各樣的配方，但重要的是能與配方取得平衡的麵包酵母用量、酵母食品添加劑用量、時間、溫度等。

＜表II-1＞中種法吐司麵包的常用配方與製程

【配方】

	70% 中種法		全風味法	
	中種[*2]	正式揉和	中種	正式揉和
高筋麵粉	70	30	100	
麵包酵母	2		2.5	
酵母食品添加劑[*1]（添加維生素C）	0.1		0.15	
砂糖		6		6
鹽		2		2
脫脂奶粉		2	2	
油脂		5	5	
水	40	22～25	60	2～5

【製作方法】

中種	攪拌	L2 M2	L2 M2
	揉和完成溫度	24℃	26℃
	終點溫度	29.5℃	29.5℃
	發酵時間	4小時	2.5小時
	發酵室溫度、濕度	27℃、75%	27℃、75%
正式揉和	攪拌	L2 M2 H1 ↓ M3 H1～	L2 M4 H1～
	揉和完成溫度	28℃	28℃
靜置時間		20分鐘（室溫）	17分鐘（室溫）
分割		比容積 4.0	比容積 4.0
中間發酵		20分鐘	17分鐘
整型		以不會損及麵團的壓平排氣程度	
最後發酵溫度、時間		約7.5分、38℃、85%	約7分、38℃、85%
烘焙溫度、時間		210℃、35分鐘	210℃、35分鐘
總時間		約6小時30分鐘	約5小時

＊1　使用添加了維生素C的酵母食品添加劑時，因各品牌的酵母食品添加劑的維生素C含量不同，僅只有維生素C無法呈現出氧化力，因此依不同使用規則進行添加（此時使用的是維生素C含有量為0.6%的產品）。

＊2　也有在中種內添加乳化劑的情況。

此外，也應該要隨時謹記自己正在做的是什麼樣的產品，吐司麵包有吐司麵包的配方，若超過了可能就會變成是奶油麵包卷或是甜麵包卷。所謂製作高級麵包，是嚴選原料、極致技術，沒有增加配方用量的必要。

無關於是否配方或製程相同，當麵包不良時，修正方法有①溫度的調節、②增減麵包酵母用量、③增減酵母食品添加劑的用量，依此順序，以圖麵包品質之改善。若是沒有依序，而由③開始著手改良，也可能會過度修正。若是試了很多方法，仍無法改善麵包狀況時，可能要回歸基礎，從基本配方、製程，重新開始為宜。

＜表Ⅱ-2＞標準直接揉和法和標準中種法的比較

	標準直接揉和法	標準中種法
所需時間	約4小時15分鐘	約6小時30分鐘
空間	小	大
機械設備	少	多
勞動力	少	多
製程通融性	幾乎沒有	有相當程度
機械耐性	無	有
吸水	多	少
體積	較小	較大
觸感	較有彈力	較柔軟
老化	略快	慢
氣泡	氣泡粗且氣泡膜厚	氣泡細且氣泡膜薄

（3）其他的中種法

短時間中種法

中種發酵2～3小時即可完成的方法。使用較多的麵包酵母和酵母食品添加劑，中種麵團揉和完成時的溫度為26℃。其他與標準中種法相同。成品的外觀、內部狀態、風味及老化等略遜一籌。

長時間中種法（S780法）

「S」是海綿Spong（中種）的S、「7」是中種70%、「8」是8小時發酵、「0」是靜置時間0分鐘。70%中種法，將中種控制在硬且低溫狀態，發酵8小時，再進入正式揉和。製作成略硬的麵團，不需經過靜置時間，就可以進入分割製程。之後與標準中種法相同。

1955年（昭和30年）流行的製作方法，特徵就是麵包體積較大，口感略帶酸味，但加水量少，且發酵耗損較大，再加上夏季可能會有過度發酵而導致成品的參差不齊，現在則不太使用了。

Over Night中種法（宵種法）

長時間中種法之一，在人員較少的麵包店內，現在也仍使用的方法。一天的製程完畢時，預備好略硬的低溫中種，使其發酵10～15小時。預備時，添加麵包酵母0.5～1.0％，以及少量的鹽（0.3％）。

在正式揉和時，將麵包酵母的剩餘量、不足用量的鹽、其他副材料加入後，製作出麵團。靜置後，與標準中種法相同。因為麵包容易產生酸味，所以脫脂奶粉用量略多即可。

100%中種法

全風味法也是這種方法之一，將配方全量（100％）的粉類用於中種製作的方法。麵包的容積、風味、口感都變好，但中種的管理、攪拌時間的通融性、麵團溫度調節等，困難點非常多。

加糖中種法

像日本的糕點麵包麵團般，配方使用糖類高達20～30％的麵團來製作。中種內添加全部糖類用量的14～20％，目的在於強化麵包酵母的耐糖性。

（4）直接揉和法與中種法的比較

現在，一般最常使用，直接揉和法和中種法的特徵歸納如表Ⅱ-2。簡而言之，直接揉和法，烘焙完成時的香氣及風味優異但較快老化，且要製作出安定成品需要高度技術。反之，中種法老化較慢，成品也相當安定，但風味不及直接揉和法製成的麵包。

◇ **建議利用老麵團**

　有時以縮短發酵時間、增加體積、改良風味為目的，會在麵團內添加15～25％前一天的麵團。一般分割製程時，會為了翌日的製程而切分，避免乾燥地放入塑膠袋內冷藏保存。在15％左右，不管哪種麵團都能夠不影響製程地進行添加，但若添加至25％時，就必須要改變製程，像是縮短發酵時間、或是省略壓平排氣等。每天一早進行商品預備、種類結構、製程管理等都能利用的方法。

叮嚀小筆記

Ⅲ 冷藏・冷凍法

　　本來冷藏法和冷凍法，是目的不同的製作方法，不能混為一談。但因冷凍發酵櫃（Dough Conditioner）的普及，冷凍品以冷凍發酵櫃解凍時，從冷凍至冷藏發酵、最後發酵、烘焙，大部分都是如此的流程。在本章節中，雖是各別說明冷藏法和冷凍法，但此組合的重點也需要再多加思量。

　　像這樣的製作方法，最近變多了，因此原料、設備也隨之充實起來。最初的起點是作為生產現場的合理化、技術人員不足之對策而研發出來的製作方法，最近則是為了製作出更美味的麵包而重新被檢視。

（1）所謂的冷藏法

　　也被稱為低溫發酵法的製作方法。與冷凍法決定性的不同之處，在於麵團中的水分沒有結凍，而是以很緩慢的速度，持續地熟成，澱粉因水合作用而膨脹。冷凍法，因水分凍結，所以無法期待麵團的熟成，也無法得到藍圖預想之外的風味。相對於此，冷藏法依其配方、製程的改良，是有可能製作出超乎預期的120分或150分的成品。

　　日本酒8～16℃、15天，啤酒的主要發酵是5～10℃、10～12天，之後的後段發酵是0～2℃、40～90天。通常麵包是在24～32℃的溫度範圍內，2～6小時。藉著擴大麵包的發酵溫度範圍、拉長發酵時間，開發出更美味的麵包應該也不難想像。

　　中種法，在日本歷經40年並且加以改良至今，那麼冷藏法到了現在才正是開始研究的開端，是接下來讓人樂見其開發的麵包製作方法。現在最為人所熟知的冷藏法，是已故室井千秋先生取得專利的冷藏中種法。其他還有麵團冷藏法、分割麵團冷藏法、整型麵團冷藏法、最後發酵後麵團冷藏法等。

　　雖是贅言，但成品冷藏法是絕對不可行的方式。雖然消費者們還是常有將麵包放入冷藏的情形，但這會啟發並促進澱粉的老化，所以強烈地建議大家放入冷凍庫保存。

關於原料

　　麵粉，越是冷凍麵團越不需要高蛋白質粉類。特別是分割冷藏法時，若使用高蛋白質粉類，會製作出過於強韌的麵包。不如說當使用麵團冷藏法或分割冷藏法時，使用較Scratch製作方法(從粉、糖、油個別量秤開始的製作方法)原始配方更低的蛋白質粉類，就能做出同樣口感(具Q彈)的麵包。新鮮麵包酵母一般是使用3～4%。雖然不會因低溫而失去麵包酵母的活性，但因進入最後發酵的麵團溫度變低，若是照平常一樣添加2%時，毫無作用地只會讓最後發酵的時間更長。但是使用冷凍發酵櫃時，即使長時間，若狀況良好時，藉由1～1.5%的少量使用，可以製作出氣泡細緻的成品。

　　關於酵母食品添加劑、乳化劑，其種類與用量非常重要，即使是與Scratch製作方法相同的材料，也很難得到相同的結果。以全日本麵包協同組合聯合會為首，各相關業界都發表了關於這些材料的使用等等資訊，希望大家能以此為參考。此外，相信今後不斷會有更新更好的改良劑研發出來，所以平時的資訊收集、試作，也非常重要。

　　關於鹽、砂糖、雞蛋、脫脂奶粉、油脂，與Scratch製作方法相同即可，沒有必要特別為了冷藏法而改變種類和用量。

　　吸水，雖與Scratch製作方法相同程度即可，但若是整型冷藏法、最後發酵後冷藏法，可能要略硬的麵團(2%)會比較安定。

關於製程

　　必須注意的是攪拌。相較於Scratch製作方法，必須攪打至略為過度。雖然也會依攪拌機而有所不同，但通常攪拌後會再以高速追加攪打2～3分鐘。發酵為60～120分鐘，原則上不進行壓平排氣。

　　關於分割麵團冷藏法，分割重量的上限約在150g左右。

　　以過大的麵團重量而言，冷卻時間或回復麵團溫度的時間過長，這就是造成品質參差不齊的原因。冷藏的分割麵團，整型的最佳時間點，會依改良劑的用量而有異，但約是麵團溫度17℃左右最適當。

冷藏法的種類

　　理論上，麵包製程中，無論哪個時間點，都能夠冷藏麵團。即使不是正式稱為冷藏法，當人手不足，來不及進行整型製程等，一般會將中間發酵後的麵團放入冷藏庫。

這樣的作法，宛如是分割麵團冷藏法。短時間冷藏時，就依照Scratch製作方法的配方及製程也不會有問題，但即使如此，從冷藏庫取出麵團時也不能直接進入整型製程，至少要等麵團溫度回復至17～20℃後，再開始進行製程為宜。整型是重要的加工硬化製程，但在15℃以下，很難達到原本所期待的加工（使其Q彈）結果。

① 冷藏中種法

正如其名，是利用冷藏中種，製作出延遲老化、具潤澤口感的麵包。加上中種可以於前一日製作備用，於隔日早上進行中種麵團的製作，得以省下製作中種的時間。但麵團用量大或多次使用時，就必須要有相當大的冷藏庫。另外冬季或工廠內溫度較低時，依中種比率，若在正式揉和麵團時，無法達到目標溫度，就必須在攪拌鋼外部（Mixer Jacket）倒入溫水。在大型產生線上，僅是將第一發酵室變成冷藏室而已，其他設備稍加修改使用即可，是優點很多的製作方法。

② 麵團冷藏法

一向大家都知道皮力歐許或油酥類甜麵包的麵團，靜置一夜後可以烘焙出口感更好、更柔軟的麵團。最近，吐司麵包、糕點麵包也應用這種方法來製作，還有銷售專用冷藏庫。早上可以直接進入分割製程，很能夠舒緩早晨時的忙碌製程。優點是相較於其他的冷藏法，可以比較不佔冷藏庫的空間。分割製程在翌日，所以希望能在短時間使麵團溫度回復。缺點是需要人手，因為分割製程仍是在第二天早上最忙碌的時候。加上日本國產小麥（內麥）等，以蛋白質含量較少的麵粉製作麵包，因此發酵中麵筋組織的結合更令人期待，是今後麵包製作方法的趨勢。

③ 分割麵團冷藏法

早上，可以直接進入分割後的製程，在烘焙麵包屋最忙的早晨時光，可以不用再多派出分割麵團的人手。因為是冷藏發酵後進入的整型製程，因冷藏而鬆弛的麵團（結構鬆弛）可因整型（加工硬化）製程，而得到外觀優美的產品。依配方、冷藏溫度的狀況，冷藏時間可達3～4日，對烘焙麵包屋而言，是省力且有效率的製作方法。特別需要注意的是麵粉的選擇。雖然是低溫，但因為長時間發酵後進入整型的加工硬化製程，所以麵筋組織會比Scratch製作方法更為緊實強固。因此，若想要得到預期的口感，必須注意使用蛋白質含量較少的麵粉。

④ 整型冷藏法

採取使用冷凍發酵櫃的整型冷藏法時，早上開始製程後，只需烘烤的時間而已，以糕點麵包為例約是8～10分鐘、甜甜圈等3～4分鐘就能上架了。當然，考量到最後發酵時可能的差異、烤箱溫度的調節等，或許需要再提前30～60分鐘開始進行製程，但在最忙的早晨，已經省掉需要大量人手的分割、整型了，當然大幅減輕了早班的壓力，可以將一日的工作量均勻地分攤在早晨及下午。

　　到目前為止出現的烘焙氣泡(fisheye)、表層外皮太厚太硬等技術性問題，依配方、製程或冷凍發酵櫃的改良等，幾乎都能逐漸克服。整型後的長時間發酵，可以將常溫發酵(25℃)產生的乙醇、高級酒精、酯類，低溫發酵(6℃)時生成的丙酮(Acetone)、乙醛(acetaldehyde)等所形成的氣味、酒精等有效成分，都一起包覆其中地進行烘焙製程，因此這也是能製作出最美味麵包的方法。

　　這種製作方法，是冷藏法中最困難的方法，特別將注意事項標示如下。

①整型時不會傷及麵團。

　　在常溫下使麵團發酵，稍有受損的麵團，可以藉由發酵來回復，但在冷藏溫度範圍下，無法期待麵團會回復，損傷的部分會直接以損傷狀態固定下來，就像受傷後結的痂一樣，會一直留著。

　　如果可以的話，糕點麵包等整型時用整型機、或擀麵棍使麵團中的氣泡均勻，就可以減少烘焙氣泡(fisheye)的產生。

②最後發酵若未至熟成，容易產生烘焙氣泡(fisheye)，所以最後發酵時間可以略多一點。

③烘焙依一般正常溫度烘烤時，很容易烤出烘焙氣泡(fisheye)，所以約低10℃左右就能烤出漂亮的麵包。低溫時，利用略長時間的烘烤，即可維持一般的燒減率。

整型冷藏法的優點‧缺點

優　　點	缺　　點
• 可以在任何時間完成麵團的預備。 • 可以從早晨的緊張中解脫。 • 在早晨就有商品上架。 • 可以在短時間內提供剛出爐商品。 • 風味佳。 • 老化較慢。	• 冷凍發酵櫃(Dough Conditioner)和解凍庫(Retarder)的設備費用高昂。 • 添加氧化劑、乳化劑。(麵團、分割麵團冷藏法因為嚴格進行麵團溫度管理，可以不必添加。) • 可以吸收新的Know How。(雖然稱不上缺點…)

那麼，冷藏時的溫度範圍，從4℃至-3℃之間。溫度越低，冷藏保存時間越長，但因氣體會溶於麵團中的水分，所以氣泡減少，烘焙完成的麵包內側也越粗糙。麵團的結冰點，法國麵包是-3.5℃，麵團越是RICH類（高糖油比例），結冰點越低。

於此，值得注意的是日清製粉（株）的技術群發表了「Relax Time」的概念。

整型時，受到損傷的麵團表面，若是直接進入低溫狀態，就是產生烘焙氣泡（fisheye）的原因，所以在整型後，將麵團放置在常溫下5～10分鐘，等待麵團回復，之後才放入略低溫的解凍庫（Retarder）或冷凍發酵櫃的方法。這對於烘焙氣泡的消除或表層外皮的改良，是非常有效的方法。

當冷藏溫度在4℃以上時，冷藏中的麵團發酵會不斷地持續，而無法得到良好的結果。或許有很多技術人員認為烘焙氣泡是冷凍、冷藏法製作麵包時特有的現象，但其實啤酒花種製作的英式麵包等，長時間進行最後發酵的麵團，都可能會有這個現象。

更重要的是冷藏中的濕度管理。濕度太低、麵團變乾時，烘烤色澤無法呈色，表層外皮也會變厚；過高時，會使麵團表面潮濕，就是造成烘焙氣泡的原因。所以即使在低溫狀態下，也必須保持濕度在75%左右，麵團表面保持半乾狀態最重要。依整型方法、填餡種類不同，烘焙氣泡的形狀也會不同。整型時必須用擀麵棍或整型機進行，使氣泡呈現均勻狀態。填充的內餡水分少者較佳，特別是奶油麵包般含水分較多的麵包，很容易在麵團上廣泛地出現烘焙氣泡，瞭解這些之後，希望大家能更注意整型製程。

（2）所謂的冷凍法

30年前，最初被教導美味麵包的製作原理和原則，就是不要冷卻麵團。總之，從預備製作麵團開始至烘焙完成為止，即使是0.1℃也要緩慢地讓麵團溫度升高，由此引發出麵包酵母的最大活躍度，也以此激發出麵包的香氣。

當時，正值隆冬，我拜訪了山梨縣的小小麵包店。依照慣例，麵包店都是清晨很早，5點就開始工作了。外面是-7～-8℃，工廠中再溫暖也不會超過20℃。但在其中，年過50的店老闆，只穿著一件無袖汗衫地進行製程。沒有深思地脫口問候道「您真強壯呢」，老闆回答我「麵團，還光著身子呢…!!」因為只有自己穿著厚外套，是無法理解麵團的心情感受的。與其說認同，不如說當時受到的感動，至今仍存留在記憶中。對在這般環境下受到教導的我，要對各位前輩說麵包麵團還要再冷卻，我想理論上是不被原諒的。但時代不斷地進步，麵包的風味、製作方法，也隨著時代不得不改變。即使是麵包製作方法中，像冷凍法這樣二十年來不斷地緩緩進步的製作方法，真的很少。也可以證明這個方法對業界而言，是非常必要的製作方式，有很多優點。

① 在店舖內，只要有烤爐或烤窯，即使是狹窄的空間內，打工的門外漢都能烘焙出麵包。

② 可以是計劃性生產，無論是手工製作或是大型生產線，都能具省力及高效率的成果。

③ 在店舖內可以因應消費者的喜好，完成少量且多樣化的商品。

當然，同時也有很多缺點：

① 麵包老化快速。

② 因沒有發酵時間，所以欠缺麵包的風味及香氣。

③ 必須使用較多的氧化劑和乳化劑。

④ 麵包酵母用量是平常的雙倍左右。

⑤ 必須要有急速冷凍機、解凍庫（Retarder）等高昂的設備與場地空間。

冷凍法有著一直以來麵包技術者必須克服的四大問題，①消除麵包酵母的冷凍障礙、②消除麵團的冷凍障礙、③改善風味及香氣、④防止老化。

整型冷凍法的優點‧缺點

優　　　點	缺　　　點
• 在工廠內可以大量生產。	• 原料費用較高。
• 可以長期保存。	• 使用大量麵包酵母。
• 可以省下店舖內的空間。	• 添加氧化劑、乳化劑。
• 即使是打工人員也可以進行烘焙。	• 必須要有冷凍設備、冷凍儲藏設備。
• 可以立即烘烤出少量、多種類的商品。	• 欠缺風味。
• 可以由以往的凌晨、深夜工作中解脫。	• 老化快速。
• 減少製作或銷售時的耗損。	

這些問題的解決幾乎都漸露曙光了。關於麵包酵母，各麵包酵母公司已經開始販賣冷凍專用麵包酵母了。加上麵團冷凍障礙的作用狀態等也逐漸明朗，因而冷凍技術也有了長足的進步，是目前的現狀。一般被認為最困難的風味和香氣的改善，現階段已有為數不少的風味添加物質、有機酸的添加、酵素劑的利用、液種、老麵等專利申請等。無論如何，在現今的社會環境之下，已經不只能使用過去的直接揉和法或中種法來製作麵包了。要如何更加提高冷凍、冷藏麵包製作法的完成度，應該是日後技術人員面臨最大的課題吧。

冷凍法的種類

要用什麼樣的麵包製作方法，是否要冷凍與否…等，原料的選擇、配方、製程重點都會因而不同，所以充分理解製作方法，再選擇最適用的方式。

① 麵團冷凍法

雖然不太常被利用，但在製作生產線上，可以利用分割機或高架發酵箱等進行，是有效率的製程方法。因麵團均質性高，因此會分切成大塊海參狀或是一定厚度的片狀，以能夠迅速冷凍和解凍為必須注意的重點。用這個製作方法，不需要用特殊的麵粉或添加物，短時間製作時，只要進行麵團溫度管理就能夠製作出優質成品了。

② 分割麵團冷凍法

是大部分的大型麵包連鎖店所使用的方法。解凍時間短，可以藉由整型製程達到消除解凍時的溫度不均、使麵筋組織重新排列、麵團水分均質化，及水合反應等效果，因而能烘焙出安定的成品。加上容易由各店舖自行操作，即使是店內的年輕技術者或是打工老手，也能有效運用的製作方法。

③ 整型冷凍法

最能代表冷凍法的製作方法。冷凍技術普及，加上各公司所製作銷售的各種商品。為了滿足消費者的需求，店舖內的商品必須齊備至某個程度，並且也必須有替換性商品，此時有效地利用整型冷凍法，就是其中的一個手段。過去材料費用約佔30%，因此對於高價冷凍麵團的備料一直有很深的抗拒，但接下來應該可以將材料費與人事勞動費併入思考。若兩者共約65%，您覺得如何呢？

④ **最後發酵後冷凍法**

一般也被稱為Direct Bake、Ready To Bake、Just Bake的製作方法，在1992年柏林的國際烘焙展（iba）中，這個製作方式成了最大的主題。原料、製作方法，利用特殊的旋風烤箱使其組合，完成整個麵包的烘焙。雖然現階段尚不能說是100%完成，但考慮到其優點，仍希望能更加追求冷凍法的極致。現在麵包店成品在很多地方都有提供，並且是足以和速食店、餐廳等強調現場烘焙的店家相抗衡的高品質商品。

⑤ **成品冷凍法**

商品的處理及想法上，還存在著相當多的困難處。思考為何消費者們會喜歡剛出爐的麵包呢？我想不僅只是單純為了美味而已。剛出爐的麵包所帶來的效果，香氣、溫暖、購買時的幸福感，包含這些感覺的美味，就此而言烘焙的意義更大。但單純以技術來看，這個製作方法是最容易，可以毫無困難提供美味麵包的方法。當然從麵團體積至流通費用問題、表層外皮的剝離、冷凍中香味的變化、冷凍力、解凍法，這些必須解決的問題還很多。

關於材料

即使是同樣的冷凍法，也會因哪個製程中進行冷凍而有若干的差異。在此是以整型冷凍法為主進行探討。

麵粉已有各製粉公司生產發售冷凍麵團專用粉，使用的是高蛋白高等級的粉類。

關於麵包酵母，在美國冷凍麵團使用即溶酵母的例子很多，但以所見的麵包品質來看，以適性而言，應該依序是新鮮麵包酵母、即溶酵母、乾燥酵母。特別是最近冷凍專用麵包酵母的種類也很多，建議大家可以配合目的來選用。無論哪一種，最重要的是使用新鮮酵母。

副材料中，最能改善冷凍耐性的，不是油脂、不是雞蛋、不是脫脂奶粉，而是砂糖。看似不可思議，感覺與一向的常識有相矛盾之處，但根據筆者試驗的結果，糖類配方較多的麵包，較適於冷凍。

油脂、雞蛋、脫脂奶粉也是比例越多冷凍耐性越高，但其改善效果都不及砂糖。特別是雞蛋，雖然具有增加體積的效果，但也容易產生烘焙氣泡（fisheye）。當然最重要的關鍵就是改良劑和乳化劑的選擇及用量。每日不斷地進行改善，隨時充分掌握業界情報，選擇最新、最適用的產品，也是必要的努力。

吸水2〜4%略硬的麵團。冷凍麵團時，最重要的事，就是其流通天數。一週和一個月時，其理論、配方和製程也會隨之不同。

◇ 供給熱量與攝取熱量

每年由日本農林水產省發表每人每日所需熱量的「糧食需要供給表」，厚生勞働省則由「國民健康營養調查」中，公布每人每日攝取熱量，您知道嗎？本來數值應該是相同的，但2003年（平成15年）供給熱量為2588Kcal、攝取熱量1918kcal，數據相差了725kcal。這個差異可視為是食物的殘留或廢棄，有逐年擴大的傾向。所以實際上，約有1/4以上的食物是被丟棄的。

叮嚀小筆記

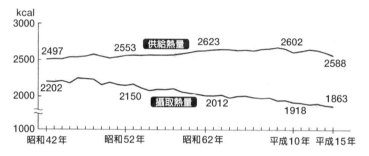

資料：農林水產「糧食需要供給表」、厚生勞働省「國民健康營養調查」
註）：1. 不含酒類。
　　　2. 兩者熱量，統計的調查方法及熱量計算方法完全不同，純粹是因無法比較，
　　　　 因而將兩者熱量的差異定位為食品殘留廢棄。

關於製程

攪拌製程必須是攪拌過度的狀態。如此，對後續鹽的添加或麵包酵母的添加較好。可以更強化麵筋組織，提高自由水中的鹽分濃度。如此在避免麵包酵母構造破壞的同時，與自由水的接觸變少，可減少麵包酵母的冷凍障礙。

依攪拌機的機種也會有所不同，但使用縱向攪拌機時，最好可以使用細勾型，間隙距離（clearance）較窄的。但就冷凍、冷藏麵團而言，螺旋式攪拌機最為適用。

關於攪拌後的發酵時間，會因冷凍期間而改變。期間為一～二週或短時間時，發酵約20 ～ 40分鐘就可以得到良好的結果，但一個月以上時，則時間較短為宜。

分割、整型時為避免造成麵團損傷地使氣泡均勻，是非常重要的。冷凍條件為-40℃時是20 ～ 40分鐘、進行急速凍結時，麵團約凍結至七～八分時，移至塑膠袋，進行密封真空地放入-20℃的冷凍儲存箱（Stocker）內，是常見的作法。此時，必須載明成品和製作年月，並嚴格遵守先放入者先使用的原則。另外，冷凍期間較短時，不需使用急速凍結，從一開始就使用-20℃冷凍，如此解凍後的最後發酵時間較短，且可以烘焙出體積較大的優質成品。藉由緩慢的冷凍，麵包酵母內的水分在過冷狀態下，麵團中水分的結晶化，使麵包酵母內的水分脫水，因此麵團中的冰結晶增大，麵包酵母細胞內呈脫水狀態、細胞內凍結，因而不致對酵母造成破壞。此時，若解凍也能以緩慢方式進行，就能製作出優質成品了。

無論如何，放置在急速結凍庫(-40℃)的時間超過必要時，對麵包酵母的活性有明顯的阻礙，因此以急速結凍庫100％冷凍而成的麵團品質會變得十分惡劣。

解凍方法，依冷凍法為準。急速凍結的麵團必須急速解凍，緩慢結凍時，無論急速或緩慢解凍都沒關係。

Ⅳ 液種法（水種法）

　　所謂液種，不需要像中種法般的勞力或設備，是以製作具某種程度的機械耐性，且老化較延緩的麵包為目的。其特徵在於事先預備的液體，是由酵母發酵生物所製作而成的。製作成液種之際，隨著發酵的進行，pH值過度降低，要特別注意避免損及麵包製作性能。為抑制pH值降低，會使用緩衝劑。

　　緩衝劑有利用脫脂奶粉的ADMI Process（ADMI法）、利用麵粉的Flour Brew法（Poolish法、AFM法）、利用碳酸鈣的Brew法（Fleischmann法）。

（1）液種法吐司麵包的常用配方與製程

　　配方及製程如表Ⅲ−1所示。在固定時間內發酵的液種，冷卻至8～16℃並持續攪拌。36～48小時內都可以使用，但在24小時內使用最理想。製作麵團時，液種務必要先使其恢復常溫，加入少量砂糖，使其回覆發酵力並確認其強度，再使用。

（2）液種法的特徵

　　液種法，曾經一時廣受矚目，但現在則不太被利用。到了近幾年，再次被談論的機會變多了，因而將其特徵列舉如下。

　　＜優點＞
①液種的製作、管理，較中種正確且簡單。
②可以一次製作出一或二日用量的液種。
③液種，只要溫度保存得宜，能夠保持長時間的安定狀態。
④同一液種可製作各種麵包。
⑤製作麵包時間、勞力、設備、面積都能簡省。
⑥對於製作計劃有所變更時，能臨機應變地進行製作。
⑦成品較直接揉和法的柔軟。
⑧麵包容積大，老化較慢。

　　＜缺點＞
①大型設備的狀態下，液種桶、管線的衛生管理雖重要也最困難。
②不使用牛奶的成品，風味上略顯不足。
③成品略遜於中種法。

＜表Ⅲ-1＞ 液種法吐司麵包的常用配方與製程

【配方】

	ADMI法		Poolish法		Fleischmann法	
	液種	正式揉和[*3]	液種	正式揉和[*3]	液種	正式揉和[*3]
麵粉		100	20	80		100
新鮮麵包酵母	2.0	0.5	2.0	0.5	2.0	0.5
酵母食品添加劑[*1]（添加維生素C）	0.2			0.1		0.1
碳酸鈣					0.04	
氯化銨	0.04				0.04	
砂糖	3.0	5.0	2.0	5.0	2.0	5.0
鹽	1.5	0.5	1.0	1.0	1.0	1.0
脫脂奶粉	3.0～4.0					
麥芽精		0.2		0.2		0.2
油脂		5.0		5.0		5.0
水	30	30～32	50	10～12	30	30～32

【製作方法】

液種	溫度	29±1℃	29±1℃	29±1℃
	發酵時間	4小時（攪拌）後冷藏	4小時（攪拌）後冷藏	3小時（攪拌）後冷藏
	pH值[*2]	5.13	4.65	4.30
正式揉和	攪拌	L4 M6↓M5～	L4 M5↓M5～	L4 M6↓M5～
	揉和完成溫度	28±0.5℃	28±0.5℃	28±0.5℃
靜置時間		30～40分鐘	30～40分鐘	30～40分鐘
分割		比容積為4.0		
中間發酵		25分鐘		
整型		整模機製程如平常		
最後發酵溫度、濕度		約7.5分、38℃、85%		
烘焙溫度、時間		210℃、35分鐘		

＊1　使用添加了維生素C的酵母食品添加劑時，因各品牌的酵母食品添加劑的維生素C含量不同，僅只有維生素C無法呈現出氧化力，因此依不同使用規則進行添加（此時各別使用的維生素C含有量的標示（ADMI法）0.6%（Poolish法）1.2%（Fleischmann法）3.0%）。此外，酵母食品添加劑中也期待其含有銨鹽。

＊2　pH值測定值為發酵完成時。

＊3　在正式揉和時，使用酵素劑較佳。

（3）各液種法的比較

ADMI法

使用較多的脫脂奶粉作為緩衝劑，因此風味和香氣更佳。也能延緩成品老化，增大容積。相較於Flour Brew法，成品更帶著甜甜的香氣。

Flour Brew法（Poolish法）

使用了麵粉作為緩衝劑，可以做出更近直接揉和法的風味，但因液種發酵而容積變大，所以需要有較大的發酵槽。

Brew法（Fleischmann法）

使用碳酸鈣作為緩衝劑，可以大量、便宜地製作出安定的發酵液。但發酵氣味單調，相較於其他成品，比較缺乏複雜的香氣。

V 其他的麵包製作方法

（1）酸種法

主要用於以裸麥粉製作麵包時，酸種的製作，會因國家、地方不同而各有其獨特之處，在德國主要使用的有三階段法、柏林短時間法、Detmold第一階段法、Detmold 第二階段法、Monheimer加鹽法等。

在德國，酸種的起種(starter)像麵包酵母一般銷售，利用這樣的起種就能自行製作酸種。無論如何，酸種是由乳酸菌發酵而來的，pH值為3.9、酸度15，香氣最佳。只要能製作出好的酸種，沒有比這個方法更能在短時間、簡單地製作出美味麵包的方法了。

（2）酒種法

昭和初期，在日本開始使用麵包酵母之前，日本國內的糕點麵包，就是用這個方法來製作。特徵是表皮薄、柔軟，帶著淡淡麴類的香味，老化較慢。製作上需要注意的有①保持所有使用工具的清潔、②麴類務必要使用麵包用麴(七分繁殖狀態)。麵團中酒種的用量約是20～30%。

酒種嚐起來，甜味帶著微微的澀味與苦味混合風味，即是最優者。最近，將酒種與麵包酵母合併用於糕點麵包上，有著麵包酵母的發酵力和酒種的香氣及風味，在表層外皮的薄度、老化的延緩等，利用相互作用發揮優點。

（3）啤酒花種法

是最近話題中，希望能重新檢視的製作方法。雖然很多人可能有所誤解，但在這個方法中啤酒花的作用，在於消除雜菌和添加香氣，發酵能力則是來自與啤酒花併用的馬鈴薯。麵包的特徵是①延遲老化、②有苦味、風味清淡、③沒有麵包特有的酵母味道…等，另一方面，①製作啤酒花種很麻煩、②很難取得一定品質的啤酒花種、③麵包製作時間較長…等，是到目前為止很難將其實用化的原因，若能有各式更簡便的方法，應該也可以逐漸被推廣。

（4）中麵法（浸漬法）

以麵粉和水製作中麵，靜置一定的時間後，加入其餘的材料一起揉和成麵團。接著發酵，但不經壓平排氣地直接進入分割製程。之後就與普通的直接揉和法相同了。中麵法的製作方法有三種，①僅只用麵粉和水、②麵粉和水當中添加鹽和酵母食品添加劑、③以除了麵包酵母之外的所有材料來製作。

正式揉和時，添加的材料越少，麵團越安定、吸水也越多。與法國麵包的麵團製作法—自我分解法（Autolyse）有共通之處。與老麵不同，老麵中會添加麵包酵母，但中麵則是不使用麵包酵母的。

（5）喬利伍德法（Chorleywood method）

是直接揉和法（速成法）的一種，名稱是取自於發明這種方法的英國麵包工業研究協會所在地。特徵在於藉著強力的機械操作和還原劑，使麵團具延展性，利用添加抗壞血酸和其他氧化劑，使麵團氧化，攪拌至烘焙為止，僅需約2小時左右。

風味、口感一直是被提出的問題，但最近改以酸種或老麵團後，已有相當的改善。現在，英國的白麵包類，連同廣大的歐洲地區逐漸廣泛使用。在日本也成蔚為話題，並有部分麵包坊開始使用。

（6）連續麵包製作法

連續麵包製作法也有許多種，有俄系和美系。在日本，提及連續麵包製作法時，指的是美系的Do-maker法和Amflow法。這些美系製作方法的特徵是，無論哪一種都和液種法相同地製作發酵種（ferment），用預先混合機將粉類及其他材料混合均勻，送入高壓混拌機（Developer）。

在高壓混拌機內，藉著強大的壓力和高速旋轉，使麵筋組織結合，麵團的氧化作用就完全來自添加的氧化劑。在日本也曾嘗試製作，但香氣和口感與過去有顯著的落差，並沒有成功。

（7）冷藏麵團法（凍藏發酵法 Retarder Method）

常用於像丹麥麵包、甜麵包卷、皮力歐許，配方中含有大量副材料的麵包製作法，攪拌後經過一定的發酵，放入解凍庫（Retarder），使其長時間延緩（低溫）發酵。各階段製程都能在15 ～ 18℃的室溫下進行最為理想，最後發酵溫度也必須比使用的油脂融點更低5℃。以此方法製作的成品，口感及嚼感都很好，觸感也柔軟且美味。
※108頁的②麵團冷藏法相同。

◇ 自我分解法 Autolyse（自家熟成法）

僅用麵粉、水、麥芽精製作麵團，靜置20 ～ 30分鐘後，加入其他材料，再短暫攪拌後製作麵團的方法。麵粉的水合作用促進麵筋組織的結合。利用短暫的攪拌，完成麵筋組織緊實的麵團，並且能夠烘焙出表層外皮酥脆、體積膨大、風味香氣十足的優質麵包。

叮嚀小筆記

標準製作方法篇

（8種麵包）

最近，非常盛行由企業內研修或相關業界主辦各種座談會、講習會、研究會。技術人員們參加這些活動，不止能得到製作麵包的技術或知識，更是一個能與業界夥伴們互動的機會，非常有意義。

另一方面，再次檢視了講習會的書本或教材時，發現即使是相同的吐司麵包、糕點麵包、油酥類甜麵包，也各有其不同的配方和製程方式。瞭解各式各樣的配方和方法是好事，要選用哪一個，可由各位技術人員自行判斷，但務必要記住的是，各種麵包的標準配方及製程。藉由熟知牢記，才能清析確實地定位自己烘烤的成品，邁向更精進的下一步。

吐 司 麵 包

（1）起源

　　世界上被稱為麵粉文化圈的地方，可分為三大區域。美國、歐洲和中國，其中食用我們稱為吐司麵包的，是美國。但美國的麵包市場約有九成是量販，而量販的製作方法以中種法為主。當然英國也是以吐司麵包為主流，但在當地的製作方法，則是被稱為喬利伍德法（Chorleywood method）的短時間麵包製作法。這些製作方法的不同，主要受到當地生產小麥的質與蛋白質量的制約，另一個同樣重要，又或許更重要的是當地的市場狀況。亦即是英國小麥中的蛋白質含量，並不適於烘焙成像日本這樣的吐司麵包，因為蛋白質，所以使用超高速攪拌、大量氧化劑，用了相當強力的方法製作。美國和加拿大的小麥，正如大家所熟知，蛋白質的質與量都是最適合製作吐司麵包的種類，但這也是藉著高速攪拌機的開發，才使其發揚光大。曾經在開發出高速攪拌機之前，因為蛋白質含量過高而使得麵筋組織難以形成，且會抑制麵包的延展，被認為是不適合麵包製作的。因此製作麵包時，必須要非常仔細地分辨出所使用麵粉的蛋白質含量，再選擇使用的攪拌機是非常重要的關鍵。反之，若攪拌機已經固定，那麼選擇適合攪拌機的麵粉也是製作麵包時的第一要務。

(2) 所謂吐司麵包

　　以現狀而言，是放入吐司麵包模烘焙，形狀已決定了，沒有定案的是配方、重量。經常會看到農林水產省米麥加工食品的生產動態調查中出現「麵包生產量」，這裡所提的麵包是普通的吐司麵包、椭圓餐包、葡萄乾麵包等。由總務廳所提出「每個家庭內麵包支出金額」中，麵包包括椭圓餐包、牛奶吐司麵包、葡萄乾吐司麵包、法國麵包、奶油卷等。再加上社團法人日本麵包工業會所製作的麵包實用分類，吐司麵包當中還包括白麵包、變化型麵包、餐包等。最後根據農林水產省公告433號內容「麵包類的品質標示基準」，有以下的定義。「**所謂麵包是以下列舉者稱之：①以小麥或於其中添加穀粉類者為主原料，在其中添加麵包酵母，又或於其中添加鹽、葡萄等果實、蔬菜、雞蛋以及其加工品、糖類、食用油脂、乳以及乳製品添加物，攪拌混合，使其發酵者(以下稱麵包麵團)，經烘焙而成，水份達10%者屬之。②用麵包麵團包覆紅豆餡、奶油餡、果醬類、食用油脂等，又或是折疊、將麵包麵團上部擺放材料烘焙，且被烘焙的麵包麵團水分達10%以上者。③在①當中填裝紅豆餡、蛋糕類、果醬類、巧克力、堅果、糖類、糊狀奶油餡、以乳瑪琳類、食用油脂等製成之奶油餡加工者，又或是夾入或塗抹者。」在基準中，還有以下定義：「所謂『吐司麵包』是在麵包類欄位中的①或②中，將麵包麵團放入吐司麵包模型(長方體或圓柱狀烤模)中烘烤而成者稱之。」**日本戰後有段期間，將副材料在10%以內的麵包定義為吐司麵包，當時配方中應該已經有添加砂糖和鹽的概念了。現在則是像油脂、奶粉、雞蛋等都會添加，平均副材料添加可達15～16%。

　　吐司麵包經常會以1斤、2斤來表示，這也是因為沒有規定出明確的重量和體積。但是以日本麵包工業會、全日本麵包協同組合聯合會等為中心，以「包裝吐司麵包之標示相關的公正競爭規約」規定，1斤的最低重量是340g。

(3) 吐司麵包的種類

　　如前所說，官方所公布的統計資料當中，吐司麵包是相當廣義的解釋，但這些只是用於統計中，一般被稱為吐司麵包的，僅只有「方型吐司麵包」，也就是僅指「四角方塊」形狀的。英式麵包是否能列入吐司麵包也仍在令人困擾的爭議中，但在配方、製程、形狀以及燒減率等部分，有相當的差異。最近以吐司麵包麵團烘焙成英式麵包的也很多，逐漸轉變成只是形狀不同而已。

（4）吐司麵包的代表配方與製程

關於接下來的部分，會產生個人差異因此不能一概而論。擁有自己的標準配方、製程，確實記憶屬於自己的風味，是非常重要的。藉此試著品嚐其他店家與自己製作的味道，還能想像出其配方、製作方法及製程過程等等。在此提出的配方和製程，僅是筆者自身的基準而已。

【配方】

高筋麵粉 …………………………………… 100%

新鮮麵包酵母 ……………………………… 2

酵母食品添加劑……………………………… 0.03[※1]

鹽 ………………………………………………… 2

砂糖 ……………………………………………… 6

脫脂奶粉 ………………………………………… 2

油脂 ……………………………………………… 5

水 ………………………………………………… 67

※1：不同公司販售著各種酵母食品添加劑，在此使用的是標準型、維生素C含量0.6%的商品。

【製程】

攪拌（直立型）………………… 低速2中速5↓[※2]

中速5高速2～4

揉和完成溫度 ……………………………… 27℃

發酵時間（27℃、75%）…………… 90分鐘

壓平排氣　30分鐘

分割 ………………………………… 模型容積4.0

中間發酵 …………………………………… 25分鐘

整型 ……………………………………… U字型填裝

最後發酵（38℃、85%）………40～50分鐘

烘焙（220℃）……………………35～40分鐘

※2：↓表示油脂添加的時間（以下相同）

（5）吐司麵包原料的意義及想法

麵粉

使用麵包用粉（高筋麵粉）當然是基本。所謂的麵包用粉是指麵包製作性佳、高蛋白的原料小麥所碾磨而成的粉，但因最近酵素劑的發達，麵粉蛋白質量的必要性也隨之減小。當然蛋白質的量對於烘烤色澤、風味等等，具有相當重要的作用，那麼低蛋白質小麥是否可以用呢？其實也不能說不行，因為現在必須使用高蛋白質麵粉的條件逐漸消失，也是事實。以前蛋白質量等同於胺基酸量，因而被認為蛋白質含量越多的麵粉越能做出美味麵包，但最近有更多澱粉風味的討論，所以已經不能單純地說只要是高蛋白麵粉，就能做出好吃的麵包了。只是到底是源自蛋白質還是源自澱粉，意見還是分岐的狀態。但提到吐司

麵包，就筆者的經驗，從中式麵條用粉類至特殊高蛋白粉類，在相當廣泛的範圍內都曾見過使用的例子。關於灰分，方型(四角型吐司)並不適用灰分太高的粉類。製作方型吐司時，燒減率頂多是10％左右，與蒸烤是相近似的情況。只要回想白米和胚芽米用保溫鍋長時間保溫時產生的味道，就能夠理解，使用灰分較高的麵粉來烘焙方型吐司，會殘留爛蒸的氣味，實在不能說是香氣的味道。反之，燒減率高的法國麵包、披薩等，不如說使用灰分含量較高的麵粉，比較能烘焙出Q彈口感、風味良好的成品。像印度烤餅般的薄烤餅，烘焙是以秒為單位即可完成，實在不太能期待有高的燒減率時，還是用低灰分成分的粉類較能烘焙出美味。其他，由麵粉蛋白質量和吐司的關係來看，蛋白質含量越多，剛烘烤完成時越是酥脆，口感和風味都十分良好，可是一旦冷卻後，因麵筋組織的作用而變得過於Q彈時，就反而成為負面的要素了。由攪拌的關係來看，如前所述，依使用的攪拌機種不同，麵粉的選擇就非常重要。特別是以手工進行製程時，也可以特意選用蛋白質含量較多的麵粉。

麵包酵母

新鮮麵包酵母(水分66～68％)、乾燥麵包酵母(水分12～13％)、即溶麵包酵母(6～8％)、自製酵母等，有各式各樣可以選擇，但除了自製酵母之外，全部都是出芽酵母(Saccharomyces cerevisiae)。極少數的出芽酵母會做為冷凍酵母使用，但例子不多。各種麵包酵母的基本使用方法各異，請充分瞭解並遵守各別的使用法。像這樣的酵母菌，幾乎都是由麵包酵母公司使用相同的菌種，但依菌株或培養條件不同，使得製作出的香氣和風味也大不相同。

酵母食品添加劑

因為不是必須使用的原料，再加上因廠商不同，使用量、使用方法也會因而有異，在此省略說明。但最近從業界一直使用的氧化劑、無機鹽類主體物質，逐漸由酵素劑主體物質所取代。更添加了兼具過去使用酵母食品添加劑和乳化劑的效果，今後的開發也值得矚目。

鹽

過去被視為是天然的麵包製作改良劑，在麵團中具有重要的作用。平衡風味、收斂麵筋組織、防止雜菌的增殖等，被認為是麵包製作的四大基本原料之一。以往，夏季用量較多、冬季較少，或是關東較多、關西較少地被加以調整，但最近幾乎不會因季節或地方而進行配方用量的調整了。只是麵包比容積較大時，略多使用為宜。看看最近展示會中，世界上各種岩鹽、海水鹽、特殊鹽類等都有販售。強化微量礦物質、風味的差異、就堅持特點而言可以認同其意義，但用於吐司麵包的配方來說，很難想像出風味的差別。

砂糖

上白糖、細砂糖、蔗糖、果糖、高果糖玉米糖漿、黑糖、一番糖（初榨高純度蔗糖）…等各有其特色，不同種類的糖。使用量也從4～12%各異，也各有不同喜好的顧客群。比較需要注意的是依糖的添加量不同，麵包會呈現烘烤色澤和甜味的差別。當麵包酵母每發酵1小時，添加2%酵母，約需減0.7～1%的砂糖較為適宜。

奶粉

添加的主要目的是強化營養價值和增添風味。是為補強麵粉中含量較少的離胺酸而添加，但最近其發酵耐性也開始變得重要。除了與充實飲食生活，同時被注重的營養價值之外，所能提升的麵包製作性及風味上，更受矚目。過去以來，因價格和麵包製作性的脈絡，大多使用的是脫脂奶粉，但接著應該可以朝全脂奶粉的使用多加討論。也有當油脂類使用奶油時，基於添加多寡產生變化程度的各種考量，奶粉類的使用應該儘量避免的說法。很難去一一加以評論置喙，希望大家以自己的舌尖來確認吧。

希望將乳製品吸引人的香氣轉移至麵包的店家很多，但很可惜的是，即使在麵包麵團中，各別添加大量乳製品（麵包製作性與其關係有其上限），也難以得到預期的香氣改善。其中添加加糖煉乳似乎最能達到期待風味。大量加入20%左右，有可能製作出美味麵包（使用時要注意水分和糖類的換算）。

油脂

奶油、乳瑪琳、酥油，最近開始有為數眾多的專用油脂出現在市面上。因應使用目的加以區隔非常重要。最不希望大家誤解的是，加入大量油脂，吐司麵包就會更美味，這是錯誤的想法。吐司麵包被當成主食，太過濃郁的風味，容易令人膩。過去有很多烘焙麵包屋就是踏入此禁忌範圍，而經驗了慘痛的教訓。無論如何，志在製作美味、高級吐司麵包，應該針對原料的品質進行研究，而非從用量著手。

加入麵團的時間點，也是一大關鍵，原則上，麵團約完成六～七成時添加，就是最佳時間點。為製作出酥脆口感，或是滑順的麵團時，也有極少數會在最初即添加油脂的狀況。當然也會受到吸水量、攪拌時間的影響。

水

日本國內的水，有八成以上是在國際硬度50以下，被認為在麵包製作上沒有阻礙或影響。但仍有極少數是在此基準之外，所以在新設工廠時，水質是務必需要確認的項目。當然更要注意的是水中的氯濃度，特別是設在淨水廠附近的工廠，更是確認的重點之一。

（6）吐司麵包製程的意義及想法

不僅限於麵包，烏龍麵、用於包裹用的麵皮，都是麵粉加水製成的麵團，藉由外力使其產生加工硬化，再經靜置使其產生結構鬆弛。所謂的麵包製作，就是重覆這兩種現象，在各製程中賦予固定名稱而已，在麵團中經常出現的現象，只有結構鬆弛與加工硬化而已。

攪拌

目的在於延展麵筋組織的結合。攪拌越強時，麵包的體積越大，氣泡孔洞也越均勻細緻。但攪拌過強各食材的風味會被抹煞，因此味道反而不出色。要使麵筋組織結合的方法，除了用攪拌器的揉和之外，也會藉由麵團的靜置、或是靜置後的壓平排氣來達到這個效果。換言之，儘可能縮短攪拌機的揉和時間，但又能使麵筋組織大量緊密結合，就是製作出美味且外觀美好麵包的關鍵。

揉和完成溫度

麵團揉和完成的溫度，取決於麵團發酵時間的長短。重要的是麵團放入烤箱時溫度為31 ～ 32℃，由此決定麵團揉和完成的溫度即可。雖然依麵包酵母量也會有所改變，但麵團溫度的上升，可以用第一發酵（發酵室溫度27℃）1小時是1.0℃、最後發酵（發酵室溫度38℃）40分鐘上升2℃為基準，簡單地加以換算。

為求得期待的完成揉和溫度的水溫計算，有2倍法、3倍法、4倍法、使用冰塊等方法，必須要能學會計算。在實際現場藉著製作麵團的筆記，就能很容易以0.5℃的調幅進行管理了。

發酵

第一發酵室的條件是以27℃、75%為標準。雖然對於製程場地條件爭議並不多，但麵團及製程上，也有人認為應該以26℃、65%為宜。在烘焙麵包屋等，沒有設置第一發酵室的店家很多，但為了品質安定的成品，這是應該要有的設備。

壓平排氣

其目的在於排出二氧化碳氣體、提供氧氣、使麵團溫度均勻，並且使麵團產生加工硬化。此時時間上的判斷，就是大家所熟知的「手指按壓測試」，但無論用什麼樣的方法，只要能有自己足以判斷的基準即可。反之，利用調整此時間點，也能夠自由地調整麵團的發酵狀態。

分割‧滾圓

製作麵包的三要素是溫度、時間、重量。與材料測量同樣重要的是麵團的分割重量。當然對於店舖的收益或是麵包製作上而言，都是必須正確執行的製程。特別是製作吐司麵包，重要的是要以多少為模型比容積。現在幾乎都是4.0～4.2，但軟式吐司可以到5.2，以求做出輕盈口感。順道值得一提的是，20年前一般的吐司是3.6～3.8。吐司麵包模型變大，以及大家喜歡輕盈口感的吐司，這也是模型比容積變大的理由。吐司模型變大，切面呈正方型，是因為利用吐司製作三明治的機會增多、烤箱的熱效率，還有模型比容積增大、以及防止側面彎曲凹陷等原因。

在此的滾圓，視為是整型的準備即可，使其保有氣體，在整型時能完成整型程度地輕輕滾圓即可。

中間發酵

是為了整型而使麵團結構能鬆弛的時間。最多約是20～25分鐘，所以要在這個時間內充分地讓結構鬆弛，換言之就是必須均衡地使麵團鬆弛。

整型

決定最後形狀的製程，希望大家能仔細的進行。本來遵循著加工硬化與結構鬆弛交替進行的原則，所以由整型機取出後，不立刻將麵團以U字型或M字型填裝，而是靜置2～3分鐘後再進行填裝，如此正如大家所知地，能同時使柔軟內側部分及表層外皮部分形成更良好，也能減少側面彎曲凹陷(側凹)。

最後發酵

溫度、濕度是很重要的關鍵。為提高麵包酵母的活性,溫度會提高至38℃。為使麵團能有適度的鬆弛,濕度設定為85%。比較應該注意的是與製程室內的溫度及濕度差異過大時,麵團從發酵箱取出,表面會呈現乾燥狀況。麵包麵團最不樂見的就是乾燥。

烘焙

3斤的長條狀吐司麵包,用35分鐘可以烘焙成金黃色的烤箱溫度最理想。關於燒減率,約是取出烤箱後10%(平板式烤箱)為宜。英式麵包是16%、德國麵包13%、法國麵包(巴塔麵包Batard)是20～22%。麵包製作技術中特別困難的是烤箱的使用方式,但烘烤吐司麵包時,儘可能是在高溫時放入,並依預定的時間和燒減率來烘焙。

◇ 「美味吐司麵包」的製作方法

以前,在講習會上曾經聽到過介紹添加12%砂糖的吐司麵包。現在或許不是什麼了不起的事,但美味的根源即是甜度。其他的配方完全不變,僅只有砂糖是倍數的12%。這當然是經過了幾次試作之後才決定的數據。但在討論過程中,我注意到當砂糖的配方在增加6%、8%、10%、12%時,至8%為止,幾乎沒有人感覺到甜度,而是以味道濃郁來表示。到了10%,終於半數的人覺得甜,但也說好吃。現在的吐司麵包,幾乎是大眾認為美味的種類。於此,也思考著是否應針對食慾旺盛的高中生開發出(略甜、砂糖12%)、以高齡者為對象(鈣質強化)、以女性為訴求(添加膠原蛋白)等等的吐司,不僅具話題性又富玩心的新商品呢。

叮嚀小筆記

（1）起源

　　現在翻開「銀座木村家睦会系譜」，可以看到在日本麵包業界，提到糕點麵包（菓子麵包）就令人難忘的名人，初代木村安兵衛、二代英三郎、三代儀四郎、四代栄三郎、五代栄一…等。安兵衛與在横濱パーマー（Palmer）商會當學徒的英三郎，邀約了在長崎葡萄牙人處烘烤麵包的梅吉一起在日陰町（現新橋車站前SL的地點）開設了「文英堂」。但僅9個月，因日比谷大火而被燒毀。之後3年（1870年）正月，找到了已殁落不再使用的旗本屋宅，將未被完全燒毀的石窯等移設後，重新開業。之後，明治5年（1872年）9月12日，東京至横濱間的鐵路開始營運，與資生堂共同開設日本最早的站内銷售亭（kiosk）。從此時，英三郎開始酒種紅豆麵包的開發，到了明治7年（1874年）終於完成。中間包入紅豆泥餡的麵包，表面綴有罌粟籽，而紅豆粒餡的則是綴上白芝麻，以5厘的價錢出售。5厘，相當於一碗蕎麥麵的價格（現在的120日圓）。而酒種紅豆麵包（麵團25g、内餡25g、直徑8cm）大受好評後，明治8年（1875年）在山岡鉄舟的介紹下，成為敬獻給天皇的貢品。當時，因顧及將庶民食物獻給天皇多有惶恐，故改以鹽漬奈良吉野山的八重櫻，裝飾於上，就是現在的櫻花紅豆麵包。明治33年（1900年），由儀四郎開發出果醬麵包。明治34年，相馬愛蔵、国光夫妻在本鄉區森川町大學前，開設了麵包店中村屋，至明治37年（1904年），由相馬夫妻開發出了奶油餡麵包。明治42年移至現在新宿車站前。

至於菠蘿麵包，有兩種說法，一是來自德國的德式烤盤點心（blechkuchen），奶酥甜點（streusel kuchen）的變形，另一說是來自墨西哥的貝殼甜麵包（conche）。奶油麵包卷（corone）是較新昭和初期的麵包，來源沒有定論，但或許可以想見是由圓餅型的派餅變化而來的糕點麵包。

（2）所謂糕點麵包（菓子麵包）

所謂糕點麵包（菓子麵包），正如在吐司麵包定義中所敘述—「麵包類之品質標示基準」中提到，麵包類中，②之中除吐司麵包之外者，以及③所稱者，但即使如此仍是難懂，因此簡而言之，可以想成是在日本開發，且以甜麵團包覆甜內餡者，或有裝飾搭配食材者。

（3）糕點麵包（菓子麵包）的種類

以種類而言，紅豆泥餡麵包、小倉紅豆麵包、奶油餡麵包、菠蘿麵包、果醬麵包…等為代表。但誕生於日本，且最能代表日本的糕點麵包（菓子麵包），感覺近幾年離年輕人越來越遠了，也不再是便利商店麵包銷售的主力了。糕點麵包（菓子麵包）是起源於日本的麵包，但最近便利商店主力的甜麵包卷（sweet roll）卻更貼近糕點麵包。在此想要提出將糕點麵包（菓子麵包）與甜麵包卷明確界定的提議。糕點麵包（菓子麵包）再回復其酒種的製作方法，或者無法回復其作法，至少可以藉由酒種風味，重拾香氣、口感等麵包酵母所無法得到的要素，讓糕點麵包（菓子麵包）敗部復活與美式的甜麵包卷有所區隔，使日本的年輕世代再次重新認識傳統糕點麵包（菓子麵包）的範疇。從現在糕點麵包（菓子麵包）、麵包卷混為一談的狀態來看，我們不是更應該重新區隔傳統糕點麵包（菓子麵包）與甜麵包卷的分野，並重新各自開發更具魅力的商品嗎？

（4）糕點麵包（菓子麵包） 的代表配方與製程

姑且不論酒種配方，戰後有很長時間糕點麵包（菓子麵包）的標準配方是砂糖25%、鹽0.8%、油脂8%，但油脂8%的添加，麵包的潤澤口感以及老化耐性明顯地不足（酒種配方時不在此限），因而希望其用量能保持在10～12%。使用

的麵粉，因是 RICH 類（高糖油成分）麵團，因而相較於其等級（灰分量）更重視的是蛋白質的含量。吸水設定在略硬的狀態，因而藉由確實攪拌而強化麵筋組織固結，製作出滑順的麵團，這些正是烘焙出安定成品的關鍵。

【配方】

高筋麵粉	100%
新鮮麵包酵母	3
酵母食品添加劑	0.12※
鹽	0.8
砂糖	25
脫脂奶粉	3
油脂	12
全蛋	10
水	50

※ 此為標準型，使用的是維生素C含量0.6%的商品。

【製程】

攪拌	低速4中速6↓中速5高速2～3
揉和完成溫度	28℃
發酵時間(27℃、75%)	90分鐘
	壓平排氣　30分鐘
分割重量	45g
中間發酵	15分鐘
整型	紅豆餡麵包、奶油餡麵包
最後發酵(38℃、85%)	60分鐘
烘焙(210℃)	10分鐘

◇ 內餡的用量與糖量

　糕點麵包(菓子麵包)，幾乎都是因為喜歡餡料才購買的，所以內餡越多越能取悅顧客。那麼，是否只要增加現在的內餡用量就可以呢？絕不是這麼簡單的事。內餡的糖度(甜度)是有適當分量的，配合麵團和內餡用量，設定內餡的甜度非常重要。

叮嚀小筆記

（5）糕點麵包（菓子麵包）原料的意義及想法

麵粉

　製作糕點麵包（菓子麵包）時，很少會有內側部分呈白色的需求，因此不太需要拘泥灰分的用量。砂糖、雞蛋等副材料較多，因而麵團中蛋白質的比例相對較低。但若考量麵包的體積或是老化程度，則使用高蛋白質小麥較為適當。但想要做出酥脆口感，或是過度攪拌可能導致麵包空洞、或產生皺摺等等原因時，烘焙麵包屋常會在高筋麵粉中添加15%的低筋麵粉。

新鮮麵包酵母

日本新鮮麵包酵母的標準品因已具耐糖性，因此只要使用標準品即可。最近乾燥酵母也有具耐糖性之產品，可以因應需求而區隔使用。雖然與糖類用量有關，但標準直接揉和法是3%，冷藏麵團則是4%為標準用量。砂糖添加量多至30%、40%時，市面上也有耐糖性高的麵包酵母，可以與廠商洽詢。

酵母食品添加劑

會因麵團的硬度、麵粉的等級而有不同的添加需求，因此必須找出最適之用量。

鹽

因有麵包酵母滲透壓的關係，因此必須與砂糖取得平衡。加上鹹味有助於甜味的考量，正確的設定非常重要。

砂糖

雖是以25%為基準，但最近消費者開始有降低甜味的趨勢，因此有減少的傾向。

但為了區隔與奶油卷的差異，並彰顯各商品的特徵，若過度減少時，消費者的選擇範圍也會變小，希望在決定時，也能思考避免損及各產品的特徵及魅力。傳統的食品，保持其應有的風味及傳統的記憶，也是非常重要的。

脫脂奶粉

為了麵包的美味、營養的均衡、烘烤色澤，而經常使用。

油脂

10～12%左右最適當。太少麵團易於沾黏，粗糙且會促使老化；但過多時會導致口感不Q彈且沾黏。適量的油脂，可以改善製程性及口感，品嚐起來柔軟且能延遲麵包老化現象。

全蛋

可以改善風味並增加體積。但過多的蛋白會造成麵團的緊縮，當然是負面的影響。添加全蛋時，可以考慮至30%為止。

水

千萬要記得不要添加過多的水分。特別是溶化25%的砂糖需要2～3分鐘，所以加水量的決定，要在攪拌開始3分鐘以後。心情上以攪拌成略硬的麵團進行攪打，而當麵團呈光滑柔軟時即可。

（6）糕點麵包（菓子麵包）製程的意義及想法

攪拌

開始時以低速略長時間的攪拌很重要。大家應該要能理解一件事，即是配方中用量較多的砂糖和脫脂奶粉，是需要時間溶解的。因為砂糖多，所以可以成為滑順的麵團，看似麵筋組織已然形成，但實際上很多時候是誤解。以中速攪拌成略硬的麵團，可以讓麵筋組織緩慢且確實地固結，也是製作出具體積且不易老化的關鍵。特別是僅使用高筋麵粉製作時，如果沒有稍稍過度攪打，反而是造成內餡和麵團之間產生空洞的原因。

麵團溫度

因為糖量多，也希望能有助於麵包酵母的活性，因此希望是28℃。但溫度過高時會造成麵團的沾黏也會損及其製程性。加上分割重量小的時候，分割整型的時間也必須列入考量，由各種情況思考決定麵團溫度非常重要。

發酵時間

90分鐘壓平排氣後再進行30分鐘，因麵粉的等級不同也會有所改變，不能一概而論，但強力的壓平排氣，可以改善麵團的Q彈程度，也能減少烘焙氣泡（fisheye）的產生。

分割重量

Wholesale bakery是60g、Retail bakery是35g（木村家的酒種是25g），可以依自己的價值觀自由決定賣價的部分。填充用內餡和搭配食材沒有特別限制，因為原則是麵團重量與填充內餡、搭配食材的重量等量即可。請千萬不要忘了，消費者想吃的不是麵團，是因為想吃內餡或菠蘿麵包外皮，才會選擇買糕點麵包（菓子麵包）的呀。

中間發酵

為了讓烘烤出的麵包形狀、烘烤色澤足以成為招牌，嚴守這中間發酵的15分鐘是必要條件。較長的中間發酵時間雖然易於整型，製程管理上也較容易，但Q彈口感、形狀，特別是烘烤色澤才是時間的考量重點，時間不同時也會烘焙出不同樣貌的商品。

整型

因為太花時間、需要熟練的技巧等等，無論如何都容易拉長製程時間，所以應該預備的麵團用量標準，是即使時間拉長，也能在30分鐘之內完成的分量。若無論怎麼做都會超過30分鐘，就要短暫地先將分割麵團放回冷藏，以期製作出安定的成品。應考量麵團的製程性來決定整型的順序，亦即是以整型的複雜順序來進行，以奶油卷、菠蘿麵包、紅豆餡麵包、奶油餡麵包的順序來完成是原則。但為求迅速完成此製程，大家很容易會從簡單的先著手。

最後發酵

原則上是38℃、85%，但若與發酵箱外溫度差過大時，放入烤箱前很可能就會產生表面乾燥的情況，致使烘烤色澤不良。另一方面，若刷塗蛋液，在刷塗前後略有適度的乾燥過程，反而能烘烤出光澤鮮艷的顏色。

烘焙

約是8～10分鐘左右能完成烘焙的溫度最適當。使用上火為主體，下火略淡地呈現，最能烘烤出口感良好不易老化的麵包。雖然看似是枝微末節的小事，但在烤盤上排放麵團的方法，也是能否均勻烘焙出烘烤色澤的關鍵。整型好的麵團排放在烤盤時，要考慮的不是在一片烤盤上的均勻擺放，而是數片烤盤同時擺放在烤箱內，要使麵團在整座烤箱內都能均勻地分布。

（7）糕點麵包（菓子麵包）不良品的判定及想法

烘焙氣泡（fisheye）

有兩種，焦焦黑黑的烘焙氣泡是發酵不足。白色的則是發酵過度。大多數出現的是黑色的烘焙氣泡，是吸水過多、氧化劑不足、發酵不足、壓平排氣不足，總之，就是麵團未熟成時所引起的現象。

烘烤色澤不良

大多是過度發酵所導致，整體呈現淡淡的烘烤色，而不會變成漂亮的金黃色。大部分是分割、整型時間過長所致。極少數會因發酵不足，使得表面烘烤成斑駁不均的狀態。

中央凸起

麵包中央部分產生凸起的形狀，是糕點麵包（菓子麵包）中經常見到的，這明顯是因為沒有理解加工硬化與結構鬆弛，所造成的不良狀態。包覆內餡後只要靜置10～20分鐘，就能解決中央凸起的問題。如果靜置仍無法改善時，就該檢討是否是攪拌不足的問題了。

內餡與麵團間的空洞

前文當中也曾提及，很多是因高蛋白麵粉使用過多，或是攪拌不足所引起。簡單的解決方法就是在粉類當中加入1～2成的低筋麵粉。

麵團頂端的空洞

是過度發酵的典型現象。減少氧化、縮短發酵時間、只要管理避免麵團的過度發酵即可解決。極少情況是因為沾裹芝麻或罌粟籽時，按壓過度用力所造成的。

奶油卷的捲圈

雖然因麵團發酵程度有所不同，但輕輕扭擰地進行整型為宜。若完全沒有扭轉動作時，可能會因過度拉緊麵團而變成扁平的捲圈。反之，過度扭轉時也會產生麵團的間隙。

奶油餡麵包的頭尾

使用整型機進行壓平排氣時，分割麵團經由整型機送出時，先出來的稱為頭部，最後的部分稱為尾部。仔細觀察就會發現前端的頭部漂亮地壓平且麵團具有厚度，但尾端的部分，不但麵團稍有損傷且厚度僅有一半。因此果醬麵包、奶油麵包等整型時，將內餡放置在尾端，以頭部作為頂端的麵團，則可以烘焙出體積增加且具漂亮烘焙色澤的成品。將上方的麵團加長1cm左右，以覆蓋住下方並進行整型。

◇ 糕點麵包（菓子麵包）是實力堅強的陣容

最近，可以看到百貨公司的食品銷售櫃前，排著長長隊伍購買菠蘿麵包。5～6年前紅豆麵包風潮時，陣容堅強地有20～30種，紅豆麵包專賣店門前也是大排長龍。奶油餡麵包也一直是人氣商品。菓子麵包擁有一款商品就能成為專賣店的實力。您是否也以店內的菓子麵包而自豪呢？

例如「為了呈現酥脆及潤澤口感地，在準高筋麵粉中添加了日本國產麵粉。糖分也為了更濃郁而改用蔗糖。以日式風味的酒種進行製作，內餡當然是用十勝產的紅豆熬煮。奶油餡僅只使用在地嚴選的蛋黃、抑制甜度地使用了風味爽口的白砂糖。菠蘿外皮當然是不惜成本的大量奶油，還添加了哈蜜瓜果肉。」

叮嚀小筆記

商品種類超過200種的店家固然充滿樂趣，但強調嚴選、精心傑作的40種商品就能一決勝負的店家，應該又是另一種樂在其中的感覺吧。

◇ 強調標示的思考方法

在公正競爭規約中規定，當包裝吐司麵包名稱前冠以原料名稱時，該原料使用一定分量以上的基準。相對於麵粉100的重量相比，起司麵包是5%以上、牛奶麵包是乳固形成分5%以上（乳脂肪1.35%以上）、蜂蜜麵包是蜂蜜4%以上、葡萄乾麵包的葡萄乾是25%以上。強調穀類標示時的基準（雖然此處為任意），請參考(社)日本麵包工業會所發表的內容。「標示強調的穀物名稱時，依穀類中所使用比例來標示。」亦即是裸麥、米、全麥、五穀、十穀的使用比例標示時，相對於穀類全體用量（澱粉質原料），使用穀類所佔的百分比(%)標示。舉例來說，麵粉使用50%、裸麥粉50%的情況下，標示成「相對穀類裸麥使用50%」。此外，穀類大多會進行前置處理製程，標示的是前置處理製程前的使用量。

法 國 麵 包

（1）起源

1954年（昭和29年），中山全平先生的食糧タイムス社，和西川多紀子女士的パンニュース社（PANNEWS）共同主辦的「全國麵包講習會」上，請來了初次到訪日本，法國的Raymond Calvel先生，談到的內容是日本今日法國麵包的開端。神戶的東客麵包（DONQ）進駐青山，開始了法國麵包的風潮，是1970年（昭和45年）的事，經過了漫長的16年，法國麵包終於被日本消費者接受。但在這之後，法國麵包仍是少數上流社會者所享用的麵包，至今大家都能輕易地享用，也是近幾年的事。最大的理由在於海外經驗者的增加、生活習性的改變，但另一個絕不能忽視的理由是一麵包店內麵包製作技術的提升。四年一次法國的「世界盃糕點大賽Coupé du Monde de la Patisserie」，來自世界12個國家的頂尖好手連續三天進行技術競賽，日本過去曾有6位參加，各自拿下了第3名、第4名、第3名、第1名、第3名、第6名。但法國麵包果然還是源自於法國，無論何處何時總是能看到、聽到、學習到很多。雖然是理所當然的事，但還是順道一提，在法國並不存在「法國麵包」這個名稱。

（2）所謂法國麵包

如前所述，在法國當地是沒有法國麵包這個名詞，當然也無從定義。若真要給個定義的話，就是僅以麵包製作時必須的四種原料，麵粉、水、麵包酵母、鹽，經過充分的發酵，充分地烘焙而成的麵包，應該就可稱為是法國麵包吧。

名稱	意思	麵團重量(g)	長度(cm)	割紋參考
Deux Livres	二磅的麵包	850	55	3
Parisien	巴黎人	650	68	5
Baguette	棒、杖	350	68	7
Batard	混血兒	350	40	3
Ficelle	細繩	150	30	5
Boule	球	350		十字紋
Coupé	割紋(切)	125		1
Fendu	雙胞胎(裂紋)	350		
Tabatiére	煙盒	350		
Champignon	菇	50		

【配方】

法國麵包專用粉⋯⋯⋯⋯⋯100%

即溶乾燥酵母⋯⋯⋯⋯⋯⋯0.4

麥芽精⋯⋯⋯⋯⋯⋯⋯⋯⋯0.3

鹽⋯⋯⋯⋯⋯⋯⋯⋯⋯⋯⋯2

水⋯⋯⋯⋯⋯⋯⋯68～70

【製程】

攪拌(螺旋式攪拌機)⋯⋯L2分(使用麥芽精進行自我分解法 20分鐘)L4分 H30秒

揉和完成溫度⋯⋯⋯⋯⋯⋯⋯⋯⋯⋯⋯⋯⋯24℃

發酵時間(27℃、75%)90分鐘　壓平排氣[1]　90分鐘

分割⋯⋯⋯⋯⋯⋯⋯⋯⋯⋯⋯⋯⋯⋯⋯⋯⋯350g

中間發酵⋯⋯⋯⋯⋯⋯⋯⋯⋯⋯⋯⋯⋯25分鐘

整型⋯⋯⋯⋯⋯⋯⋯⋯⋯⋯⋯ Baguette、Batard

最後發酵(32℃、80%)⋯⋯⋯⋯⋯⋯⋯70～80分鐘

烘焙(230℃)⋯⋯⋯⋯⋯⋯⋯⋯⋯⋯⋯⋯30分鐘

※1：較手指按壓試驗的時間提早相當多，在麵團末熟成時壓平排氣。

◇ 如果沒有明治維新

在幕末時期，幕府由法國引入西歐文化，在軍隊訓練及橫須賀造船廠的建設上，各招募了20名及50名的法國人，因此，在被譽為是江戶玄關的橫濱，法國麵包成了銷售主流。借助英國之力以軍隊為首，開始導入西歐文明的薩長勝利以及明治維新之後，英國人日漸增加，從當時英屬殖民地的加拿大進口小麥，而開始製作柔軟的英式麵包，則是在西南戰爭(明治10年)之後，以英式麵包為主流。回頭檢視越南麵包，也就是法國麵包，如果沒有明治維新，或許有可能完全不會出現在日本的麵包業界。

叮嚀小筆記

(3) 法國麵包的種類

有非常多種類。製作法國麵包會依麵團分割重量、麵包長度、割紋數及形狀而有各式各樣的名稱。

即使是用相同的麵團製作，但因分割重量、形狀、燒減率的不同，麵包的風味也會有驚人的差異。

(4) 法國麵包的代表配方與製程

當然僅以麵包的必須原料進行製作，所以沒有太多配方種類，即使如此，配方上微妙的差異、製程的改變，就會讓成品截然不同。哪種麵包最好，因每個人不同的感覺及主觀意識，沒有哪一種是絕對正確或錯誤。請相信自己的舌尖，持續製作最自豪的作品吧。

(5) 法國麵包原料的意義及想法

麵粉

大多會使用專用粉類。雖然是蛋白質含量8.7～12%，灰分0.4～0.6%的廣大範圍，但蛋白質含量越少製作越困難、成品的體積也越小，冷卻後的Q彈口感也會變差。蛋白質含量較多時，雖然容易製作、成品的體積也會變大，但冷卻後，卻會變成表層外皮過度Q彈的成品。若沒有專用粉類時，可以利用計算高筋和低筋麵粉的蛋白質含量，並加以調合製作成所需蛋白質含量的粉類，但適合法國麵包製作的麵粉，不僅只在於蛋白質含量的數據問題而已。

提到風味，麵粉中的灰分量與麵包的風味有密切的關係。雖然也會受燒減率影響而大幅改變，但燒減率大的披薩、法國麵包等，使用灰分成分較多的粉類，烘焙出的風味較醇厚濃郁。另一方面，像吐司麵包般燒減率小，呈蒸烤狀態般完成的麵包，灰分低較能烘焙出美味的成品。

麵包酵母

當然在法國使用的是新鮮麵包酵母。在日本一般市售的新鮮麵包酵母屬於耐糖性的新鮮麵包酵母（水分66.7%），並不適合用於無糖類的法國麵包。不考慮製程性，單就風味上的考量，乾燥酵母（水分12～13%、死滅細胞約12%）是可以做出較濃郁的風味。據說這是因為乾燥酵母中，失去活性的酵母所釋放出的穀胱甘肽所形成。即溶乾燥酵母（水分6%、山梨醇酐脂肪酸酯Sorbitan fatty acid ester 1.5%、維生素C）不需要事前處理，若麵團溫度在15℃以上時，可以直接添加。並且因大部分都已添加了維生素C，因此可以不需要再添加氧化劑，即能做出美味的法國麵包。

麥芽精（malt）

使大麥或是其他穀物發芽、糖化、精製濃縮而成，以麥芽為主體，包含了糊精、酵素、胺基酸等物質。一般而言是為了以下目的而使用。

①改善表層外皮的顏色及光澤。

②增加體積並增強風味。

③使麵團柔軟並改善機械耐性。

但因其種類繁多，因商品的發酵力價其使用方法也會有很大的改變。

①酵素失去活性，僅能影響風味及烘烤色澤者。

②具酵素活性（lintner酵素力價值20左右），能賦予麵團延展性者。

③高酵素活性者，lintner酵素力價值為64～78，擁有一般麥芽精3倍的酵素活性。

麥芽精的作用，不單只是鬆弛麵團而已，對熟成也有相當大的作用，所以請不要忘了氧化作用也同樣持續進行中。關於使用方法，因商品形狀為膏狀，是不易使用的狀態。一般會以等量水分稀釋，並當作液體來使用。因容易發酵，使用條件為一週內，且冷藏保存為宜。即使是麥芽精原液，相較於室溫保存，還是放入冷藏較好。

維生素C

雖是作為氧化劑來使用，但對味道而言卻是負面效果。試著嚐嚐比較看看，就能自行掌握差別了。雖然在麵團物理性、製程性、成品形狀上，都是必須的物質，但請留意儘可能減少使用。以往3小時發酵添加10PPM是理所當然的，最近在原料的影響下，只要過去的一半用量即已足夠。

◇ 出爐時的美味

嚐到剛出爐的法國麵包，讓人不由地覺得這是開麵包店最幸福的事。但也絕不是所有的麵包都是剛出爐時最為美味。德國麵包是在烘烤後8小時，軟質類的麵包應該是略為降溫，才是最美味的時候。雖然顧客們仍是為了購買剛出爐麵包而排隊。當談論到這個話題時，大家的結論是：「不是為了品嚐剛出爐的美味麵包，而是購買剛出爐的麵包這件事，令人感到愉悅」。

叮嚀小筆記

乳化劑

對於麵包製作性不佳的粉類或是蛋白質含量較少的粉類，二乙醯化酒石酸單甘油酯就能有很好的效果。可以優化製程性、增大麵包體積、使表層外皮酥脆成為容易食用的口感。缺點有一，就是風味會因而散失。

鹽

是決定風味的關鍵材料之一。現在精製鹽、岩鹽、海鹽、伯方鹽、赤穗鹽、天鹽、礦物鹽等都能購得，使用自己認同者即可。

水

若是日本的自來水，幾乎都可以不需擔心地使用。若是曾經儲存於地下水槽或屋頂水槽的水，就不能稱為自來水了。在吐司麵包的部分也略有提及，確認自來水中氯含量非常必要。

（6）法國麵包製程的意義及想法

攪拌

依製程進行，攪拌1分鐘、2分鐘，就十分足夠了。攪拌越少越能提引出食材的風味，讓表層外皮酥脆。但如此一來，會使製程性變差，所以若是技術不夠純熟很難製作出美味麵包。儘可能減少攪拌，並製作出在烤箱內具延展性的麵團。

發酵

遵守27℃、75％的發酵條件是重點。也因為發酵時間較長，因此放置未進行管理時，很難在時間內完成，而只能倚靠直覺了。要完整習得這些技術已經很困難，但正因為是優秀的技術者，才更需要掌握住困難的發酵管理，也更能感受到發酵室的必要性。雖然是很小的細節，但發酵箱的形狀也是很重要的關鍵。依其形狀不同，最終成品的形狀也會隨之改變，麵團的pH值也會有異。應該使用理想形狀的容器，讓高度和寬度均衡地完成發酵。

壓平排氣

手指按壓測試，也必須熟練。在麵團中央部分，以食指、中指按壓出凹槽，輕巧地抽出手指時，周圍的麵團會有若干沈陷時，就是最佳時間點。若麵團全部沈陷，就是過度發酵，連按壓的凹槽都不復存在時，就是麵團尚未熟成。另外，壓平排氣的方法，就是在最佳時間點，將麵團舉至30公分的高度，使麵團由缽盆中自然摔落為最佳（缽盆可於事前塗抹適量油脂）。麵團中的氣泡內壓是 $P = \dfrac{2T}{R}$（P：氣泡內徑、T：氣泡膜張力、R：氣泡半徑），藉著麵團從一定的高度自然落下，使整體均勻受力，內壓較小的氣泡（大）會被破壞，內壓大的氣泡（小）則會留存，藉此動作以均勻麵團內的氣泡大小。經常有人在缽盆中進行排氣，又或是在工作檯上以手按壓排氣等，反而會使麵團內部氣泡不均勻，並不能達到壓平排氣的目的。只要能理解原理，就能依其方法來進行製程了。

分割

在日本各店家各自決定自己店內的分割重量，但在法國如前所述，成品名稱和其分割重量是有明確規定的。當然，分割後的麵團會放入中間發酵箱，但在滾圓製程時，先設定好整型後的形狀再進行，是非常重要的。在此不用滾圓製程這個詞，是因為很多人會受限於滾圓地認為應該要將麵團滾動成漂亮的圓形，反而過度操作造成麵團的緊縮。這不僅限於法國麵包的分割滾圓，與其說是滾圓製程，不如說是以整合麵團的程度來進行比較適合。

中間發酵

目的在於鬆弛結構。因分割時的滾圓而產生強度，藉由這個時間使其得以調整，在此麵團物理性、發酵時間的調整，都是技術者展現其能力之處，也正需要經驗直覺。整合後的麵團整體均勻時，即可進入整型階段。

整型

適度地排氣後，很重要的是整型麵團，使其出現麵團中央部分及表面的緊實狀態。沒有緊實成型的麵團不在討論範圍，但事實上很多技術人員會過度操作，造成麵團過度緊縮。所以要不時地參加講習會，與優秀老手或來自法國的好手相互切磋。

★【割紋的劃切方法】

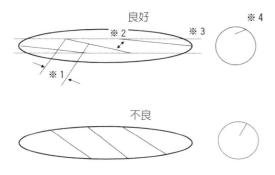

※1：割紋重疊處之長度，是考量烘焙完成的麵包寬度來決定的。

※2：割紋重疊處之寬度，是考量烤箱內延展結果來決定的。也就是最後發酵不足時，就略寬，反之最後發酵過度時，則略窄。

※3：割紋，藉著從一端至另一端的割劃，使麵包看起來更美麗，體積更大。

※4：感覺像要薄削一層表皮程度地劃入割紋。

最後發酵

以32°C、80％為原則，但只要時間允許，以略低的溫度進行最後發酵，比較能烘焙出安定的成品。最後發酵的溫度、濕度當然都非常重要，但布巾皺摺的寬度及高度也會大幅左右成品。千萬不可以忘記麵包麵團是形狀記憶合金。

割紋

以美化形狀、確保體積、確保燒減率等等為目的，在最後發酵後以刀子劃切在麵團表面。這樣的製程對於最後完成的成品有相當大的影響。不只是法國麵包，幾乎所有的麵包，都是越接近烘焙的製程，對於完成品的形狀影響越大，越接近攪拌的製程對於味道的影響越大。

烘焙

經常會說高溫烘焙麵團是製作出美味麵包的秘訣，但這僅只適用於過度發酵的麵團，還是適溫、標準時間下，依希望的燒減率和烘烤色澤來完成，最為理想。雖然依麵團用量、整型方法也會有所不同，但希望是以350g的巴塔麵包（Batard）烘焙30分鐘，燒減率22％為基準。雨天時考慮到成品的還原，原則上會將燒減率增加。蒸氣的加入方式因烤箱而有不同，一般日本產烤箱，在麵團放入後加入蒸氣；進口烤箱則較多是在麵團放入前。蒸氣量會因麵團狀態、烤箱溫度、各烤箱的狀況而有所不同。

◇ 所謂 Scratch Bakery 是什麼呢？

麵包製作方法也有很多種，在此稍加介紹。

① Scratch Bakery：從麵粉、鹽、砂糖、油脂等原料的測量開始，至麵包麵團的製作、烘焙等，所有的麵包製作機器設備一應俱全的麵包店。

② Mix Bakery：原料使用混拌粉類，進行麵團製作、烘焙的麵包店。可以減少各別測量原料的時間，大多是甜甜圈店家。

③ Bake Off Bakery：沒有攪拌機，由外部提供冷凍麵團來完成製作、烘焙的麵包店。

④ Combination Bakery：如前①、②、③之組合製作以提供商品的麵包店。

請考量麵包店的規模、技術能力以及其生產性，選擇最適合的方法。

叮嚀小筆記

可 頌

（1）起源

可頌的歷史據說始於維也納。1683年鄂圖曼土耳其大軍包圍維也納，久攻不下欲挖隧道攻城時，挖掘隧道的敲擊聲被清晨早起工作的麵包師父們聽到，使得奧地利軍隊因而獲勝，為了記念也表示吃掉土耳其旗幟上的新月，因而製作出可頌麵包的原型。之後瑪麗·安東妮（Marie-Antoinette）與路易十六結婚，因而將其傳入法國。但可頌變成現在這種層狀口感，則是從1920年之後。將奶油層疊至麵包中，可分為三大類，在法國麵包麵團中折疊入奶油的 Roll-in France；折疊在吐司麵團中的就是可頌；而折疊入甜麵包卷麵團中的，就是油酥類甜麵包 pastry（美式）。

風味清爽、口感輕盈，且高營養價值，對忙碌的現代人而言是最好的早餐。製作美味可頌的重點，在於折疊入麵團的美味奶油，可以使麵團酥脆又能烘焙得漂亮。烘焙時間確實掌握，水分蒸發時會使奶油略為焦化，同時也能提供最佳的香氣。

（2）所謂可頌

雖然不是正式的說法，但可以想成像是吐司麵包麵團中，折疊入相對於麵粉用量50%奶油的麵包。但在當地的作法，很多是麵團不添加奶油的配方。這樣的作法比較能夠製作出香脆的口感，同時因麵團沒有太多奶油，所以層次會更分明漂亮。

（3）可頌的種類

在法國，以奶油作為折疊油脂的麵團，會整型成直條狀，使用乳瑪琳的會做成新月型。因為是口味清淡的麵團，常做為調理麵包來使用，像是中央捲入起司的起司可頌、或是維也納香腸可頌、還有中央處擺放甜栗、酸櫻桃、巧克力…等，或是包捲卡士達奶油餡、葡萄乾的各式麵包，都可以在麵包店內看得到。

（4）可頌的代表配方與製程

非常簡單的配方，在略硬的吐司麵包麵團中折疊入50%左右的油脂。各店家也會有其不同的特徵，有的店家為了彰顯其特色與美味，在麵團中添加10～20%老麵的作法。還有就是麵團是否添加油脂，添加可以使製程性良好，吃起來比較有麵包的柔軟口感。沒有添加的麵團則較欠缺延展性，但可以有派餅般酥脆爽口的嚼感，看起來層次也會清楚漂亮。

【配方】

麵粉（法國麵包專用粉）	100%
新鮮麵包酵母	5
鹽	2
砂糖	5
脫脂奶粉	3
油脂（膏狀質地pomade）	5
水	63
包捲用油脂	50

【製程】

攪拌	低速3分鐘　中速2分鐘
揉和完成溫度	25℃
發酵時間	30分鐘
大型分割	1830g
冷卻	延展成2cm長方形，以5℃冷卻
捲入、折疊	包覆住50%的油脂，進行二次三折疊
冷卻	冷卻至麵團溫度5℃。（冷卻環境（freezer）約20分鐘）
折疊	三折疊一次
冷卻	冷卻至麵團溫度5℃。（冷卻環境（freezer）約15分鐘）
分割、整型	40～50g
最後發酵（27℃、75%）	60分鐘
烘焙（210℃）	15分鐘

（5）可頌原料的意義及想法

麵粉

過去會用80％的高筋麵粉和20％的低筋麵粉混合使用，但在法國麵包專用粉已經十分普及的現在，採用單一的法國麵包專用粉也可以。當然想要體積更大時，或是考慮到冷凍麵團的整型製程，想要用高蛋白質含量的粉類也可以。

麵包酵母

基本上就是吐司麵包麵團，因此一般的新鮮麵包酵母即已足夠。添加量多至5％是因為麵團可以冷凍或冷藏2～3日、放入最後發酵箱的麵團溫度較低、也為了特意避免最後發酵時間太長。最近低溫麵包酵母或冷凍用麵包酵母等都已問市，選擇適合使用目的的麵包酵母也是非常重要的。

酵母食品添加劑

冷藏時間長、想要冷凍麵團時，或是想要麵包體積更大、更Q彈時，少量使用為佳。

麥芽精

是提升麵團延展性、使烘烤色澤呈現自然略紅色澤時的必要原料。

鹽

雖然也有因為是法國的麵包而採用岩鹽的情況，但僅使用2％時，哪一種都不會有問題。

砂糖

添加量4％、5％、6％時，風味及烘烤色澤也會大不相同，用心注意地先決定使用量會比較好。

雞蛋

雖然不是一般會添加的材料，但若要追求均勻的烘烤色澤、體積以及柔軟口感時，也可以添加。

水

想要有酥脆口感、視覺上也能有漂亮層次時，麵團不要太軟會比較容易達成。

裹入油ROLL-IN

無論怎麼說，品質是決定商品價值最重要的關鍵。發酵奶油、奶油、裹入油用乳瑪琳，是烘焙出美味可頌的順序，要用哪一種，可以視市場性、客層以及店內風格來決定。希望大家能夠重新認識油脂，因為現今對於奶油在營養學上的看法與過去丕變。奶油中含有大量造成動脈硬化、心血管疾病的主要危險因子膽固醇，所以如本書開端所述，奶油曾不再為大家所喜好，但最近有所不同，有報告指出，除了家族性高膽固醇血症（familial hypercholesterolemia）之外，世界脂質營養指南指出攝取的膽固醇，並不是造成動脈硬化及心血管疾病的危險因子，不如說膽固醇值高的人能更長壽。被指責的奶油其實並不含過高的亞麻油酸（linoleic acid），反式不飽和脂肪酸（trans-unsaturated fatty acids）也僅微量，是高安全性的食品。

（6）可頌製程的意義及想法

攪拌

用壓麵機（reversible sheeter）將油脂折疊至麵團本身就是一種攪拌，在攪拌缽盆中以攪拌機攪打過度時，就會烘焙出沒有Q彈口感的麵包。也因此在攪拌缽盆內希望極力減少揉和的動作，加入的油脂會預先使其成膏狀（pomade）。以攪拌的五個階段來看，拾起階段（Pick-up Stage）、捲起階段（Clean-up Stage）後就已經過度了。

揉和完成的溫度

以攪拌完成的溫度即可，過高時反而會擔心無法抑制麵團在冷藏庫內的發酵。

發酵時間

只需要一般發酵時間，就能引發麵筋的結合。過長反而不好。

冷卻

意外地，在此階段麵團的狀態才是重點。若是麵團用量不多，且具冷卻能力良好的冷藏庫（或冷凍庫）就沒有問題，或是分割麵團太大、冷卻能力不足時，可能會造成冷藏庫內過度發酵的狀況。此時可以利用薄化麵團厚度來進行溫度管理。另外，到底要冷卻至什麼程度呢？這是取決於麵團內的油脂用量。用量0%，則沒有冷卻到0℃左右，就無法得到良好的延展性，若是5%就是5℃，像油酥類甜麵包般20%時，約8℃就能得到良好的延展性了。

裹入油ROLL-IN

油脂的包覆有各式各樣的方法，但還是日式風呂敷包法最漂亮。其他的方法，會使得沒有均攤到油脂層的麵團變多。

折疊

調整溫度與製程，儘可能使麵團與油脂的延展性相同。並且在進入三折疊製程時，要常保持麵團相同的厚度，才是製作出均勻成品的關鍵。

整型

幾乎所有的製程,都可以用壓麵機來進行延展麵團,但在最後完成時也不要特意地改用擀麵棍製作。除了精通擀麵棍製作的技術者之外,不習慣用擀麵棍的人,可能會將油脂層完全擀掉,讓特地做出的層次完全消失於無形。即使不用擀麵棍,也希望大家多在壓麵機的使用方法下些工夫,精通機器操作以期做出美麗的長方形麵團。分切時,也應該盡可能使用銳利的刀具;在整型時也請不要觸碰到麵團切口;還有就是緩慢地捲起麵團,最好的狀態是回復到整型前的形狀與長度。

最後發酵

最後發酵的溫度,原則上是較所使用的裹入油融點低5℃左右。亦即是使用新鮮奶油時,因其融點為32℃再減少5℃,最後發酵的溫度就是27℃。一般所說的32℃,是使用乳瑪琳時的最後發酵溫度。

刷塗蛋液

為避免損及特地製作出的層次,刷塗時要特別小心。正確的方法是在最後發酵完成至八分時,將其由最後發酵箱取出,待表面乾爽後再刷塗蛋液,並且待蛋液略乾後再放入烤箱烘焙,可以烘焙出更好的光澤。

烘焙

可頌製作的最大關鍵就在此。這款麵包,若只是高溫短時間烘烤,絕對做不出美味的成品。前半高溫,後半低溫,才能確實使水分揮發。烘焙成略乾帶著奶油焦香的口感,才是製作最美味可頌的要領。為了維持漂亮的麵皮層次,剛出爐時的重擊桌面(shock therapy),最能發揮其效果。

◇ 重擊桌面(shock therapy)

在本文當中也曾敘述過,因為效果很好,所以於此再度提及。無論是麵包或是蛋糕,只要是高溫烤箱烘焙而成,取出至常溫的室內,會產生烘焙後的凹陷或是側面彎曲凹陷的現象。這是因為成品氣泡中的高溫氣體隨著溫度降低,因氣體收縮使得氣泡隨之收縮的現象。所謂的「重擊桌面」,是在出爐同時給予成品物理性衝擊,使氣泡龜裂,讓氣泡內的高溫氣體與外部低溫的空氣相互置換,以防止氣泡收縮,結果這確實是能避免吐司麵包或蛋糕產生凹陷,或側面彎曲凹陷的技術。除了吐司麵包、海綿蛋糕之外,可頌、派餅或是對於蒸烤等加熱時會產生氣泡的成品,都是非常有效果的方法。

叮嚀小筆記

（1）起源

由Danish pastry這個名字來看，可能很多人都認為是源自於丹麥，但其實卻是源自於維也納，當時還不是現在這樣多層口感的麵包。隨著瑪麗安東妮（Marie Antoinette）一起嫁到法國，成為現在這樣層疊口感的麵包，則是在丹麥形成的。經由美國傳入日本，所以依照美國的名稱命名。不同國家對其名稱也有不同的稱呼，在起源地奧地利稱為Kopenhagener Plunder、在丹麥稱為

Wiener Brot、德國叫 Dänischer Plunder、美國則稱為Danish pastry。各國的形狀雖然類似，但配方和製程各不相同。充分理解各種製法的配方、製程及呈現的特徵，分辨出自己想像的成品來進行製作是很重要的。在此是以大多數麵包店採用的丹麥麵包Danish pastry製作方法為主來說明。

（2）所謂丹麥麵包

現在日本大致分成二大種類，或說三大類的油酥類甜麵包（pastry）。一是經由Walter L. Phy和M.J. Swart Figger兩位所介紹的美式。其次是由Christian Boutté 所介紹的丹麥式。而第三種是依以上兩種配方及製作方法，搭配調整成的日式。美式成品是以甜麵包卷麵團（相對於麵粉，砂糖、油脂和雞蛋各20％配方），折疊入相對於麵粉約50％的裹入油脂製作而成，是Wholesale bakery成品常用的製作方法。這種製作方法，可以做出體積大、老化較遲、柔軟且具潤澤口感的成品。不會有麵包屑污染地面的情況，

也是Wholesale bakery成品很受歡迎的一大原因。另一方面，丹麥式是揉和麵團時使用的砂糖、油脂都在8％以下的分量，用牛奶與雞蛋各半取代水分用量。並且全部的材料都預先冷藏、冷凍，以控制麵團揉和完成的溫度在10℃以下。因為攪拌也是極端地少，所以不需靜置，可以立刻地進入裹入油，三折疊的製程。藉由這些使麵包呈現派餅般漂亮的層次和口感。第三種日式，是使用攪拌較少的奶油卷麵

團，將50～60%的裹入油折入其中即可。是取美式和丹麥式中間的製程性，以及口感為目標。

（3）丹麥麵包的種類

整型方法有無限多的可能，當然無法全都採同一名稱，因此將其分成四大類。一種是用延展麵團包捲內餡，切開整型成渦旋狀，代表的有螺狀（Schnecke）、墨西哥帽（Mexican Hat）、四葉幸運草（Clover）、心形（Heart）等形狀。第二種是將延展開的麵團分切成正方型，整型成正方型是最常見的，還有四面包覆、風車型、三角形等，是最能強調出油脂層的形狀。第三種是將折疊成兩片或三片的延展麵團，再將其折疊整型成圓筒形（梳形）、Bear claw（熊掌狀）等形狀。第四種是切成短長條型，扭轉麵團使其成為麻花狀。其他還有大型的辮子型（3股編織）烘烤後切分等，看得出製作者品味和技巧。耗損的麵團碎屑，可以與卡士達奶油餡、糖漬水果等一起混拌，切成適當大小放入鋁箔模型中，或是放入紙模中烘烤成酥皮點心（chop suey）。其他還有賣得很好的酥卷（croquante）。

（4）丹麥麵包的代表配方與製程

有三種，因此列表請大家比較看看。

【配方】

原料 ＼ 製作方法	丹麥式 （C. Boutté）	美式 （W. L. Phy）	日式
高筋麵粉	70	70	70
低筋麵粉	30	30	30
新鮮麵包酵母	7	8	7
酵母食品添加劑	－	－	0.1
砂糖	5	20	12
鹽	1	2	1.5
脫脂奶粉	－	6	3
油脂	7	20	15
雞蛋	35	20	15
牛奶	35	－	－
水	－	48	52
ROLL-IN用油脂	100	50	60

【製程】

攪拌	稍微混拌程度 （L2～3）	基本法 （L3 M4）	ALL-IN-MIX法 （L5～7）
揉和完成溫度(℃)	10	25	25
發酵時間(分)	－	30	30
冷藏、裹入油	立即、裹入油	麵團冷卻至8℃、 裹入油	麵團冷卻至6℃、 裹入油
折疊	3×4×3	3×3×3	3×4×3
整型(g)	40	40	40
最後發酵(75%)	最後發酵溫度較使用 油脂融點低5℃	同左	同左
烘焙(220℃)（分）	15	15	15

（5）丹麥麵包原料的意義及想法

麵粉

以食用時的酥脆口感為佳，因此低筋麵粉從至少30%至最多50%。特別是麵團在裹入油前會先靜置一夜的製程方法中，低筋麵粉較多時，體積不會更大，但口感會更酥脆。想要有大體積時就要用高筋麵粉。想要有酥脆口感時，使用較多低筋麵粉即可。當然使用法國麵包專用粉也是很好的方法。

麵包酵母

低溫製作。因發酵較少，所以麵包酵母是否需要？有人存疑，但這正是與派餅（pie）不同之處，也因此是油酥類甜麵包（pastry）。最近市面上開始有了低溫麵包酵母的販售，所以建議某個程度量產時，可以選擇使用專用麵包的酵母。不要害怕、不辭勞苦地試試看新原料吧。

酵母食品添加劑

在油酥類甜麵包（pastry）的範圍是不太使用的原料，但使用時可以安定成品，讓口感較Q彈。整型冷凍麵團時，或是無法於過程中進行溫度管理時，添加較好。

砂糖

從5%～20%，都可以任意使用。以0%進行烘烤時會對色澤造成影響，所以請至少從5%開始使用。

鹽

與砂糖呈平衡地考量全體完成量再決定為宜。

脫脂奶粉

配方當中若有牛奶時則不需要，但添加的是水分時可以多使用。但使用的油脂已是奶油時，不要使用脫脂奶粉會是比較聰明的作法。

油脂

揉和用的油脂，原則上會使用與裹入油相同等級的油脂，但除了美式製作之外，其他都不會對品質有太大的影響。從製作至烘焙，越靠近烘焙製程所添加的原料，就越該使用等級較高的種類，這是適用於所有原料的法則。

雞蛋

會影響風味、烘烤色澤、體積。特別是揉和油脂較多時，與油脂用量連動地，也有必要增加用量。

牛奶

可以使風味、烘烤色澤以及製程性變好。特別是不進行發酵，使用較多麵包酵母時，牛奶就成了必須原料。因其能發揮包覆酵母氣味，及有助於麵團延展的效果。

裹入用油脂

一般使用的是裹入油專用油脂。會因季節而調整融點，所以季節變化時，請務必留心。最近有了能滿足性能、風味、製程性及提高成品品質的商品。但用奶油製作的美味，也令人難以割捨，為確認自己的技術能力，請大家都嚐試製作看看吧。

（6）丹麥麵包不良品的判定及想法

攪拌

從利用壓麵機折疊數次、冷藏靜置，都是不使用攪拌機的製程。因此，折疊次數越多的成品，就像隔夜（overnight）製法的麵團般，麵團發酵時間長但攪拌時間短。說得更誇張一點約是2分鐘至3分鐘就完成攪拌了，此時為使油脂的混入狀況良好，必須先將奶油處理呈乳霜狀（膏狀）。

揉和完成溫度

與其說是因發酵而展現其美味，不如說是因配方而美味的麵包，並且考量到麵團的延展性，麵團溫度較低為宜。

發酵時間

與其說發酵，不如說是調整麵團溫度的時間比較適當。當然就像美式製法般，發酵也是會大幅影響成品品質的製作方法，但大部分的美味還是源自於配方，因此若過度發酵時反而會有反效果出現。

冷藏・冷凍

為使其能有良好製程性地進行麵團溫度管理。此時的麵團溫度管理，是影響完成時成品品質的最大關鍵。製程性良好的溫度，會因配方而有所不同，但影響最大的是揉和的油脂量。20%是8℃、10%是5℃、0%時則要將麵團降至1～2℃，才能使麵團具良好的延展性。但也與裹入油所使用油脂有關，因此其溫度的維持，也是關鍵之一。

裹入油ROLL-IN

油脂的包覆方法有很多種，一般俗稱風呂敷包法（在方型的麵團上，將麵團1/2大小的裹入油油脂，以90度交錯方向擺放、包起）是最能漂亮包覆的方法。其他的方法，都會造成沒有包覆到油脂的部分過多，容易造成成品品質的參差不齊。

折疊

使用壓麵機碾壓時，儘可能的將麵團壓成長方型的方式並習慣機器的操作。這裡的不均勻也是造成成品參差的原因。另外，進行三折疊時疊起的厚度，當然也要維持固定。但第三次三折疊的厚度，最好依完成時的厚度加以調整。也就是全體麵團厚度，配合整型成方型時，像整型蒟蒻般，當最後麵團的厚度變成二倍時，前一製程就必須要將麵團碾壓得更薄一些，才能有一定厚度的成品。重點就是無論整型成什麼形狀，只要最後整型好麵團中油脂的厚度相同即可。無論如何，這個製程出乎意料地相當花時間，因此要迅速確實地進行。巧妙地利用手粉，折疊時也不要忘了用毛刷撣落過多的手粉。

進行製程時必須隨時注意麵團的鬆弛和緊縮。特別是正方型的整型時，若有偏離，也會呈現在成品上，必須細心進行操作。分割切面的平整度是決定層次美感之處，所以刀子的使用方法，或是滾輪切刀的使用方法等，也必須非常有技巧且謹慎小心。

最後發酵

溫度，是比使用的裹入油油脂低5℃為原則，濕度75%，必須要注意絕不可使麵團的油脂流至最後發酵的烤盤上。之後刷塗蛋液也是很重要的步驟。略早將麵團取出最後發酵箱，待麵團表面略乾燥再仔細地刷塗蛋液，待蛋液半乾後再放入烤箱烘焙即可。

烘焙

表面放有食材（topping）、麵團溫度太低等，很意外地會烘焙成色澤不足的麵包。請記住高溫烘焙這件事。烘焙完成後，重擊桌面一樣能發揮作用，但若是有裝填內餡或表面放有食材時，請依當時狀況考量其重量地，調整衝擊力道。

◇ **油酥類甜麵包 pastry 是烘焙糕點**

油酥類甜麵包（Pastry）因為是作為麵包來販售，其價格高昂且味甜，讓許多客人為之卻步。若是不將其視為麵包而是烘焙糕點，用不同於麵包的形象來推廣，又會是如何呢？

如此應該可以使用一些目前為止沒有用過的食材。不是賣著各式麵包的麵包店，而是只賣烘焙糕點、糕點麵包（菓子麵包）、甜甜圈專賣店，也可以擺放自己想製作的商品。

叮嚀小筆記

（1）起源

餐包，正確地說應該是從LEAN類（低糖油成分）的硬質餐包，至RICH類（高糖油成分）的甜麵包卷，小型半磅（約227g）以下的麵包都屬之。但還是以其中最具代表的奶油卷為主軸地進行說明。奶油卷在配方上、製作上以及口感上都是最安定，也是一般日本人最容易食用的麵包。在昭和50年左右，奶油卷蔚為風潮，無論是吐司麵包或是糕點麵包（菓子麵包）都儘量以接近奶油卷的配方來製作。結果造成所有的麵包味道極為類似，使得麵包店家及麵包的魅力因而陷入低潮，才終於停止了這個現象。因此我們必須要瞭解，無論什麼年代，這樣的危機總是毗鄰而行，更不能輕率地變更配方。

（2）所謂餐包

其實有很多的配方、製程，整型的方式也有很多種。歸結出的共通點是小型麵包，不需切片即可上桌享用。一向以來整型方法就是充滿變化，也是技術能力的展現。但考量到麵包風味時，還是應該儘可能地以簡單整型為主。希望各位技術人員務必一試的是，取同一發酵麵團，同時製作烘焙出整型複雜以及整型簡單的餐包，再試著品嚐看看。風味應該有驚人的差異。話雖如此，但餐桌上能有夢幻般形狀的麵包也是熱絡用餐氣氛的一項要素，因此請大家取得外形和風味上的平衡點來製作吧。在此舉例的奶油卷，是分割麵團以稱為napkin roll（餐巾捲）一捲成蔬蓊形狀，再碾壓之後捲起的整型方式，是最普遍的方法。

（3）餐包的種類

列舉LEAN類（低糖油成分）的有小型法國麵包的Coupé、Fendu、Tabatiére、Champignon，德國麵包類的有凱薩麵包卷(Kaiser Brötchen)、德式圓麵包（Brötchen）、Jäger Brötchen。英式的山型麵包、義大利的Rosetta、Panini、黃金麵包(Pan doro)。美式的奶油卷等，不勝枚舉。最近開始在其中填裝內餡，或是搭配食材等變化型的麵包卷、加入烘焙的料理、或是調理麵包等，已經成為麵包店內的主流，可以提供顧客更方便也更美味的麵包，這也可以視為日後麵包店發展的方向。

（4）餐包（奶油卷）的代表配方與製程

決定麵包風味的配方重點，在於鹽、砂糖、油脂以及雞蛋四種原料。其中關於砂糖、油脂和雞蛋，相對於原配方的增減如下，用於加入烘焙的調理麵包時各為8%、調理用熱狗麵包各是10%、奶油卷各為15%、甜麵包卷各為20%、夏威夷式甜麵包卷(Hawaiian Sweet Bread)各為30%、黃金麵包(Pan doro)各為40%，這些增減其實也都已經是配方的基本了。瞭解這些，再來看配方表時，就能很清楚地理解配方意圖製作的產品。例如，奶油卷的基本配方是各為15%，但反應了現今消費者對甜食的抗拒，因此只有砂糖減量為12%，也有店家為了區隔出自家商品地將雞蛋提升至20%。並不是無感漠然地看著配方，而用自身修習之基準，對照其中的差別並思考其原由，這才是技術者應有的姿態。

【配方】		【製程】	
高筋麵粉	90%	攪拌	低速3中速4↓低速2中速5
低筋麵粉	10%	揉和完成溫度	27℃
新鮮麵包酵母	3	發酵時間(27℃、75%)	60分鐘
酵母食品添加劑	0.1 ※1	壓平排氣	30分鐘
鹽	1.7	分割重量	40g
砂糖	12	中間發酵	20分鐘
脫脂奶粉	3	進行napkin roll時是15分鐘(蕗蕎形狀)5分	
油脂	15	整型	整型時要注意不要過度排氣
雞蛋	15	最後發酵(38℃、85%)	50分鐘
水	45～48	烘焙(210℃)	9分鐘

※1：使用的是維生素C含量0.6%的商品。

（5）餐包（奶油卷）原料的意義及想法

麵粉

以製作具有酥脆且入口即化的優質麵包為理想，與其用單一的高筋麵粉，不如加入10～20%的低筋麵粉，會是更常見的作法。低筋麵粉不止適用於蛋糕製作，關於利用低筋麵粉製作出日式糕點潤澤度的部分，其實也有討論的必要。早晨工作量較大時，可以考慮以分割麵團冷藏法來製作，但此時要設定成使用較弱的麵粉。另一方面，採用整型冷藏時，則選擇蛋白質含量多的麵粉較佳。

麵包酵母

一般麵包酵母即已足夠，但砂糖的配方量較多時，可以考慮耐糖性更高的市售品。

酵母食品添加劑

雖然不是必須的原料，但考量到成品的體積、安定性以及老化，可以思考加入。

砂糖

少則5%，多至15%都有，但一般大多是12～15%之間。

鹽

與砂糖取得均衡，至多在1.5～1.7%的用量。

脫脂奶粉

以配方3%為最多。

油脂

大多使用乳瑪琳，但奶油卷產品名的由來，即是有相當多的店家使用奶油所起。是形成美味的重要關鍵原料，相較於配方，更重要的是必須使用優質的產品。

雞蛋

這也是各家配方不同的原料，不少於10%，至多到20%、30%，甚至有些店家僅使用15%的蛋黃。

（6）餐包（奶油卷）製程的意義及想法

攪拌

攪拌的程度不需要到擴展階段（Final Development Stage），大約八分左右即可。強調的不是體積而是入口即化的口感。

揉和完成溫度

因為是小型麵包，整型製程比較花時間，可以用較低的溫度完成揉和。

發酵時間

基本上需要壓平排氣，但整型製程時間過長時，或是將部分分割麵團放置於冷藏時，不壓平排氣有助於產品的安定。

分割

約以40g為預設目標，不要太大比較容易銷售，也比較方便食用。

中間發酵

此製程若疏於管理，則可能無法烘焙出良好烘烤顏色及光澤。若此階段過度發酵，可以在分割後，將部分放入冷藏進行發酵管理較好。

整型

不要太拘泥於技術和外觀，避免複雜的形狀。

最後發酵

會因麵團溫度而各有不同，但也是發酵時間的一部分，應該避免過長較好。

烘焙

原則是短時間高溫烘焙。底部面積雖說是以大姆指的寬度為準，但依個人經驗值來判斷也很重要。

◇ 推薦迷你麵包卷

德國漢堡車站前的商店街，有著大大小小的新舊麵包店。這是我走進其中一間麵包店時，看到的情況；裸麥麵包、德式圓麵包（Brötchen）、可頌等等，平時常見的麵包大量地陳列在架上，迷你麵包卷就在旁邊。

全部的麵包都是迷你版（大約剛好是一半的分割重量）。請大家試著想像看看。若是到店裡來的顧客，看到平時常見的商品都是迷你版時，會是什麼樣的表情呢？特別是小朋友們。新宿某飯店就做出了迷你尺寸的硬麵包卷。真希望能看到大約8種左右的迷你麵包卷，漂亮地排放在托盤上的盛況。本來麵包就應該是留心地整型成簡單的形狀，但樂趣、新鮮感以及玩心也很重要。雖不需要到每天，但您不試著改變大小或形狀看看嗎？

只要翻開書本，就可以看到20～30種整型方式。即使只是改變重量和形狀，就可以讓成品變身成新商品。重要的是可以讓光臨的常客們充滿新鮮感，而更期待每天來逛逛。

叮嚀小筆記

酵 母 甜 甜 圈

（1）起源

在麵包店的商品架上，最被等閒視之、商品水準又不一的，應該就是甜甜圈了。但即使如此，以銷售比例和利潤來看，卻又是相當高的商品。甜甜圈的特性適合使用預拌粉，所以應該也有很多店家採用預拌粉，希望藉此讓大家理解預拌粉，同時將其活用，使甜甜圈能確保住熱銷商品的存在地位。特別是最近大家花在早餐的時間，美國和日本都是5至10分鐘左右，本來最該攝取必要卡路里的早餐，卻在無法滿足這樣用餐需求的今日社會下，能攝取卡路里、具營養成分、口感好⋯等，對現代人而言，甜甜圈真可謂是最適合的麵包了，因而也應該要更提升其美味及機能性。

（2）所謂酵母甜甜圈

所謂酵母甜甜圈，是將麵包麵團放入炸油中油炸而成，決定其風味的一大重點就是吸油率。有些文宣強調吸油量少的甜甜圈，但很容易就會變成與甜甜圈原本美味完全不同的食品。歐洲從相當久遠以前，就會在耶誕節、復活節時享用油炸類的蛋糕。1847年傳到了美國之後，才發展成現在這樣的形態。

（3）酵母甜甜圈的種類

從有名的德國Berliner（Pfannkuchen）到美國的Ring Donut、Honey Donut、Long John Donut、Danish Donut、以至日本的紅豆甜甜圈和咖哩甜甜圈，有各式各樣的種類。也看得到許多專賣店，而其中佔銷售額最高的French Crulle、Old Fashion、Cake Donut等，沒有使用麵包酵母類的產品；Honey Glazed Donut、Bismarck、Ring、Twist⋯等酵母甜甜圈也相當受到歡迎。希望大家能試一次看看，在酵母甜甜圈麵團中加入二～三成的Cake Donut麵團來製作看看。雖然依整型方法會有所不同，但那種酥脆、入口即化的美味，絕對是擄獲人心的好滋味。

（4）酵母甜甜圈的代表配方與製程

目前烘焙麵包屋最大的重點就是提高生產性。要如何在同樣的時間下提高生產性能，當然是從技術人員以至業界全體都在認真探討的主要課題。而解決對策之一就是積極地導入預拌粉類，以及冷凍冷藏法的探討。最近的預拌粉並沒有像過去大家所認知般地大量使用添加物。希望大家瞭解相較自家配方，預拌粉為更提高品質用心於使用天然材料。也期許大家能理解相關業界的動向，並積極地將成果導入製作，以實現提高生產性的目標。在此信念下，針對利用預拌粉，省略中間發酵的圈狀甜甜圈加以說明。

【配方】

預拌粉 ……………………………………100%

新鮮麵包酵母 ………………………………5

水 …………………………………………48

【製程】

攪拌（使用勾狀攪拌槳）低速2分鐘高速8分鐘

揉和完成溫度 …………………………28℃

發酵時間（27℃、75%）…… 20分鐘（海參狀）

壓模、整型 ……………………………圈狀　42g

最後發酵（40℃、60%）……………… 25分鐘

（加蓋或以布巾覆蓋）

油炸（185℃）…………………… 單面50～60秒

（5）酵母甜甜圈原料的意義及想法

麵粉

一般而言，是以高筋麵粉為主體，加入三成的低筋麵粉混合使用。

麵包酵母

一般使用的就非常足夠了。也因為發酵時間短，因此不適用乾燥酵母。

泡打粉

對甜甜圈的酥脆口感及吸油量調整有很重要的作用。

酵母食品添加劑

以速成法製作時，必須要有的原料，但適當發酵時則不需要，不如說反而是造成側面容易凹陷的原因，所以使用上要很小心謹慎。

砂糖

是以調理麵包用量的程度來考量。過多時無法確保油炸時間，反而會有半生熟的結果。其作用除了甜味、麵包酵母的營養源之外，還會因焦糖化而呈色，同時也像其他麵包一樣，可以防止老化。

鹽

與砂糖呈均衡使用即可。

脫脂奶粉

用量略多，由2%增加4%。

雞蛋

從10%～20%，這也是使用量略多的材料。藉由雞蛋也可以調整吸油，其使用方法仍在檢討中，以期能製作出期待中吸油量的甜甜圈。

油脂

吸油率約達15%，因此揉和至麵團的油脂約是5～10%。可以使麵團具延展性和彈力，同時也能提升機械耐性。

預拌粉

除了麵包酵母和水之外，全部的材料都均衡地包含在其中，是考量製程性、發酵耐性、成品安定性…等等所製作出來的。因為已預先加入了油脂，所以麵筋組織會如甜甜圈所應有，恰到好處之強度，並且成為口感良好的成品。使用預拌粉製作時，與其他店家無法做出區隔，因此希望大家將預拌粉視為原材料之一。一般的預拌粉非常簡單，是基本的配方，若再加上砂糖、油脂和雞蛋等副材料，就能有十分不同的商品區隔。從劃一或均一這樣的文字來看，預拌粉的目的是在於使品質均一而非使商品劃一。預拌粉可以藉由其他的添加而提供均一，但卻是其他店家所沒有的風味。在以下列舉其優點。

① 用嚴選材料、配合KNOW HOW、製作製程，隨時可以在短時間內製造出高品質的成品。
② 可以節省人手及空間。
③ 即使是門外漢都能製作，不一定需要熟手。
④ 不會因配方或計量之錯誤而造成損失。
⑤ 可以製作出均質成品。
⑥ 以預拌粉為基礎，可以加入各種變化。

炸油

　品質良好的炸油有以下要求，①顏色（色淡）②風味（沒有特殊味道）③熱安定性（新油的酸價在0.1以下，3.0以上者不得使用）④保存性⑤成本考量佳。一般液體油容易氧化，熱安定性較差，油炸的甜甜圈表面較不易乾燥，也因而砂糖的液化快，容易油污包裝紙。過去是使用精製豬油，雖然可以製作出獨特的風味，但缺點是融點低。現在大多烘焙麵包屋使用的是氫化植物油（hydrogenated oil），曾經氫化油的味道被視為其缺點，現在幾乎已解決這個問題了。油脂從開始氧化的時間點起，就會急遽地變化，因此儘速地添加新油，即能確保隨時是低氧化油。但極端劣化的油作為添加油，也只會更快促進油脂的老化，沒有太大意義，此時，置換新油才是最好的方法。置換新油的時間判斷，會因店家的使用狀況而有很大的差異，沒有使用幾次或幾日的標準。重點是提供給顧客的食品，因此用湯匙舀起時，自己都不想食用的油脂，就不要再用吧。

　過去常見的判斷方法是用3 × 3 × 3cm的馬鈴薯串放入180℃的油鍋，當馬鈴薯產生的泡泡會佔滿油脂表面時，就是該換新油的時候了，但實際上應該不需要將油脂使用到這樣的狀態。有時可以利用起泡狀況、油煙或顏色等綜合性地加以判斷。

（6）酵母甜甜圈製程的意義及想法

　使用預拌粉時，依不同製造廠商、成品等在製作時也會略有不同，所以請在使用前務必閱讀使用說明書。使用說明書的內容應該是連打工族都能一目了然的。預拌粉的設計是任何人在任何地點都能製作出80分的產品為考量，但若是對麵包知識多少有瞭解的人，則可能做出100分更甚者是200分的作品。當工作委託給別人製作時，不僅只是說明步驟，更能將該步驟之意義都加以說明，應該就能做出更安定的成品了。

攪拌

攪拌成略硬，略微攪拌不足的狀態為原則。

揉和完成溫度

短時間發酵較多，因而設計是以28℃為標準。

發酵時間

從20分鐘至最長60分鐘，大多不需壓平排氣。

整型

用擀麵棍擀壓成適當厚度之同時，進行排氣。之後待麵團充分緊實後，再以切模進行壓模切分。若是沒有緊實的麵團，則會在切分後變成較切模更小的麵團，或是變形成橢圓形等等。將切分出的麵團翻面地進行最後發酵。忘記進行這個動作時，製作出的甜甜圈會呈梯形。

分割重量

因是短時間油炸，所以過大時不易受熱熟透。希望最大不要超過60g。發酵後的麵團，以擀麵棍一氣呵成地擀壓，待麵團回復後再用圈狀模型按壓。

最後發酵

原則上是40℃、60%，當然若是能進行發酵管理時，前半濕度較高能快速完成最後發酵。即使如此，油炸的時間點，仍必須是在麵團表面完全乾燥後。

油炸

185℃、單面約1分鐘。

油鍋的熱源是電力或瓦斯都可以，但應避免直接加熱式，推薦使用間接加熱式。容量約是每天能補入50%新油為最理想。

完成

澆置糖霜或砂糖等，是為了增加甜甜圈美味的製程，也是必須要很仔細進行的製程。一般沾裹在甜甜圈表面的砂糖量，冬季是18%而夏季約是20%為佳。此時甜甜圈內部的溫度是25～30℃。

❖ 甜甜圈的美味、營養價值

過去我在預拌粉部門時，最初的工作是改良甜甜圈的內餡。想起了當時每天試吃10種左右的填餡甜甜圈，因為美味所以每天試吃都是一大樂趣。請大家再試著吃吃店內的甜甜圈吧。除了美味之外，重新檢視其營養價值、方便食用的程度、入口吞嚥的口感等等，應該可以使甜甜圈打入現代人早餐或午餐的行列。可能也有很多女性覺得油炸品容易發胖吧，但以100g來看，酵母甜甜圈相當於387kcal比可頌448kcal更少，相較於白飯168kcal，能攝取到二倍以上的卡路里。

叮嚀小筆記

（1）起源

大致可以分為二大類，因麵筋組織而體積膨大的美式，和使用不太能期待其形成麵筋組織的酸種製作的德式。美式是變化麵包的一種，在此敘述的是德式裸麥麵包。即使在德國小麥的使用消費量已高過裸麥了，但裸麥麵包在其風味、外觀、營養價值上仍有許多僅以麵粉製作時所沒有的優點。特別是像日本般世界各地食品豐富多樣化的飲食環境下，稱為麵包之食物，為維持其廣泛及深度，更有必要針對早餐、午餐、晚餐提供符合其需求的種類（品項），以作為提供餐食的必要選擇。

若說正統的法國麵包在昭和29年，經由法國Calvel先生所引進，那麼傳入德國麵包的就是Stefan先生，藉由全國進行發表會推廣。

（2）所謂裸麥麵包

德式裸麥麵包的特徵，怎麼說都是酸種。因無法期待麵筋形成，因此組織的骨架即是戊聚糖、醇溶蛋白，因而才會形成德國麵包獨特的外觀。使用的是酵素活性強的裸麥，所以縮短發酵時間是必要條件，為增添香氣及風味，也為組織之形成，因而需要靠酸種發揮其重要的作用。製作酸種的方法各式各樣，有麥芽精一階段法、Monheimer加鹽法、柏林短時間法等。每天製作定量的裸麥麵包，並且想要有德國麵包般某個程度的酸味時，可以用麥芽精一階段法，2～3天備料一次；喜歡略微酸味的，可以用Monheimer加鹽法，每天都大量備料；喜歡柔和酸味時，適合用柏林短時間法。有很多人光聽到酸種就退避三舍、裹足不前，但其實葡萄種、蘋果種、草莓種、舊金山酸種等，世界上的種，都是來自乳酸菌和野生酵母的物質，只要精通其中之一就能進入種的世界。之後，可以成為麵包烘焙中，製作出具個性化、差別化成品的最大武器。

◎酸種

【配方】

裸麥粉 ……………………………………25%

初種※1 ……………………………………2.5

水 …………………………………………20

※1 初種：無論哪一種酸種法，指的是完熟pH值
　　降至3.9的酸種。

【製程】

攪拌 …………………………………… 低速6分鐘

揉和完成溫度 ……………………………… 27℃

發酵時間(27℃) …………………18 ～ 24小時

完成之pH值 ……………………………… 3.9

◎麵團

【配方】

法國麵包專用粉 …………………………35%

裸麥粉 ……………………………………40

酸種 ………………………………………45

新鮮麵包酵母 ……………………………1.7

鹽 …………………………………………1.7

水 …………………………………48 ～ 50

※2 以藤製作的模型，可以利用其進行最後發酵，
　　製作出具彈牙口感且形狀優美的裸麥麵包。

【製程】

攪拌 …………………………………… 低速3分鐘

揉和完成溫度 …………………… 28 ～ 29℃

中間發酵 ……………………………5 ～ 10分鐘

分割重旺 …………………………… 1,150g

整型 …………………………………… 海參形狀

　　　　　使用發酵藍(藤藍※2)，不需整型。

最後發酵(32℃、75%) ………50 ～ 60分鐘

烘焙(使用蒸氣 230℃) ……………… 60分鐘

（3）裸麥麵包的種類

　　分類上，可分成麵粉的使用比率較高的Weizenmischbrot、麵粉和裸麥粉比例各半的
Mischbrot、裸麥粉使用比例較多的Roggenmischbrot，但實際上歐洲各地都存在著代
表當地傳統的裸麥麵包，依其各自獨特的外觀、風味，各在其地方冠以當地名稱。在全球
各地，德國是以麵包種類眾多而聞名的國家，大型麵包有200種，小型麵包有1200種。
有很大的原因也是由於使用裸麥。

（4）裸麥麵包的代表配方與製程

在此以德國裸麥麵包的代表 Berliner Landbrot 為例來說明。

（5）裸麥麵包原料的意義及想法

裸麥

在此用裸麥粉是因為裸麥會以各種不同形態來使用，像是裸麥片、全裸麥粉或是裸麥粉，並且使用頻率也很高。裸麥粉會因其成品比例、灰分量而有不同深淺的灰色與各式種類。即使是全裸麥粉也有分粗粉、中粉、細粉，依種類不同，成品的體積、外觀及酸味也會因而不同。裸麥片的使用頻率也很高，當配方中使用裸麥片時，可以得到常見裸麥麵包的內部狀態及口感。

麵粉

極少數會使用小麥的全麥麵粉，但多數用的是小麥麵粉，當然因小麥的蛋白質含量使得麵包的體積因而改變，高蛋白粉類體積越大，低蛋白粉類則會成為體積較小的麵包。但也不是體積大的麵包就必定是優質麵包，配合目的選擇蛋白質含量多寡的麵粉也是很重要的技術。特別是 Berliner Landbrot 般外觀會成為很重要商品價值標準的麵包，小麥的選擇大幅影響商品價值。使用高蛋白麵粉，會因麵團的連結而無法呈現出漂亮的木質裂紋，又或是使用蛋白質含量較低的麵粉時，蒸氣的力量不足以抑制住因最後發酵形成的裂紋，而可能會使表層外皮呈現破損的裂紋。建議使用蛋白質含量 10 ～ 11% 的麵粉。

酸種

是裸麥麵包原料中最重要的物質。除了賦予裸麥特有的酸味之外，還能提高醇溶蛋白的黏度，再加上戊聚醣的作用，使其發揮有助形成麵包骨架之功能。在德國，有販售作為酸種的 starter，新鮮麵包酵母狀的材料，但在日本無法取得這樣的材料，所以從零開始「起種」製作酸種。完熟時稱為「初種」，pH 值 3.9、酸度 15 是為理想。只要取得一次初種，就能續種，在各式各樣的製作方法後，得到的就是酸種。

麵包酵母

因為本來就是不使用砂糖的麵包，因此用的是無糖專用新鮮麵包酵母、無糖用乾燥酵母，但若麵團完成後發酵的時間較短時，並不適用乾燥酵母。另一方面，無糖用新鮮麵包酵母，在日本一般麵包店內並不常見，幾乎日本現在使用的裸麥麵包食譜配方，都是用一般的（耐糖性）新鮮麵包酵母。依據使用的酸種種類，有些是具相當強發酵力的酸種時，麵包酵母的用量就必須配合酸種用量加以調整了。

鹽

在歐洲使用的幾乎都是岩鹽，在日本使用海鹽或精製鹽都沒有關係。裸麥比例較多時，酸種用量也必須變多，酸味會更彰顯出鹽味，因此必須要加以調整。

油脂

裸麥麵包幾乎不使用油脂。例外的是 Jäger Brötchen 的小型麵包，用量在 4～5%，本來就是氣體保持力不佳的麵包，因此在進行最後發酵時要特別注意。

裸麥麵包粉 Paniermehl

裸麥麵包的麵包粉。用於改善裸麥麵包的表層外皮香脆度、增加表層外皮和內側柔軟部分的香氣、增加吸水、改善口感的半成品。此外，也常會將剩餘的裸麥麵包製作成粉末或用水還原後，加入麵團使用。

（6）裸麥麵包製程的意義及想法

攪拌

和麵團有相當大的不同，在此考慮的不是帶出麵筋組織，而是使材料均勻混拌。因此在這個製程上的失敗，與其說是攪拌不足，不如說攪拌過度的情況比較多。攪拌時間短者3分鐘，長則6分鐘。例外的是全裸麥粉比例較多的麵團，或是成為麵包時的組織連結較弱，因此在攪拌階段必須攪打出黏性，大約是10分鐘左右，較長的攪拌時間。

發酵時間

約是15～20分鐘的短時間。麵團的發酵時間是為了使其增加體積和提升風味，但裸麥麵團即使產生了二氧化碳，也沒有能夠保持住氣體的組織；風味上，反而是由酸種而來的風味較可期待，因此不需要太長的發酵時間。

分割・整型

在德國，規定不分切商品的販售，商品重量是500g以上每250g為單位，平均燒減率為13%，因此分割製程如一般進行即可。關於整型，是以修正因分割製程所引起的內側狀態，不需要像法國麵包般緊實麵團以展現Q彈。這個部分是裸麥麵包特異之處，無論是在理論上或技術上都必須充分理解才好。

中間發酵

原則上是0分鐘（無）。但當裸麥使用率較低時，約可進行15分鐘中間發酵，但會成為內部狀態粗糙，容易老化的麵包。但體積會變大，口感也會比較輕盈。就原本食用期限就比較短暫的日本麵包市場而言，老化問題也比較少，因此瞭解這些原理，再進行麵包的製作，非常重要。

最後發酵

無論什麼情況，必須要使最後發酵約進行60分鐘地調整麵包酵母用量。裸麥麵包在麵團完成後幾乎都沒有進行發酵，麵包的風味全仰賴酸種，因此讓酸種的風味能夠與麵團融合為一的時間就是最後發酵。若時間太短，就會變成風味不足的麵包。最後發酵使用發酵籃（木製模型）或利用布巾來進行時，可以像法國麵包般以32℃、80％發酵即可，若是以模型發酵時，則像吐司麵包般用38℃、85％的最後發酵箱即可。氣體保持力較弱這件事要隨時記在腦海中，判斷最後發酵的完成時間點也很重要。特別是烘烤小型成品時建議要及早放入烤箱。

烘焙

原則上有三種烘焙方法。無論哪一種都是考量到麵團沒有麵筋組織，因而無法急遽的在烤箱內延展的狀態，配合這個理論所採行的方法。①以260℃的高溫烘焙5分鐘，再移至220℃的烤箱烘烤55分鐘（麵團1150g烘烤60分鐘為原則）。此時要有充分的最後發酵，蒸氣並不十分必要。②放入250℃的烤箱，取出烤箱時為210℃。蒸氣在放入烤箱1分鐘內充分使用，之後間隔2分鐘地開關閥門（或烤箱門）排除蒸氣，烘焙。③以240℃的固定溫度烘烤60分鐘。蒸氣、閥門的利用如②。無論哪一種方法，烤箱內的麵團要有充分的間距，必須是強力的下火烘烤。蒸氣在放入烤箱後充分使用。像法國麵包般，沒有因使用蒸氣而造成的問題，因此可以放心地充分使用。但需要蒸氣是為了使表面急遽糊化、α化，藉由此操作讓沒有麵筋組織的裸麥麵包，可以在放入烤箱初期就能進行烤箱內延展。放入烤箱後2～3分鐘，為確保燒減率地打開排氣閥門或箱門以排出蒸氣。若是忘了這個步驟時，無法確保燒減率，就會烘烤出內側柔軟部分變得黏呼呼的裸麥麵包。

冷卻

待稍稍散熱後，即可包裝。裸麥麵包與法國麵包不同，主要食用重點是在內側柔軟的部分，儘速及早包裝的優點是為了使內側柔軟部分的水分，移至表層外皮造成其老化，可以更容易食用。

但包裝紙上產生水蒸氣的程度，就是過早包裝了。

◇ 「起種」的製作方法

　　介紹給大家當手邊只有裸麥粉時的「起種」、「初種」的製作方法。使用的裸麥以細的全裸麥粉最為理想。因為裸麥表面存在著大量乳酸菌和野生酵母，製作方法可以想成是經過4～5日使其增菌。

第一天　　全裸麥粉(細)⋯⋯⋯100%

　　　　　水⋯⋯⋯⋯⋯⋯⋯⋯100

※ 揉和完成時27℃，在27℃環境下靜置24小時。

第二天　　前一天的種⋯⋯⋯⋯⋯10%

　　　　　全裸麥粉(細)⋯⋯⋯⋯100

　　　　　水⋯⋯⋯⋯⋯⋯⋯⋯100

※ 揉和完成時27℃，在27℃環境下靜置24小時。

第三天　　同上

第四天　　同上

第五天　　前日的種成為pH值3.9、酸度15時，就是完成了理想的「起種」。完成時的種也稱為「初種」。pH值過高時，可以再多放一天，重覆相同製程。

叮嚀小筆記

◇ 「Detmold第一階段法」的製作方法

全裸麥粉(細)⋯⋯⋯⋯100%

初種⋯⋯⋯⋯⋯⋯⋯⋯⋯⋯ 10

水⋯⋯⋯⋯⋯⋯⋯⋯⋯⋯⋯ 80

※ 揉和完成時27℃，在27℃環境下靜置18～24小時。這款酸種，無論哪種裸麥麵包都適用。

麵包製作原料及各種麵包的標準成分表

食品名	熱量		水分	蛋白質	脂質	碳水化合物	灰分	食物纖維總量	鹽相當量
	可食用部分　每100g								
	kcal	KJ	(・・・・・・・・・・・・・・・・・・・・・・・・・・・・・・・g・・・・・・・・・・・・・・・・・・・・・・・・・・・・・・)						
高筋麵粉 1 級	366	1531	14.5	11.7	1.8	71.6	0.4	2.7	0
低筋麵粉 1 級	368	1540	14.0	8.0	1.7	75.9	0.4	2.5	0
麵包酵母（壓榨）	103	431	68.1	16.5	1.5	12.1	1.8	10.3	0.1
麵包酵母（乾燥）	313	1310	8.7	37.1	6.8	43.1	4.3	32.6	0.3
精製鹽	0	0	Tr	0	0	0	100.0	(0)	99.1
上白糖	384	1607	0.8	(0)	(0)	99.2	0	(0)	0
脫脂奶粉	359	1502	3.8	34.0	1.0	53.3	7.9	(0)	1.4
全脂奶粉	500	2092	3.0	25.5	26.2	39.3	6.0	(0)	1.1
全蛋（新鮮）	151	632	76.1	12.3	10.3	0.3	1.0	(0)	0.4
蛋黃（新鮮）	387	1619	48.2	16.5	33.5	0.1	1.7	(0)	0.1
蛋白（新鮮）	47	197	88.4	10.5	Tr	0.4	0.7	(0)	0.5
有鹽奶油	745	3117	16.2	0.6	81.0	0.2	2.0	(0)	1.9
無鹽奶油	763	3192	15.8	0.5	83.0	0.2	0.5	(0)	0
發酵奶油	752	3146	13.6	0.6	80.0	4.4	1.4	(0)	1.3
軟質乳瑪琳	758	3171	15.5	0.4	81.6	1.2	1.3	(0)	1.2
酥油	921	3853	Tr	0	100.0	0	0	0	0
吐司麵包	264	1105	38.0	9.3	4.4	46.7	1.6	2.3	1.3
紅豆餡麵包	280	1172	35.5	7.9	5.3	50.2	1.1	2.7	0.7
法國麵包	279	1167	30.0	9.4	1.3	57.5	1.8	2.7	1.6
可頌	448	1874	20.0	7.9	26.8	43.9	1.4	1.8	1.2
丹麥麵包	396	1657	25.5	7.2	20.7	45.1	1.5	1.6	1.2
麵包卷	316	1322	30.7	10.1	9.0	48.6	1.6	2.0	1.2
酵母甜甜圈	387	1619	27.5	7.1	20.4	43.8	1.2	1.4	0.8
裸麥麵包	264	1105	35.0	8.4	2.2	52.7	1.7	5.6	1.2
精白米（飯）	168	703	60.0	2.5	0.3	37.1	0.1	0.3	0
烏龍麵（水煮）	105	439	75.0	2.6	0.4	21.6	0.4	0.8	0.3
中式麵條（水煮）	149	623	65.0	4.9	0.6	29.2	0.3	1.3	0.2
通心粉、義大利麵（水煮）	149	623	65.0	5.2	0.9	28.4	0.5	1.5	0.4

摘自『五訂增補：日本食品標準成分表』

※ 一般成分的水、蛋白質、脂質、碳水化合物、灰分標示至小數點第1位。（小數點第2位四捨五入）
　0：未及食品成分表中最小記載量之1/10，或未檢出。
　Tr：雖含於其中，但未及最小記載量。

麵包製作的數學篇

　　在麵包製作、銷售上，各式各樣的數值都具有重要意義。當然從過去的經驗或感覺中，或許也可以推算出數值，但在進行新商品企劃或指導後輩人員時，最低限度需要瞭解的數值及計算方法，在此一併說明。因為是整合麵包製作時必要之數值管理，或許會與前面章節重複，敬請見諒。

一、成本計算

因烘焙麵包屋的規模，計算的單位也會隨之不同。一般而言，大型、中等規模的麵包店麵粉會以1袋（25kg）作為計算單位，小型烘焙麵包屋是以1kg為計算單位。在此以1kg的麵團、內餡、搭配食材的單價來計算，再乘上一個成品所使用的公克數，即可算出一個麵包所使用的原料費、成本率。（請參照250頁）

成本計算紙的使用方法

依圖表號碼進行說明。希望大家能影印成空白表格，使用於實務上。

① 在原料名稱的欄位中具體地填入原料品名。

② 在配方的欄位中，填入材料之比例。

③ 在原料價格、購入單位欄位中，填入購入商品之單位及價格。

④ 在原料單價欄位中填入各原料1kg之單位價格。

⑤ 在使用量的欄位中填入麵粉1kg之使用量。

⑥ 在原料費的欄位中填入麵粉1kg之原料費。

⑦ 填入配方合計。

⑧ 麵粉每kg原料使用量的合計。

⑨ 麵粉每kg原料費的合計。

⑩ 在麵粉每kg計算總量的欄位中填入⑧的數值

⑪ 因發酵耗損等以2％計算，因此在麵粉每kg實際總量的欄位中，填入以麵粉每kg計算總量⑩乘上0.98之數值。

⑫ 將麵粉每kg的原料費⑨除以麵團實際總量⑪，計算出麵粉每kg之成本。在業界大多將麵團每kg單價簡稱麵團單價。

⑬ 填入麵團的分割重量。

⑭ 在麵團單價欄位中填入麵團kg單價⑫。

⑮ 製作紅豆餡麵包時即填入紅豆餡。自製紅豆餡時，先在其他紙張上以麵團單價計算方式先行計算後再填入。

⑯ 填入所使用內餡的每kg價格。

⑰ 填入1個成品所使用之內餡重量（此為紅豆餡重量）。

⑱ 內餡每kg單價乘上使用之公克數，填入每個成品的金額。

⑲ 使用罌粟籽（或是櫻花瓣）時，即同樣地填入。

⑳ 罌粟籽的每kg單價乘上使用公克數，算出金額。

㉑ 填入包裝材料之種類。

㉒ 填入1個成品的包裝材料費。

㉓ 在每個成品的麵團費用欄位中，填入麵團單價⑭乘上麵團公克數⑬之數值。

㉔ 以1kg麵團除以每個麵團的分割重量⑬，填入取得的分割數量。

㉕ 在每個成品之製造費用的欄位中填入麵團費用㉓，加內餡費用⑱，加搭配食材費用⑳，加包裝材料㉒之合計數字。

㉖ 在銷售單價中填入販售價格。

㉗ 在原料成本率的欄位中填入每個成品之製造費用㉕，除以銷售單價㉖，乘上100之數值。

㉘ 在每kg麵粉銷售總額的欄位中填入㉖售價，乘上分割數量㉔之數值。

二、卡路里&營養計算

在歐洲的麵包店內，總是充滿著當地的氣氛。近年日本在與近鄰逐漸疏離的關係中，希望麵包店能成為地方上的潤滑劑，也能擔任起當地情報資訊中心的角色。相信對於商圈狹窄的烘焙麵包屋而言，這才是對顧客最貼心的良好服務。其中一例，即是卡路里計算、營養計算。藉由這樣的數據更能貼近顧客們並產生對話。

食品營養計算紙的使用方法（請參照252頁）

① 在原材料名稱欄位中填入使用之原料。

② 填入配方比例。

③ 抄入五訂增補食品成分表中的熱量值。正式的應該是以焦耳記載才正確，但因不是主婦們慣用的方式，所以這次是以卡路里來標示。希望日後會改成焦耳標示。（kcal轉換KJ的換算是1Kcal = 4.184 KJ）

④ 抄入五訂增補食品成分表中脂質的數值。

⑤ 抄入五訂增補食品成分表中鹽相當量。

⑥ 熱量值③乘上配方比例②再乘0.01。

⑦ 脂質數值④乘上配方比例②再乘0.01。

⑧ 鹽相當量⑤乘上配方比例②再乘0.01。

⑨ 配方合計、配方比例。

⑩ 合計熱量計算值。

⑪ 合計脂質計算值。

⑫ 合計鹽相當量計算值。⑤×②×0.01。

⑬ 填入1個成品的麵團量。因為食用的是麵包，所以會認為該填入烘焙後的重量才正確，但有鑑於烘焙時的損耗只有水分，因此一般是以麵團重量來計算。

⑭ 將麵團配方的熱量合計值⑩，除以配方合計值⑨，乘上麵團重量⑬。

⑮ 將麵團配方的脂質合計值⑪，除以配方合計值⑨，乘上麵團重量⑬。

⑯ 麵團配方的鹽相當量⑫，除以配方合計值⑨，乘上麵團重量⑬。

⑰ 填入 1 個成品的內餡重量。

⑱ 根據五訂增補食品成分填入內餡的熱量值(此指紅豆餡)。自製紅豆餡時，先在其他紙張上先行計算熱量後再填入。

⑲ 根據五訂增補食品成分表填入內餡的脂質量。

⑳ 根據五訂增補食品成分表填入內餡的鹽相當量。

㉑ 將100g內餡的熱量換算成1g後，乘上內餡重量⑰。

㉒ 將100g內餡的脂質量換算成1g後，乘上內餡重量⑰。

㉓ 將100g內餡的鹽相當量換算成1g後，乘上內餡重量⑰。

㉔ 填入 1 個成品的搭配食材重量

㉕ 根據五訂增補食品成分表填入搭配食材的熱量值(此指罌粟籽)。

㉖ 根據五訂增補食品成分表填入搭配食材的脂質量。

㉗ 根據五訂增補食品成分表填入搭配食材的鹽相當量。

㉘ 將100g的搭配食材的熱量換算成1g後，乘上搭配食材重量㉔。

㉙ 將100g的搭配食材的脂質量換算成1g後，乘上搭配食材重量㉔。

㉚ 將100g的搭配食材的鹽相當量換算成1g後，乘上搭配食材重量㉔

㉛ 合計麵團⑬、內餡⑰、搭配食材㉔的重量。

㉜ 合計麵團⑭、內餡㉑、搭配食材㉘的熱量。

㉝ 合計麵團⑮、內餡㉒、搭配食材㉙的脂質量。

㉞ 合計麵團⑯、內餡㉓、搭配食材㉚的鹽相當量。

三、配方用水溫度計算

　　已於前面章節介紹過，在此簡單地加以彙整。最確實的方法就是每天記錄製程筆記。藉由記錄每日的室溫、製程量、配方用水溫度、揉合完成溫度，以使能隨時製作出安定的麵團。小型烘焙麵包屋儘量將必要的材料於前日先備妥，並保管在相同的場所。儘可能擺放在攪拌機旁最理想，即使無法放置在旁邊，也要確保能擺放在同一個固定場所，這與麵團揉和完成溫度的安定化有關。或許是畫蛇添足，但仍要一提的是，攪拌機放置的位置，也應該避免放置在入口或門邊附近等通風處，因為這是造成麵團揉和完成溫度不穩定的原因。

　　基本上，麵粉溫度與配方用水溫的平均值，即是麵團的溫度。另外，製作量較少時，麵團溫度與環境溫度有極端差異時會受室溫影響，攪拌時間過長時，麵團的硬度與攪拌機產生的摩擦熱都必須加以考量。

① 製作用量較多時、室溫與揉和完成溫度接近時。

　　配方用水溫 ＝ 2(希望的揉和完成溫度－因攪拌機產生的上昇溫度)－麵粉溫度

② 可能受室溫影響的時候。

　　配方用水溫 ＝ 3(希望的揉和完成溫度－因攪拌機產生的上昇溫度)－麵粉溫度－室溫

③ 中種法進行正式揉和麵團的預備製程時。

　　配方用水溫 ＝ 4(希望的揉和完成溫度－因攪拌機產生的上昇溫度)－ 麵粉溫度 － 室溫 － 中種完成溫度

④ 配方用水溫為零度以下，使用冰塊時。

　　冰塊的使用量 ＝〔 配方用水溫 ×(自來水的水溫－配方用水溫的計算值)〕÷(自來水的水溫 ＋ 80)

　　解說請參閱前一章節(109頁)。

四、模型比容積＆成品比容積計算

在麵包製作時，比容積大多是指模型比容積，但在流通業界及顧客的對話中，將比容積視為是成品比容積(麵包比容積) 較佳。

① 模型比容積

首先必須先測量麵包的模型，測量方法是將水倒滿模型，以測量其重量的方法。利用菜籽般同樣形狀的小顆粒狀種籽裝滿模型，用量筒計算其容積的方法。還有用梯形體積計算式的方法。正確計算梯形體積的公式是

$$S = \frac{A \times B + a \times b + \sqrt{(A \times B) \times (a \times b)}}{3} \times H$$

但是在此用的是如下的簡便法計算。此時希望底部內側的尺寸可以利用貼合紙張，高度則用輔助棒等，正確地量測出尺寸。鐵板的厚度、圓角、模型的斜角等，若是隨便測量可能會發生出乎意外的誤差。

$$模型比容積 = \frac{(a \times b) + (A \times B)}{2} \times H$$

模型比容積 ＝ 模型體積 ÷ 入模的麵團重量

入模的麵團量 ＝ 模型的體積 ÷ 模型比容積

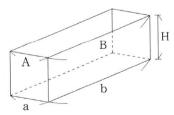

麵包製作教科書、配方表以模型比容積標示的很多，在實際製程上，首先計算出麵包模型的體積，再除以模型比容積，算出總麵團量，決定要放入幾個麵團後，就可計算出分割重量。此時，預先將廚房裡的麵包模型體積測量好，並做成一份各模型比容積分割重量一覽表。以前1斤的麵包模型容積大多為1700cc，但近幾年容積都變大了，所以也必須測量才能知道其大小。關於模型比容積，以前山型是3.6、方型是3.8，但最近山型及方型都用4.0～4.2來分割。另外被稱為軟式的麵包，則是以5.0～5.5來分割。模型比容積是決定麵包風味、口感、受熱的重要數值。隨意改變數值會抹煞商品，所以必須慎重地加以檢討。

五、燒減率計算

　　無論何種麵包都有其固定或是理想的燒減率。例如：法國麵包的燒減率是22%、德國麵包13%、英式麵包12%g、吐司10%，先記住這些數據，日後再找出自己想製作的麵包燒減率。當然依配方、製程、烤箱的種類不同，燒減率也會隨之改變，不能一概而論。反之，無論是在何種條件下製作麵包，其燒減率不能有太大的變化。長時間發酵的麵團、冷藏發酵的麵團、添加 α 化麵粉的麵團等，其燒減率容易變小，就很容易烘焙出與其說是潤澤口感，還不如說是黏呼呼的麵包。藉由管理燒減率，就能烘焙出真正口感潤澤美味的麵包了。另外，還有需要注意的是，計算烘焙完成麵包重量的時間點。剛出爐的麵包，水分會急速地揮發，因此烘焙完成15分鐘之內，燒減率輕易地就會有1～2%的變化。所以也要多加留意在固定時間點進行測量。

燒減率 ＝〔（麵團重量－烘焙完成的重量）／麵團重量〕× 100

六、抗壞血酸(維生素C) 添加量計算

　　始於製作法國麵包時添加，現在用於吐司麵包、糕點麵包(菓子麵包) 的酵母食品添加劑中，也多以抗壞血酸為其主要成分地加以運用。是改良麵包形狀、製程性的重要添加物，充分理解其使用目的及效果，才能留心正確的使用量。很多時候會有使用過多的傾向。雖然也因各人喜好而不同，但熟成度略有不足的麵團，吃起來較有濃郁的風味。

　　自己的麵包，請試著調整出屬於自己的氧化劑添加量。

① 使用1/1000的溶液時。(1g的抗壞血酸溶入1000cc的水中) 法國麵包的配方中，大多記載「添加抗壞血酸10PPM」。這表示100萬分之10g，所以相對於100的麵粉，使用1cc的1/1000溶液，就是添加10PPM。

② 使用含有1%抗壞血酸的酵母食品添加劑時。相對於100的麵粉，使用0.1%就等同於使用10PPM，使用0.5%就等同於使用50PPM。

◇ 麵包的食品三層次機能

　　在食品裡有三個機能。過去被提到的是一次機能，維持生命的能量來源，是營養素層面。接著是二次機能的美味程度，味道、香氣、色澤、口感等，是影響感覺、嗜好的層面。然後是最近備受矚目的第三機能，與健康有相當大關聯的身體調節機能。到目前為止，主要話題都是食品中的營養素，今後食品所擁有的機能也成為關注的重點了。

叮嚀小筆記

　　三大營養素：糖類、蛋白質、脂肪
　　五大營養素：糖類、蛋白質、脂肪、維生素、礦物質
　　六大營養素：糖類、蛋白質、脂肪、維生素、礦物質、食物
　　　　　　　　纖維

　　食品三層次機能建立在六大營養素之上，掌管維持健康的體質調整、生態免疫、防止老化、預防疾病等。今後在麵包製作上，要如何納入這些要素，將會是需要考量的課題。

[I－1]

（填寫範例）

成本計算用紙

品名：小倉紅豆麵包

① 原 料 名 稱	② 配 方 %	③ 原 料 價 格 購 入 單 位	④ 原 料 單 價 Kg	⑤ 每kg麵粉 使 用 量	⑥ 每 kg麵 粉 原 料 費
高 筋 麵 粉	100	3600/25kg	144	1	144
新 鮮 麵 包 酵 母	3	250/500・	500	0.03	15
酵母食品添加劑	0.12	2100/2kg	1050	0.0012	1.26
鹽	0.8	425/5kg	85	0.008	0.68
上 白 糖	25	2800/20kg	140	0.25	35
脫 脂 奶 粉	3	16250/25kg	650	0.03	19.5
乳 瑪 琳	12	4800/10kg	480	0.12	57.6
全 蛋	10	160/1kg	160	0.1	16
水	50			0.5	0
合 計	⑦ 203.92			⑧ 2.0392	⑨ 289.04

計算總量 每1kg麵粉	實際總量 每1kg麵粉 ⑩×0.98	原料費/實際總量 每1kg麵粉	麵團分割重量 g		麵 團 單 價 ¥/kg
⑩ 2.0392	⑪ 1.998416	⑫ 144.63	⑬ 45		⑭ 144.63

	品 名	單價/kg	每1個的使用量 g		使用金額/個
內 餡	⑮ 紅豆餡	⑯ 550	⑰ 45		⑱ 24.75
搭 配 食 材	⑲ 罌粟籽	550	1		⑳ 0.55
包 裝 材 料 費	㉑ 糕點麵包袋				㉒ 1

麵團費用 每1個成品	分 割 數 量	製造費用 每1個成品	銷 售 單 價 日圓	原料成本率 %	營 業 額 円 每1kg麵粉
㉓ 6.50	㉔ 44.40	㉕ 32.80	㉖ 100	㉗ 32.80	㉘ 4400

計算日期 平成 14年2月11日

成本計算用紙

品名：_____

原 料 名 稱	配 方 %	原 料 價 格 購 入 單 位	原 料 單 價 Kg	每kg麵粉 使 用 量	每 k g 麵 粉 原 料 費
合　計					

計算總量 每1kg麵粉	實際總量 每1kg麵粉 ⑩×0.98	原料費/實際總量 每1kg麵粉	麵團分割重量 g		麵 團 單 價 ￥/kg

	品　名	單價/kg	每1個的使用量 g		使用金額/個
內　　　餡					
搭 配 食 材					
包 裝 材 料 費					

麵團費用 每 1 個 成 品	分 割 數 量	製造費用 每 1 個 成 品	銷 售 單 價 日圓	原料成本率 %	營 業 額　円 每 1 kg 麵 粉

計算日期

食品營養計算用紙（原料的計算值）

品名：小倉紅豆麵包

① 原料名稱	② 配方比例（%）	五訂增補食品成份表之數值（相對可食部分為100g）			配方之計算值		
		③ 熱量（kcal）	④ 脂質（g）	⑤ 鹽相當量（g）	⑥ 熱量（kcal）	⑦ 脂質（g）	⑧ 鹽相當量（g）
高 筋 麵 粉	100	366	1.8	0	366	1.8	0
新 鮮 麵 包 酵 母	3	103	1.5	0.1	3.09	0.045	0.003
酵母食品添加劑	0.12				0	0	0
鹽	0.8	0	0	99.1	0	0	0.7928
上 白 糖	25	384	0	0	96	0	0
脫 脂 奶 粉	3	359	1	1.4	10.77	0.03	0.042
乳 瑪 琳	12	758	81.6	1.2	90.96	9.792	0.144
全 蛋	10	151	10.3	0.4	15.1	1.03	0.04
水	50				0	0	0
合 計	⑨ 203.92				⑩ 582	⑪ 12.7	⑫ 1.0

	1個成品之重量（g）	五訂增補食品成份表之數值（相對可食部分為100g）			成品1個的熱量（kcal）	成品1個的脂質（g）	成品1個的鹽相當量（g）
		熱量（kcal）	脂質（g）	鹽相當量（g）			
麵 團	⑬ 45				⑭ 128.4	⑮ 2.80	⑯ 0.22
內 餡	⑰ 45	⑱ 244	⑲ 0.6	⑳ 0.1	㉑ 109.8	㉒ 0.27	㉓ 0.05
裝 飾 材 料	㉔ 1	㉕ 567	㉖ 49.1	㉗ 0	㉘ 5.7	㉙ 0.49	㉚ 0
合 計	㉛ 91				㉜ 244	㉝ 3.6	㉞ 0.3

計算日期　平成 14 年 2 月 12 日

※ 熱量為整數；脂質、鹽則取至小數第 1 位，計算中的數字至下 1 個位數有效。

252

食品營養計算用紙（原料的計算值）

品名：＿＿＿＿＿＿＿＿＿＿＿＿＿＿＿

原料名稱	配方比例（%）	五訂增補食品成份表之數值（相對可食部分為100g）			配方之計算值		
		熱量（kcal）	脂質（g）	鹽相當量（g）	熱量（kcal）	脂質（g）	鹽相當量（g）
合　計							

	1個成品之重量（g）	五訂增補食品成份表之數值（相對可食部分為100g）			成品1個的熱量（kcal）	成品1個的脂質（g）	成品1個的鹽相當量(g)
		熱量（kcal）	脂質(g)	鹽相當量（g）			
麵　　　　團							
內　　　餡							
裝 飾 材 料							
合　　　計							

計算日期

麵包的歷史篇

　　地球誕生於46億年前，在800萬年到500萬年前，人類（脊索動物門 · 哺乳綱 · 靈長目 · 人科 · 人屬 · 現代智人屬 · 現代智人）誕生於非洲。而我們人類直接祖先的原生人類（克羅馬努人）誕生於16萬年前，克羅馬努人與之前的人類差異特徵有二個，一是發現了曾經生育過的婆婆化石、另一個是約500萬年前，人類已經開始站立生活，能發聲、語言清楚且能明確地表達想法。從曾經生育過的婆婆化石出現、以明確的語言將生活知識及經驗傳承給子孫們，由克羅馬努人的這些事蹟可知，人類開始了文明、文化的傳承。

　　在一萬年前，西亞人類開始了栽種穀物之一的小麥栽植。到了6000年前，在巴比倫、埃及，開始將小麥、大麥等穀類磨碎，以粥的形式來食用，也開始烤出無發酵麵包（薄烤麵包）。當時是無發酵的不膨脹麵包，因此無法發揮小麥的優點，所以烘烤出各式各樣穀類的無發酵麵包。到了4000年前，在埃及偶然間烘烤出發酵麵包，可形成麵筋組織的小麥變得非常重要。但這時期仍是無發酵麵包與發酵麵包共存的時代，已能烘烤出10種以上具變化性的麵包。之後，製作麵包的技術普及至希臘、羅馬，並引進製作紅酒技術，使麵包品質大為提昇。

　　日本是在彌生時代中、後期，由中國傳入小麥的栽植，但東北地方因稻米種作已廣泛普及，無法成為主力穀物。發酵麵包，在1549年隨著基督教的方濟 · 沙勿略同時傳入日本。十七世紀初期，在日本的基督教徒達到75萬人，當時西班牙人的書簡中，曾經出現「江戶的麵包是世界之冠」的敘述。可惜後因基督教的禁教令、鎖國令，使日本的麵包食用文化於此中斷。

　　但在二次世界大戰後，如此短暫的時間內，麵包得以普及至被稱為是第二主食，其基礎或許是來自於400年前也說不定。現在的日本，進口世界最高品質的小麥，麵包製作的加工設備、技術都可謂是世界最高水準。

1. 麵包誕生之前

一萬年前，在眾多穀物作物中，小麥被選為栽培穀物的理由有①顆粒大、②栽培時所需勞力較少、③容易收割及儲藏、④栽培區域廣、⑤營養價值高、加上⑥食品變化豐富。⑥的主要原因是可將小麥磨製成粉類使用，但這必須在4000年後，美索布達米亞文明時期才開始。

距今6000年前，巴比倫尼亞地方開發了將穀類研磨成粉的技術，開始了小麥、大麥的粥食，或是薄烤麵包食用。之後傳至埃及，應該是偶然之下，忘了烘烤已製作完成的麵團，到了翌日或二天之後，一邊擔心著一邊烘烤麵團，發現麵團膨脹起來，這樣的美味就是發酵麵包的開始。當時已可製作10種以上樣式豐富的麵包。隨後麵包製作的技術傳到希臘，加上希臘釀製葡萄酒技術、地中海豐富的橄欖、無籽白葡萄（Sultana）、柳橙等水果的組合，製作出多樣化的麵包。在希臘已有專職麵包師誕生，也已進行外形及品質管理。再加上羅馬出現了麵包師的職業訓練所，並與工會（Guild）相互連結運作，也成立了共同麵包製作的地方，當時的羅馬就已有245間的麵包店。

2. 歐洲的麵包歷史

羅馬的發展，也帶動了麵包主食文化，當羅馬軍隊遠征也同時將麵包普及所經之處。另一方面，來自屬地的低價穀物、橄欖油等流入，而使軍隊成為主要核心，也致使中、小農民沒落。在以迫害基督教徒聞名的暴君尼祿時代，完成了古羅馬競技場（圓形劇場）的建造，並為平息湧進羅馬的無產階級，免費地發送麵包、小麥並提供羅馬競技場使用。羅馬的人口有80萬人，為了養活市民而從屬地埃及、敘利亞、北非等地，每年進口50萬噸的小麥，且擁有能儲存半年用量的倉庫。

西元79年，古代都市龐貝因維蘇威火山爆發而遭掩埋，但現今挖掘到出土的有二層樓高的麵包店，當時一樓的石臼，石窯逐一被挖掘出來。在羅馬五賢君時代後期，進入衰退期，隨著帝國的衰落，麵包文化也隨之式微。但麵包製作上，其中一部分進入了教會、修道院及貴族間，因而產生了具有當地特色的麵包，並得以承襲製作。特別有名的是十五世紀末，義大利的富豪梅迪奇（Medici）家族，將女兒凱薩琳梅迪奇

（Caterina de'Medici）嫁給後來的法國國王亨利二世。並將當時的義大利餐食文化，叉子、刀子以及麵包製作技術等帶進法國。加上十八世紀末，歐洲最顯赫奧地利哈布斯堡家族（Das Haus Habsburg）的瑪麗亞·安東尼亞（Maria Antonia）（後來路易十六世的王妃瑪麗·安東妮Marie-Antoinette）嫁來法國。當時由維也納帶進巴黎的皮力歐許、可頌、凱薩麵包（Kaisersemme）、牛角麵包（Crescent Roll）、庫克洛夫麵包等，即是現代商品的雛型。於此開始麵包製作，也因科學的大放異彩而受惠，1683年荷蘭的雷文霍克（Leeuwenhoek）在自製顯微鏡下發現了酵母，1859年法國的路易·巴斯德（Louis Pasteur）解開了可藉由酵母將糖類分解成酒精及二氧化碳。當Fleischmann's Yeast開始在美國銷售，則是在1868年。

3. 小麥傳入日本

據說日本的小麥是在彌生時代的中、後期，由中國傳入。當時因稻作已普及，加上氣候因素，使得小麥栽培無法取代稻作。但仍持續零星栽培，直到小野妹子等遣隋使由中國將麵食傳入日本。麵，是始於西亞並於西漢末年傳入中國，並於七世紀前半傳入日本。其後，鎌倉末期傳入饅頭。介紹諸多由來的說法之一，當時在元朝留學七年的聖一國師，將製作的技術方法帶回日本，因而有了虎屋的酒素甜饅頭。

在中國的饅頭起源也眾說紛云，其中相傳是戰國時代蜀國的宰相諸葛孔明，從南方凱旋班師回朝途中，因河川巨浪濤天難以渡河，有人進諫「根據蠻族傳說，須殺49人共其頭顱於神明即可」。但是，諸葛孔明認為「凱旋歸朝途中，不得殺任何人。」故以羊、豬剁肉成餡，以麵團包起作似人頭狀供神，供神之際站立處風雨皆停，而得以順利渡河。意為取蠻族之頭，是為「蠻頭」，其後被寫為「饅頭」。因麵包定義而有不同，若無發酵麵也定義為麵包時，那麼饅頭也是了不起的麵包了，或許日本的麵包歷史也因此必須重新改寫。

4. 從麵包傳入至鎖國

發酵麵包傳入日本，是在耶穌會傳教士聖方濟·沙勿略（St. Francis Xavier）為了基督教傳教而到訪日本，當時是1549年。對基督教徒而言麵包是基督的肉、紅酒是基督的血。

基督教受到爭取南蠻貿易之戰國大名所保護，因而信徒人數遽增加，1613年在

引發全國禁教令之前，據說信徒達75萬人。麵包隨著基督教的普及而深入滲透至日本各地。

1609年9月30日，菲律賓臨時總督Rodrigo de Vivero y Velasco從菲律賓的馬尼拉被召回墨西哥的阿卡普爾科（Acapulco）時，因颱風遇難在上總國岩和田村（現千葉縣御宿町）獲救。在日本停留10個月期間，從大多喜城經江戶城至駿府城會見德川家康。在他寄回國的書簡中，曾有以下記載「食用日本人的麵包如同果實般，若以日常食用外視之，則江戶所製之麵包，可謂是世界之最，有過之而無不及。然因購買者甚少，故其價值幾等同無。（中略）小麥優於西班牙，產量雖高，但日常之食糧為米。」。非常可惜的是，因1613年基督教的禁教令、1639年禁止葡萄牙船隻進入的鎖國令，隨之而來的禁奢令，禁止食用饅頭、蕎麥、烏龍麵、特別是麵包，因而進入麵包漫長的黑暗時期。

5. 幕末・明治維新的麵包

麵包再次受到矚目是在幕府末期，以軍糧之價值而再次受到重視。當時深受幕府官員之首，伊勢守阿部正弘信任的伊豆、韮山代官江川太郎左衛門坦庵，在韮山自宅內設置麵包烤窯外，也請曾在長崎荷蘭屋敷負責料理的作太郎到府燒烤麵包，當時是在1842年4月12日（為提振麵包業界以期麵包普及地，將這天訂為「麵包日」）。當時他已是蘭學學者，又以洋式兵學學者為大家所熟知，並在江戶開設江川塾。塾內的學生在回到日本各自的藩屬後，製作出包括水戶的兵糧丸、薩摩的蒸餅、長州的備急餅。

有意思的是薩摩藩主島津齊彬，認為軍用麵包關係士兵士氣，是重要的糧食，因此指示加入砂糖、蛋等以製作出風味良好的麵包。然而江川塾所教導的是以儲藏性、經常食用性為首要的軍糧麵包，以鹽調味較佳，即使略有差異，軍糧的配方仍是以簡單為主。此外，附加說明江川太郎左衛門向作太郎學習荷蘭式的麵包、而向家臣的中濱（John）萬次郎習得美式麵包，接著收容因安政大地震造成船隻破損的俄國人，在俄國人製造船隻期間，也向俄國人學習俄國式麵包，比起現在的我們，他應該更通曉各國的麵包製作。

※ 在此有一篇介紹關於橫濱麵包老店「ウチキパン（株）UCHIKIPAN」的記載。根據內容，橫濱最初開始烘烤麵包，是1860年（萬延元年）內海兵吉的「富田屋」，戰後改名為加賀麵包製作（有），1965年（昭和40年）歇業。翌年1861年（文久元年）

美國人W.Goodman開了麵包店，至1865年（慶應元年）雖然麵包店持續經營，但繼續開業的是在山下町135番地，Robert Clark的「Yokohama Bakery」。Clark的英式麵包，不同於當時被稱為「SPAN」重酸味的麵包，而是以啤酒花種用石窯燒烤出來的美味麵包。

幕府末期，最早開港的橫濱是當時商業麵包的生產中心。當時與幕府合作的法國派遣50名以上的技師至橫須港造船所，以及為訓練幕府的步兵、騎兵、砲兵，所派遣了20名以上的軍人。當然，在橫濱製作的麵包就是法國麵包，明治時期的麵包就是以法國麵包為始。可惜嗎？因隨著明治維新，與薩長合作的英國人越來越多，麵包也變成以英式麵包為主。小麥、麵粉也是當時從英屬殖民地的加拿大進口，稱為是世界最佳麵包用麵粉，用蛋白質含量較多的加拿大產小麥製做的英式麵包，體積膨鬆又柔軟，因此也受到日本人喜愛。然而，若法國麵包以當時狀況成為日本的主力麵包，也因日本國產小麥與法國產小麥類似，也許日本的穀物市場，或日本的麵包界，很可能會是完全截然不同的發展。

※ 曾在此學習，是現在「ウチキパン（株）UCHIKIPAN」創始者打木彥太郎，1888年（明治21年）3月，在現在的橫濱市中區元町裡開始「ウチキパン（株）UCHIKIPAN」的創業。至1903年（明治36年）時隨著「Yokohama Bakery」歇業，第一代彥太郎將店名改為「Yokohama Bakery宇千喜商店」。

明治2年，在芝日蔭町開設（現在的JR新橋站西口廣場附近）的是「文英堂」，是現在木村屋總本店。創始人雖是木村安兵衛，但根據木村屋總本店的社內報，實際上受到麵包店製程吸引、花費心思的是其子英三郎。文英堂之名稱由來，出自文明開化的文，與英三郎的英字。然而創業當年的12月，受到日比谷方面引發的火災延燒影響，不得不移到銀座尾張町（現在的5町目）重新開設木村屋總本店。至明治七年才遷至銀座4町目（現在的三越旁）。

創業之初，雇用在長崎有烘焙麵包經驗的梅吉，至明治5年雇入在橫濱工作很勤奮的麵包師武島勝藏，但對於無法滿足現狀的英三郎及二人，以麴種完成酒種紅豆麵包，這款紅豆麵包在木村安兵衛的親友，擔任明治天皇隨從的山岡鐵舟的引薦下，於明治8年4月4日，在水戶家下屋敷內，作為獻給天皇的茶點進貢，受到明治天皇，特別是皇后的喜愛，成為宮內廳御用商品。要將庶民食用的紅豆餡麵包獻給天皇多有惶恐，特別下了番工夫，製作出櫻花紅豆麵包（麵粉是澳大利產、雞蛋是上總常陸產、鹽漬櫻花是以奈吉野山之八重櫻，等嚴選素材。）此後，紅豆麵包開始普及，並

開始在車站內銷售，進而有些粗糙的成品出現。明治期間因農作欠收及數次米騷動事件，每每麵包都成為代用主食，使得「沾烤麵包」也因此登場（明治23年，一片土司加上砂糖蜜賣5厘），接著明治22年，山形縣鶴岡地區開始在學校營養午餐提供麵包。

明治34年首次製作出奶油餡麵包，奶油鬆餅的「中村屋」，在本鄉的東大赤門前開業。根據中村屋的創始人相馬愛藏、國元夫妻的著作「作為一個商人」提到，在愛藏32歲那年的9月，離開以養蠶專家之名活躍的故鄉信州，移居東京本鄉。在尋找新商機時著眼於麵包，從報紙上看到「頂讓麵包店」的廣告。於是，向來到東京的這三個月間，每天買麵包的「中村屋」提出請求，於當年12月30日，以700日圓頂下並搬家遷入。開業第3年（明治37年），相馬愛 首次吃到泡芙而大受感動，推出了取代紅豆餡，改包入奶油餡的麵包，並以鮮奶油取代果醬製作的奶油鬆餅，至今大受好評。順道一提，果醬麵包是由木村屋總本店第三代，木村儀四郎所開發。

6. 大正時期的麵包業界

始於大正3年第一次世界大戰勝利，麵包的需求增加，作為主食的麵包也開始使用砂糖、油脂、牛奶。大正7年出兵至西伯利亞，因收購軍用米而致使米價上揚，不但不銷售還大量囤米，致使不斷地產生「米騷動」事件。此時作為米飯代用主食的玄米麵包、豆粕麵包蔚為話題，在政府要求下，日本製粉、日清製粉二大製粉公司，設立麵包製作企業。即是現今丸十集團之開始，並且「玄米種」丸十商標乾燥酵母（magic yeast）的開發者田辺玄平，在當時東京市長田尻稻次郎、子爵土岐章等人的協助下，引進最新的麵包製作機器，在芝浦成立「日本麵包製作株式會社」，以期麵包業界的現代化，而將麵包提供給陸軍、海軍也是在此時期。

在世界大戰結束時，接收來自青島等4000人以上的德國戰俘，也包括麵包師。其中一人即為敷島製粉成立麵包部門者，之後在神戶開設了H. Freundlieb。其它有神戶的「Juchheim」，東京的「KTEL」、「German Bakery」，開業者皆是此時的德國戰俘。同時也引進德國優秀的麵包製作技術，簡單且非常合理的德國式紅磚窯（烘焙麵包的烤爐）…等等也迅速普及。另一方面，移居美國者回到日本國內後，飲食生活的西化、以及美式的RICH類麵包（添加豐富砂糖、奶油、蛋的麵包＝甜麵包卷）開始廣泛製作。麵包的多樣性、Fleischmann乾燥酵母的進口、工廠機械化等，奠定麵包技術革新，營養午餐供應麵包等，使麵包更進一步地普及。

7. 昭和初期至世界大戰結束

　　昭和2年マルキ（Maruki）酵母、昭和4年オリエンタル（Oriental）酵母工業（株），實現了日本國產麵包用酵母的企業化，更使其邁向現代化。大正12年的關東大地震及昭和初年持續的經濟大蕭條，出現了大量失業人口，據估有300萬人以上。因而無法帶便當的家庭、只能飲水充飢的缺糧兒童問題，持續出現成為嚴重的社會問題。昭和5年東京朝日新聞與陸軍糧友會共同協力募款，開啓了缺糧兒童專用的「營養麵包」配給。此舉促使當時文部省發出由學校供應營養午餐的臨時政策，提出了「營養麵包」供應獎勵辦法，昭和10年麵包營養午餐供給的兒童人數突破65萬人。

　　根據昭和12年公佈「米穀應急處置法」、「物價統制令」，也大幅地改變了麵包。昭和18年公告的「未利用資源麵包」，介紹可作為麵包原料的有粗米粉、脫脂大豆粉、粟米、稗、玉米粉、地瓜粉等粉類，烘焙出的麵包也成了烤扁平丸子般。昭和17年的麵包生產量，換算成麵粉為12.3萬噸。相較於平成18年為122萬噸來看，恍如隔世之感。

8. 戰後的麵包業界

　　戰後使麵包業界起死回生的是，昭和22年開始的學校營養午餐，此營養午餐利用ララ（RARA）委員會提供的麵粉，與駐留美軍斡旋取得的脫脂奶粉製成。昭和25年開始的朝鮮戰爭，日本向美國大量購買過剩麵粉，過剩脫脂奶粉，可看出糧食需求正急速回復，另一方面也代表美國農產品市場過剩。昭和29年パンニュース社（PANNEWS）及食糧タイムス社共同舉行「國際麵包點心製作技術講習會」，為期三個月於全國17個會場舉行，當時的講師Ryamond Calvel是日本業界的大恩人。他是法國國立製粉學校的教授，並指導將法國麵包推廣至其他國家，作為推廣一環地來到日本，指導並將法國麵包普及化，至平成11年為止，45年間約到訪日本30次，以法國麵包為首，還將麵包精髓傳達給日本的麵包製作技術者。

　　其後，有來自奧地利的Ju Tiger先生的丹麥麵包（Danish Bestly）、美國Sultan先生的變化型麵包及美式馬芬、Walter Yang Petersen先生的北歐麵包、德國Stefan先生的裸麥麵包等等，各國最高技術者皆為了代表自己國家的麵包而進行

技術指導。當時，對海外麵包成品、麵包技術幾乎一無所知的日本麵包製作技術人員，直接且正確地吸收國外技術並忠實呈現，成為現今陳列在麵包店內的法國麵包、丹麥麵包、皮力歐許…等。另一方面，大型麵包店發展的覺醒，在昭和23年，山崎麵包製作(株)誕生，提出了可拿配給麵粉至現場換取剛出爐現烤麵包的服務，因而奠定了今日的基礎。創始人飯島藤十郎，受到前述中村屋‧相馬愛蔵的薰陶，接受並至今貫徹著「實價主義」。昭和30年，明治麵包開始投入生產為契機，開啓了大企業的大工廠時代。昭和35銷售調理麵包業績大幅成長，45年Oven Fresh Bakery在全國各地增加中。持續到昭和41年，59年來第二次的法國麵包風潮下，硬麵包卷擠身麵包店成為主要品項。平成11年，視為已無技術革新的吐司麵包，因敷島麵包製作(株)利用湯種製作方法，推出「超熟」吐司，目前相關商品一年約創下400億日圓商機，人氣扶搖直上。昭和60年後，冷凍麵團品質的提升和市場需求擴大，VIE DE FRANCE、LITTLE MERMAID等Bake Off Bakery的發展，意謂著麵包業界的新方向。隨著大企業的大量生產、預拌粉、冷凍麵團生產合理化的進行；反之，最近依循食材本身，安全、安心、天然、自然取向，利用日本國產小麥製作麵包、使用自家培養的酵母、透過石窯的遠紅外線烘焙…等，懷舊技術和取向的麵包店也隨之增加。

9.今後的麵包製作

麵包生產量於平成12年是127.9萬噸（麵粉使用量）為最高。在日本人口減少之下，先不提生產量的增加，很期待在技術層面上，能夠開發出使用國產麵粉，並發揮其特性的麵包製作方法。到目前為止，日本國產麵粉都是以開發麵類用粉為主，幾乎沒有麵包用粉的開發。但現今各地的農業試驗場中，麵包用小麥育種盛行，培植出「Haruyutaka(ハルユタカ)」「春戀(春よ恋)」「Harukirari(はるきらり)」「Yumechikara(ゆめちから)」等優良品種。希望藉著過去鮮少一起合作的育種家、生產者、製粉業者、麵包技術者以及消費者的共同合作，能促進「由日本為日本人製作的麵包」的誕生。

✧ 何謂丙烯醯胺(acrylamide)?

2004年4月4日瑞典國立食品局發表了穀物在加熱後，會使商品中含有丙烯醯胺。丙烯醯胺，一般是用於化學成品原料中的化合物，穀物中存在的「天門冬醯胺(asparagine)」及「葡萄糖」，會因加熱所產生梅納反應。報告指出大量攝取會有致癌及生殖障礙。但吐司麵包、麵包卷中的含量為9～30ug/kg，相較於洋芋片中的467～3544ug/kg，含量更是低，以日本人一天平均的麵包攝取量(約35g／日)而言，無論如何都不會產生問題。

叮嚀小筆記

Q. 本書中提及「中間發酵目的是緩和因分割、滾圓製程時所產生的加工硬化（讓結構鬆弛）
的製程」（第136頁），目的是否為了復原分割時受損的麵團（部位）？

A. 誠如指教，為使「因分割時受損的麵團（部位）回復」是最大的目的之一。先前沒有提
及，明顯說明不足，在此表達歉意。但最主要是希望讓大家瞭解中間發酵的最大的目的，
因而做了之前的說明。亦即是，中間發酵最大的目的，是為能容易地進行整型製程而做的
準備工程。也因此整型時間較長時，分割、滾圓中的滾圓會使其成橢圓形。以適合的整型
形狀進行中間發酵。為使中間發酵時麵團表面乾燥能降至最低，因此儘可能減少表面積。
因為進行滾圓製程，無論如何都會施力在麵團上（熱量），造成麵包緊縮（加工硬化）。為緩
和這種緊縮（讓結構鬆弛）而進行的中間發酵時間是必要的。而這段時間，當然就是為了
回復因分割而受損的部位。無關乎何者較為重要或先行達到目的，請理解這是同時發生的
狀況。

　　當然，麵團的復原是依附在發酵上的。亦即是在麵團受損後，立即將麵團放置於15℃
以下的環境時，則發酵停止，受損的麵團無法復原。也許會覺得這種事不會發生，但舉例
來說，使用分割冷藏或冷凍麵團的店家，在滾圓後會立刻放入冷藏或冷凍嗎？或是整型冷
藏、冷凍的店家，會在整型後立即放入冷藏、冷凍嗎？雖然是細節，但滾圓、整型後的麵
團表面明顯受損。製程後，即使只是在常溫下放5分鐘，也能讓麵團表面發酵並復原，若
是製程後立即放入冷藏、冷凍庫，麵團受損的部分會像結痂一樣留下。一旦留下結痂的麵
團，即使之後再放回常溫也不會復原了。整型冷凍麵團時，不使用麵團表面切分，就是這
個原因。建議無論何時，冷卻麵團前都應在常溫下放置5分鐘的復原時間（Relax Time）。

　　順道一提的是，分割冷藏、冷凍麵團進行整型製程，麵團溫度低於15℃以下時，整型製
程不會引起加工硬化，會成為沒彈性，發酵不足的成品。這種情況下，可以待麵團溫度高
於15℃再進行整型，或是必須增加氧化劑用量。也就是加工硬化對麵團而言，與壓平排氣
具有相同的效果。

Q. 150頁中「叮嚀小筆記」提到「スクラッチ」一詞，可以標記成英文的「Scratch」嗎？

A. 用「Scratch」是可以的。Scratch具有「無障礙地開始」（『新英和大辭典』研究社出版）的意思。因此，從所有的原料計量、攪拌開始的麵包製作方法就稱為「Scratch」，以Scratch製法製作麵包的店稱為「Scratch bakery」。其它「Mix Bakery」是指原料使用的是預拌粉的麵包店，「Bake of bakery」是由外部提供冷凍麵團，只要進行解凍、最後發酵及烘焙製程即可，無需攪拌器的麵包店。最近還開發出無需解凍、最後發酵，只要將冷凍麵團直接放入烤箱的冷凍麵團。

Q. 關於「配方用水溫度的計算方法」（103頁），這方法是怎麼得出的？是否有世界基準或麵包業界統一之準則呢？

A. 誠如所言，這些計算方法，以科學來看是略嫌粗糙的算式。正確來說，應該必須考量各原料的量及比熱等的算式，但前提是製作麵包的現場不需要求得如此精確。這些算式也被用於日本麵包技術研究所，以及美國麵包製作學校（AIB = American Institute of Baking），請視為烘焙業界的簡易計算法。順道一提的是Ryamond Calvel所著『法國的麵包技術詳論』中，也是以經驗的配方用水溫計算方法，來介紹作為「基礎指數」的數值。

・強力揉和為51
・改良揉和為60
・普通揉和為69

由此數值減去麵粉溫度和工廠室溫，即為配方用水溫度。

『通常揉和下，麵粉溫度為18℃、工廠室溫為20℃時』

配方用水溫（℃）= 69－18－20 = 31

Calvel先生的著作中提到，基礎指數為攪拌器的種類、旋轉速度、攪拌時間、配方用量不同時也會有所變化，並說明期待的麵團溫度，很重要的是必須加入所有的要素後再進行預備。

Q. 本文中『模型及麵團比容積』（142頁）提到「過去山型吐司的比容積是3.4，方型吐司是3.6」，大家皆是以此數值來分割嗎？沒有店家加重麵團重量，並以此為特徵嗎？

A. 當然，這裡所提到的是一般的數值。事實上不同公司使用各種的比容積來製作麵包。依追求的口感、用途、價格，也會有很多變化。例如Pumpernickel為1.5、Crouton是2.0、三明治則是3.8等，皆有其做為基準之數值，但或許使用數值的企業更少。請大家理解依比容積不同，受熱及口感也會因而改變，因此設定成顧客們喜愛的比容積才是關鍵。

Q. 前幾天的麵包內部黏黏，且有奇怪的味道。以前曾聽說過枯草桿菌（Bacillus subtilis），請教該如何辨別，如何處理呢？

A. 在麵包店發生的拉絲現象（ロープ現象），很容易被認為是過去才會發生的事，可惜的是現在每年也會發生數起這樣的事件。特別是近來，以烘焙色澤略淡的麵包為主力的麵包店，更必須多加注意。所謂拉絲現象，是指枯草桿菌在麵包內繁殖，使麵包內部顏色改變、黏著，發出如腐壞 梨般的氣味。發生得早時，在烘焙完成半日後就會出現這種現象。

處理方法：

1. 將被枯草桿菌污染的麵包連同包裝袋一起回收，不要打開直接燒掉。
2. 避免將沾到泥巴的蔬菜、退貨的麵包帶進工廠。
3. 將工廠的機器、設備、工具，全部以100PPM的次氯酸鈉（sodium hypochlorite）進行消毒。
4. 在麵粉裡添加0.5 ～ 0.1% 冰醋酸，或0.5 ～ 1% 的食用醋，以進行麵團製作。（會因配方用量而改變添加量）
5. 儘量減少作為pH值緩衝材的脫脂乳粉、牛奶、大豆粉、雞蛋等。
6. 管理發酵溫度、時間、麵團pH值，以降低麵包的pH值。
7. 確實烘焙，確保燒減率。
8. 避免在麵包未放涼前進行包裝，充分冷卻後再進行包裝。
9. 避免高溫多濕，儘可能保存在陰涼處。。

Q. 最近聽到有半乾燥酵母這名詞，請教這種麵包酵母的特徵。

A. 半乾燥酵母的特色是其水分量介於新鮮麵包酵母68%與乾酵母8%中間，約是25%，藉由冷凍運送、冷凍保存，可長期間（二年）維持其發酵力。再者，乾燥酵母是需要預備發酵的，即溶乾燥酵母雖然不需要預備發酵，但也有必須添加在15℃以上麵團內的條件。但是，半乾燥酵母除溶解性好之外，也是冷水耐性極為優異的顆粒狀，所以無關麵團溫度，可以直接加入攪拌機內。更甚至也適合使用於冷凍麵團。乾燥酵母、即溶乾燥酵母是由麵包酵母製造公司所販售，半乾燥酵母是法國Lesffre公司的專利商品，種類上有高糖用的黃金標、低糖用的紅標，使用量都是以新鮮麵包酵母的40%為標準，半乾燥酵母紅標與即溶乾燥酵母紅標使用量相同。

關於發酵種

Q. 希望使用發酵種烘焙出美味麵包,到目前為止,只用過市售的麵包酵母,想請問關於發酵種的問題,可以從基本開始請教嗎?
發酵種和自製酵母不同嗎?

A. 發酵種與自製酵母(酵母種)很難區分,兩者都是酵母與乳酸菌的混合體。認真來說,以培養酵母為目的的是自製酵母,代表性的有酒種、啤酒花種。另一方面,以培養乳酸菌為目的的是發酵種,代表的東西有裸麥酸種、Panettone種、舊金山酸種。以下介紹一般市售麵包酵母及發酵種的酵母數與乳酸菌數。

發酵種中的酵母數·乳酸菌數

	酵 母 數	乳 酸 菌 數
市售麵包酵母	10^{10}	$10^{6\sim8}$
一般的發酵種	10^7	$10^{8\sim9}$
粗麩皮發酵種	2×10^7	10^{9*}
舊金山種	$1.5\sim2.8 \times 10^7$	$6 \times 10^8\sim2 \times 10^{9*}$

※ 摘自Ryamond Calvel的『法國的麵包技術詳論』

Q. 請問,何謂乳酸菌?

A. 所謂乳酸菌,是對於所消費的葡萄糖產生50%以上乳酸的革蘭氏陽性菌(Gram-positive bacteria),屬於無運動性(偶有顯示)不形成芽孢、過氧化氫酶陰性桿菌或球菌。乳酸菌一般被分類成Strepto-coccus、Leuconostoc、Pediococcus、Lactobacillus 四個屬,但使用在麵包裡的主要為Lactobacillus屬。

Q. 發酵種的種類有哪些？

A. 傳統的發酵種有中國的中華種、美國的舊金山酸種、歐州的酸種、Panettone種等，而日本的酒種、啤酒花種，是著眼於培養酵母的酵母種。最近Artisan bread和Artisan bread Bakery都受到很大的矚目，經由麵包酵母、添加物公司各自販售著更加商業化、工業化的安定活性發酵種。主要商品介紹如下。

オリエンタル（Oriental）酵母工業（株）： Crème de Levain（來自法國Levain、液狀、直接添加）

ピュラトスジャパン株式会社（Puratos Japan）：Carmen（以小麥為基底酸種・來自酵母菌與乳酸菌、液狀、直接添加）、Oracolo（裸麥基底酸種、液狀、直接添加）

日仏商事（日法商事）：Saf Levain（粉末、前日培養、27℃　18～24小時）

戶倉商事：StartGut（德國 Isern Baker公司製的粉末・前日培養）StartGut Bio-R（裸麥酸種starter、EU有機認定）、StartGut W（麵粉酸種starter）、StartGut Bio-W（小麥酸種starter、EU有機認定品）

パシフィック洋行（Pacific洋行）：TK starter（德國Böcker公司製，來自舊金山乳酸菌）

Q. 發酵種的starter，是由何種東西製作而成？

A. 基本上是由培養附著在空氣、穀物、水果表面的天然乳酸菌、酵母，來製作發酵種，從過去開始被當作起種starter的成分，取自植物的有葡萄乾、蘋果、裸麥、全麥麵粉、粗麩皮、洋葱皮、葛縷子（caraway seed）、李乾等；取自動物的有牛乳（無殺菌）等。一般在表面多有纖毛（纖毛：數量多、短、細之毛），容易附著乳酸菌、酵母的穀物、果實較佳。

Q. 發酵種的製作方法？

A. Ryamond Calvel所著『法國麵包技術詳論』（パンニュース社（PANNEWS）出版）中詳細介紹著由粗麩皮、麵粉或裸麥粉中取得發酵種的製作方法。在此介紹的是以全裸麥粉製作發酵種（起種）的製作方法（次頁268頁）。

Q. 自製發酵種時的注意事項？

起種的製作方法

	第1天	第2天	第3天	第4天	第5天
前日種	──	10%	10%	10%	完成發酵種(稱為初種)
全裸麥粉	100%	100%	100%	100%	pH值3.9
水	100%	100%	100%	100%	酸度15
	使其飽含空氣地充分揉和至27℃。24小時發酵				

※ 發酵室溫26～28℃

第5天起種成為pH值3.9，若未達到酸度15，重覆第4天製程。

A. 注意事項非常的多，但特別要注意的是確保營養源及抑制霉菌。根據調查因乳酸菌的營養要求及生育促進因子，必須要有含大量胺基酸(谷胺酸、麩氨酸、葉酸)、維生素(菸鹼酸、泛酸、生物素)、核酸(嘌呤、間二氮雜苯)、金屬鹽(二價鎂、二價錳)所形成的培養基。基本上為避免雜菌繁殖，前提是必須使用清潔的器具。

考慮霉菌的抑制，過快的降低pH值會造成細菌數上升。必要時，在開始前先將蘋果酸加入麵團，使其pH值至5.0左右再進行，也是有效的方法。以小麥為培養基時，添加2%的鹽即可有效抑制小麥中阻礙發酵之微量物質(purothionin)。

介紹代表性的乳酸菌培養基GYP以供參考。(右頁表格)

Q. 發酵種中的乳酸菌只有一種嗎？
A. 並非只有一種。會依區域、起種starter而不同。主要如270頁介紹。

Q. 據說添加發酵種會使風味變好，其作用為何？
A. 大致可分為四個階段。

第一階段：因麵包酵母發酵產生的糖、胺基酸代謝而生成芳香成分(酒精、酯類)

第二階段：因乳酸菌的活性化生成芳香成分(有機酸)

第三階段：因乳酸菌的蛋白酶生成呈味性胺基酸

第四階段：因胺基酸與糖的梅納反應生成香氣成分

亦即是要100%發揮發酵種的效果，需要經過烘焙產生梅納反應。但中華種等多使用在蒸煮食物之中，因此可知乳酸菌種類、培養方法等，對於蒸煮的食物也有其效果。

Q. 發酵種對麵團、麵包品質有何種影響？

A. 主要的影響介紹如下。

① 改善麵團物質：對麵團而言，藉由有機酸有助於麵團更具有滑順製程性，改善整型及氣體保持力。對裸麥麵團而言，有機酸可增加醇溶蛋白的黏性、強化戊聚糖變質，更提升麵團結合，以增加其烤箱內的延展及受熱。

② 提升風味：藉由有機酸等的生成以提升風味，因增加游離胺基酸而更增添美味。

③ 增加保存性：藉由各種有機酸、酒精、抗菌性物質的生成，以提升保存性。

④ 提升機能性：藉由乳酸菌數的增加以提升膽汁酸的結合能力（抑制血中膽固醇上升）、利用 GABA 的生成提升機能性（降血壓作用）。因乳酸而增加二價鐵的吸收性（預防貧血）等。

GYP 白亞寒天培養基（1公升蒸餾水）

酵母萃取物 …………………………… 10g

消化蛋白（peptone）
（酪蛋白的胰酵素分解物）…………… 5g

葡萄糖 …………………………………… 10g

肉萃取物 ………………………………… 2g

醋酸鈉 · $3H_2O$ ………………………… 2g

Tween 80（界面活性劑）……………… 10ml

※ 鹽類溶液 …………………………………… 5ml

碳酸鈣 $CaCO_3$（盤 plate 用）……………… 5g

寒天（盤 plate 用）…………………………… 12g

※ 鹽類溶液：1ml 中含 $MgSO_4$ · $7H_2O$
40mg、$MnSO_4$ · $4H_2O$ 2mg、$FeSO_4$ ·
$7H_2O$ 2mg、NaCl 2mg

※ tween 80 溶液：50mg/ml 水溶液

※ pH 值 6.8

※ 上述為乳酸菌培養基。含有不得使用於食品內之成分。

請參考小麥粒各層的化學組成（無水物 %）。

	比例	蛋白質	脂肪	灰分	碳水化合物		
					粗纖維	戊聚糖	澱粉及其他
全粒小麥	100	14.4	1.8	1.7	2.2	5	74.9
糊粉層	9.3	32	7	8.8	6	30	16.2
胚芽	2.7	25.4	12.3	4.5	2.5	5.3	50
胚乳	82	12.8	1	0.4	0.3	3.5	82

摘自日本麥類研究會「麵粉」

發酵種的乳酸菌名及酵母名

オリエンタル（Oriental）酵母工業(株)的Crème de Levain： 　乳酸菌：Lactobacillus brevis(短乳酸菌) 　酵母：Saccharomyces cerevisiae ssp chevalieri
希臘產Sourdough： 　乳酸菌：Lb.brevis　Lb.sanfranciscensis　Lb.paralimentarius
比利時產Sourdough：乳酸菌：Lb.brevis　Lb.sanfranciscensis
法國產Sourdough： 　乳酸菌：Lb.brevs　Lb.sanfranciscensis　Lb.sakei
義大利產Sourdough： 　乳酸菌：Lb.brevs　Lb.plantarum　Lb.farciminis 　酵母：Saccharomyces cerevisiae S.exguus Candida krusei
舊金山Sourdough： 　乳酸菌：Lb.sanfranciscensis 　酵母：Saccharomyces exiguous(共存比例　乳酸菌：酵母＝100：1)
酒種：乳酸菌：Lb.sakei Lb.plantarum Leuconostoc mesenteroides 　酵母：Saccharomyces cerevisiae 　麴：Aspergillus oryzae

Q. 發酵種製造時的製程會有什影響？

A. 基本上，當麵團pH值降低時，會成為滑順的麵團但容易過度作用(發酵過度)，表面也容易龜裂。麵團製程完成後，會進行短時間發酵，所以是否需要壓平排氣，則要充分地思考了。

Q. 對於工業化大量生產的發酵種，有需要留意之處嗎？

A. 關於市售的發酵種，製作公司已有相當考慮了，若自行大量培養時，或許會混入有害菌(contamination)，因此建議購買可信任品牌的發酵種較安全。續種也是可以的，但依培養條件，可能會造成菌株的改變。因此依照製造商規格指示很重要。無論如何，在工廠生產時最注重的就是衛生。

Q. **雖然也想使用全部成品，但礙於場地狹小，是否可能有濃縮發酵種呢？**

A. 一般而言發酵種是乳酸菌數 10^{8-9}、酵母菌數 10^7 的程度，因此濃縮有其困難。可濃縮的是過發酵麵團型的發酵種。

※Sourdough 有三種。（摘自森市彥演講）

①傳統酸種 Sourdough（連續續種）

②過發酵 dough（發酵 3～4日）

③乾燥 dough

Q. **是否可以混合各式酵母一起使用呢？**

A. 是可能的。以前曾有過在麵團中併用酒種及啤酒花種，但並無法發揮出各自的優點。Panettone種、舊金山種的組合有可檢討的價值。但只限於在麵團中的組合。

在培養時的組合是有困難的。

<索引>

16～20劃

＜參考文獻＞

『麵包製作理論與實際』藤山諭吉·日本麵包研究所

『麵包製作原料』藤山諭吉（發行者）·日本麵包研究所

『試驗法』藤山諭吉（發行者）·日本麵包研究所

『麵包學校』中江恒·パンニュース社（PANNEWS）

『麵包化學筆記』中江恒·パンニュース社（PANNEWS）

『麵包製作方法』雁瀬大二郎·沼田書店

『新編 麵包製作方法』雁瀬大二郎·沼田書店

『麵包製作入門』·麵包產業技術會議

『麵粉』·日本麥類研究所

『從小麥到麵粉』美國小麥食品普及研究會·製粉振興會

『從麵粉到麵包』美國小麥食品普及研究會·製粉振興會

『話說麵粉』·製粉振興會

『話說小麥』西川浩三、長尾精一·柴田書店

『西式糕點製作之基礎』桜井芳人（監修）·光琳書店

『麵包製作技術』·藤澤製作所

『正統法國麵包全書』R Calvel·パンニュース社（PANNEWS）

『吐司麵包與變化型麵包』增田信司·Bakers times 社

『麵包與蛋糕』桜井正美（編）·パンニュース社（PANNEWS）

『麵包之研究』越後和義·柴田書店

『麵包的歷史』Max Währen·岩手縣麵包工業組合

『油脂化學之知識』原田一郎·幸書房

『麵包百科』締木信太郎·中央公論社

『食之科學』·3"飲用乳"·日本評論社

『食之科學』·11"奶油與乳瑪琳"·丸之内出版

『食之科學』·16"雞蛋"·丸之内出版

『食之科學』·30"砂糖"·丸之内出版

『食之科學』·44"食用油脂"·丸之内出版

『食之科學』·49"乳、乳製品之多樣化"·丸之内出版

『工業食品』11/下76"在食品工業酵素利用技術之發展"·光琳書院

『工業食品』5/下76"最近麵包、糕點原料利用之各種問題"·光琳書院

『理化學辭典』·岩波書店

『生物學辭典』·岩波書店

『日本食品事典』井上吉之（監）·醫齒藥出版

『食品化學』神立誠·光生館

『食品加工及儲藏』太田馨化·建帛社

『小麥英和用語集』·日本麥類研究會

『麵包製作技術用語辭典』·食糧タイムス社

『砂糖知識事典』·精糖工業會

『應用微生物學』相田浩·東京同文書院

『概說生物學』印東弘玄及其他·建帛社

『食之科學』·55"雞肉與雞蛋"·丸之内出版

『食之科學』·56"調味料"·丸之内出版

『日本養雞產業77』·日本養雞協會

『食用雞蛋之科學與利用』佐藤泰·地球社

『麵包酵母』佐藤友太郎・光琳書院

『酵母的科學』Anheuser-Busch編・三共出版

『食品微生物』好井久雄及其他2名・技報堂

『乳瑪琳、酥油、豬脂』中澤君敏・光琳書院

『食用固型油脂』柳原昌一・建帛社

『乳瑪琳、酥油、豬脂的小知識』・日本乳瑪琳工業會

『乳瑪琳與酥油』・日本乳瑪琳工業會

『Bakers Club』10卷(1～9、12)、11卷(1～4、11、12)、12卷(1～8)、13卷(8、11、12)

"麵包的科學"田中康夫・食研中心

『麵包製作的科學』松本博・日本麵包技術研究所

「活路開拓調查研究事業報告書」全日本麵包協同組合聯合會

「麵包技術・344 冷凍麵包的理論(I)」井上好文・(社)日本麵包技術研究所

「麵包技術・346 冷凍麵包的理論(II)」

「麵包技術・350 冷凍麵包的理論(III)」

「麵粉的書」長尾精一・三水社、「鹽的書」松本永光・三水社

「小麥的科學」長尾精一・朝倉書店

「麵包的事典」監修：井上好文・旭屋出版

「世界的小麥生產與品質上・下卷」長尾精一・輸入食糧協議會

「石臼之謎」三輪茂雄・產業研究中心

「麵包、麵麴與日本人」大塚滋・集英社

BAKING:Science and Technology/E. J.Pyler

Bread Science and Technology/Pomeranz and Shelldnberger

Wheat:Chemistry and Technology/Y. Pomeranz

Verfahrenstechnik/Otto Doose

Frischhaltung/Ulmer Spatz

Die Backschule band 1,2/Heinrich Büskens

Der junge Bäcker/Egon Schild

Fartschritte der Medizin 87,1257(1969)/H. -D. Cremer, K. Schiele, W. Wirths und A. Menger
—92,159(1974)/W.Steller, W. wirths und W. Seibel

Brot und Gebäck Januar 1970/Hans Huber und Werner Blum

Getreide,Mehl und Brot 26,62(1972)/Hans Huber —33(2),40(1979)/K. Seiler —33(5),135
(1979)/J-M. Brummer und W. Seibel

American Scientist 61(6), 1973/Yeshajaku Pomeranz

Baker's Digest 46(6):48(1972)/R. T. Tang,Robert J. Robinson and William C. Hurley —47(2):34
(1973)/George Strenberg —50(4):24(1976) P. E. Marston and T. L. Wannan

[協助廠商]
(株)愛工舍製作所 　(株)OSHIKIRI 　オリエンタル（Oriental)酵母工業(株) 　東混合機工業(株)
川口板金(株) 　Kewpie(株) 　(有)協同電熱製作所 　(株)櫛澤電機製作所 　三幸機械(株) 　精糖工業會
月島食品工業(株) 　戶倉商事(株) 　內外施設工業(株) 　日清製粉(株) 　日法商事(株) 　煙與鹽之博物館
(株)ハイト 　三鈴工機(株)

(依日文五十音順)

竹谷光司

作者簡歷

昭和23年　出生於北海道室蘭市

昭和45年　畢業於北海道大學水產學院，進入山崎麵包
製作(株)公司

昭和46年　經由Heinrich Freundlieb先生(神戶)的
介紹，進入舊西德(現德國)的Peach Brot
GmbH公司。進行了3年的研習

昭和49年　回國，同時進入日清製粉(株)公司

昭和50年　以第81期學生身分進入日本麵包技術研究所

昭和60年　以第126期身分進入AIB

　　現在　在千葉縣佐倉市ユーカリが丘經營美味的
麵包研究工房「つむぎ tsumugi」

Easy Cook

麵包科學－終極版：
日本麵包師人手一本，將專業秘訣科學化，271個發酵基礎知識與烘焙原理，屹立不搖的唯一聖經

作者　竹谷光司
出版者 / 大境文化事業有限公司　T.K. Publishing Co.
發行人　趙天德
總編輯　車東蔚
文案編輯　編輯部　美術編輯　R.C. Work Shop
翻譯　胡家齊
台北市雨聲街77號1樓
TEL：（02）2838-7996　　FAX：（02）2836-0028
法律顧問　劉陽明律師　名陽法律事務所
初版日期　2016年3月
定價　新台幣420元
ISBN-13：9789869213127　　書　號　E103

讀者專線　（02）2836-0069
www.ecook.com.tw
E-mail　service@ecook.com.tw
劃撥帳號　19260956 大境文化事業有限公司

ATARASHII SEIPAN KISO CHISHIKI SAIKAITEIBAN by Koji Takeya
Copyright © 2013 Koji Takeya
All rights reserved.
Original Japanese edition published by PAN NEWS Co.,Ltd.
Traditional Chinese translation copyright © 2015 by T.K. Publishing Co.
This Traditional Chinese edition published by arrangement with PAN NEWS Co.,Ltd., Tokyo, through HonnoKizuna, Inc.,
Tokyo, and Future View Technology Ltd.

麵包科學－終極版：
日本麵包師人手一本，將專業秘訣科學化，271個發酵基礎知識與烘焙原理，
屹立不搖的唯一聖經
竹谷光司　著 初版．臺北市：大境文化，2016[民105]
288 面：15×21 公分．----（Easy Cook 系列；103）
ISBN-13：9789869213127
1. 點心食譜　2. 麵包
427.16　　　　105001315

Printed in Taiwan